U0135378

你好，C语言

周圣杰 林耿亮 / 著

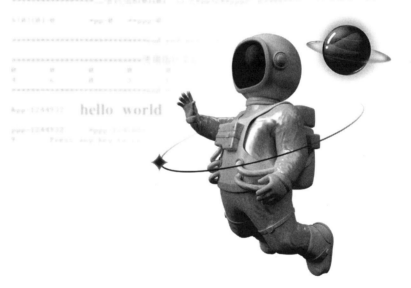

hello world

清华大学出版社
北京

内 容 简 介

本书是一本全面介绍 C 语言的技术性书籍，旨在帮助读者深入了解 C 语言的基础知识和高级特性，以及它在实际项目中的应用。全书共 15 章，首先通过清晰易懂的语言，深入浅出地解释了 C 语言的语法和编程原理，其次重点介绍了 C 语言的指针操作、内存管理、文件处理和模块化编程等关键概念。此外，本书还提供了丰富的实例，帮助读者加深对 C 语言的理解，并通过实践锻炼读者解决实际问题的能力。

本书适合作为高等院校计算机科学及相关专业的教材和教学参考书，也可作为职业开发人员的自学用书和参考手册。无论是初学者还是有一定编程基础的开发人员，都可以从本书中获得实用的 C 语言编程知识和技能，提升自己在软件开发领域的能力。

图书在版编目（CIP）数据

你好，C 语言/周圣杰，林耿亮著. 一北京：清华大学出版社，2023.9
ISBN 978-7-302-64419-4

Ⅰ.①你…　Ⅱ.①周…②林…　Ⅲ.①C 语言－程序设计　Ⅳ.①TP312.8

中国国家版本馆 CIP 数据核字（2023）第 152580 号

责任编辑：王秋阳
封面设计：秦　丽
版式设计：文森时代
责任校对：马军令
责任印制：宋　林

出版发行：清华大学出版社
　　　　网　　　　址：http://www.tup.com.cn，http://www.wqbook.com
　　　　地　　　　址：北京清华大学学研大厦 A 座　　　　邮　　编：100084
　　　　社　总　机：010-83470000　　　　邮　　购：010-62786544
　　　　投稿与读者服务：010-62776969，c-service@tup.tsinghua.edu.cn
　　　　质量反馈：010-62772015，zhiliang@tup.tsinghua.edu.cn
印　装　者：北京同文印刷有限责任公司
经　　销：全国新华书店
开　　本：185mm×260mm　　　　印　张：24.75　　　　字　数：627 千字
版　　次：2023 年 9 月第 1 版　　　　印　次：2023 年 9 月第 1 次印刷
定　　价：99.80 元

产品编号：100734-01

前　言

创作背景

　　C 语言作为一门功能强大的编程语言，具有广泛的应用领域和丰富的历史背景。在计算机科学的发展历程中，C 语言被广泛用于系统级编程、嵌入式系统开发、操作系统设计以及高性能计算等领域。C 语言简洁的语法结构和直接的硬件访问能力使它成为开发人员的首选。

　　C 语言的诞生可以追溯到 20 世纪 70 年代，由丹尼斯·里奇（Dennis Ritchie）在贝尔实验室开发。随着时间的推移，C 语言的影响力不断扩大。C 语言不仅成为许多编程语言的基础，如 C++和 Objective-C，而且对于理解计算机底层原理和算法也具有重要意义。许多重要的软件项目，包括操作系统（如 UNIX 和 Linux）、数据库管理系统和网络协议，都是使用 C 语言编写的。

　　在当前的技术环境下，C 语言仍然是一门重要的编程语言。尽管有许多新兴的编程语言涌现出来，但 C 语言的底层控制和高性能计算能力使其在系统级开发和嵌入式系统中依然不可替代。对于那些想要深入了解计算机原理、进行底层编程和开发高性能应用程序的开发人员来说，掌握 C 语言是必不可少的基本技能。

　　本书的目的就是帮助读者系统地学习和掌握 C 语言的核心概念和高级特性。通过深入讲解 C 语言的语法、指针操作、内存管理和文件处理等重要知识点，本书旨在培养读者在C 语言编程领域的能力和自信。通过丰富的示例和实践项目，读者将能够理解和应用 C 语言的各种技术，为自己的软件开发之路奠定坚实的基础。同时，本书将成为读者掌握 C 语言的重要参考资料和学习指南。

本书内容

　　本书共 15 章，具体介绍如下。

　　第 1 章 "初识 C 语言"，介绍 C 语言的背景和基本概念，向读者展示为何选择 C 语言进行编程。

　　第 2 章 "C 语言基础知识"，深入讲解 C 语言的语法和基本结构。

　　第 3 章 "数据类型"，详细介绍 C 语言中的各种数据类型，包括整型、浮点型、字符型等，以及它们的特性和使用方法。

　　第 4 章 "格式化输入和输出"，解释如何使用格式化字符串来实现输入和输出操作，包括格式化输出、格式化输入。

　　第 5 章 "运算符和表达式"，介绍 C 语言中的各种运算符和表达式，包括算术运算符、关系运算符、逻辑运算符等。

　　第 6 章 "控制流"，讲解 C 语言中的条件语句（如 if 语句和 switch 语句）和循环结构（如 while 循环和 for 循环），以及如何使用它们来控制程序的流程。

　　第 7 章 "数组"，详细介绍 C 语言中的数组，包括一维数组和多维数组的定义、初始化和操作方法。

第 8 章"函数"，介绍如何定义和调用函数，以及函数参数的传递和返回值的处理。

第 9 章"指针"，深入讲解 C 语言中的指针概念和操作，包括指针的定义、指针运算、指针与数组的关系，以及指针的应用场景。

第 10 章"字符串"，介绍 C 语言中处理字符串的方法，包括字符串的定义、输入和输出、比较和处理字符串的函数库等。

第 11 章"复合数据"，讲解 C 语言中的结构体和联合体，以及如何定义和使用复合数据类型来组织和管理数据。

第 12 章"作用域和预处理器"，介绍 C 语言中的作用域规则和预处理器的使用方法，包括宏定义、条件编译和头文件的引用等。

第 13 章"多文件代码和存储类别"，介绍如何将程序分割成多个源文件，以及存储类别的概念和使用方法，包括全局变量和局部变量的作用域等。

第 14 章"文件操作"，讲解如何在 C 语言中进行文件的读写操作，包括文本文件和二进制文件的处理、文件指针的操作，以及文件的打开和关闭等。

第 15 章"位操作、动态内存管理和主函数参数"，深入探讨 C 语言中的位操作、动态内存管理和主函数参数的处理，以及相关的技巧和注意事项。

目标读者

本书适合广泛的读者群体，包括但不限于以下几类。

- 初学者：对 C 语言感兴趣或初步接触 C 语言的读者。本书从 C 语言基础知识入手，循序渐进地介绍 C 语言的核心概念和语法，帮助初学者建立扎实的编程基础。
- 学生和教育机构：本书作为高等院校计算机科学及相关专业的教材和教学参考书，可用于课堂教学和自主学习。
- 软件开发人员：已经具备编程经验的开发人员，尤其是对系统级编程、嵌入式系统开发或高性能计算感兴趣的开发人员。本书详细介绍 C 语言的高级特性和技巧，帮助开发人员提升其 C 语言编程水平。
- 自学者和技术爱好者：对 C 语言有浓厚兴趣，希望通过自学来掌握该语言的读者。本书提供清晰的解释、实用的示例和练习题，帮助自学者逐步理解和应用 C 语言的知识。

本书为读者提供了一个全面而深入的学习和参考资源，帮助读者掌握 C 语言的核心概念、高级特性和实际应用。

读者反馈

我们非常重视读者的反馈和建议，这有助于我们进一步改进和提升本书的质量。欢迎读者通过电子邮件向我们发送您的反馈意见，我们将认真聆听您的想法和建议。

无论您是初学者还是有经验的开发人员，我们都将竭诚为您提供优质的服务，并希望本书能够满足您的需求。感谢您的支持和阅读！

勘误和支持

在本书的编写过程中，虽然我们经过了多次勘校、查证，力求能减少差错，希望做到尽善尽美，但书中难免有疏漏和不妥之处，在此诚挚欢迎读者批评指正，也欢迎读者来信一起探讨。

读者服务

读者可以通过扫描下方的二维码访问本书专享资源官网，获取示例代码、加入读者群、下载最新学习资源或反馈书中的问题。

目 录

CONTENTS

第1章

初识 C 语言

【本章导读】

欢迎来到 C 语言的世界！本章将带你走进 C 语言的历史、发展和现状。我们将介绍 C 语言是如何诞生的，它如何成为编程界的佼佼者，以及它在现今的地位。你将会发现学习 C 语言是一件很有意义和可行的事情。最后，我们将指导你搭建 Visual Studio 的集成开发环境，为学习 C 语言做好充分的准备。

【知识要点】

通过对本章内容的学习，你可以掌握以下知识。

（1）C 语言的历史和现状。

（2）搭建集成开发环境——Visual Studio。

1.1　C 语言的发明及发展

20 世纪 60 年代，贝尔实验室、麻省理工学院和美国通用电器公司联合开发了一个安装在大型主机上的操作系统。它由于具有分时、多用途和多用户的特点，因此被称为多任务信息与计算系统（multiplexed information and computing system，MULTICS）。

然而，MULTICS 项目的进展缓慢，最终在 1969 年被取消。与项目有关的贝尔实验室成员肯·汤普森（Ken Thompson，见图 1.1）和丹尼斯·里奇（Dennis Ritchie，见图 1.2）并未放弃，他们继续在贝尔实验室工作，并希望开发出一个新的操作系统。受 MULTICS 的启发，他们重新实现了许多 MULTICS 的功能，并最终成功地推出了第一个版本的操作系统。

第一个版本的操作系统由于仅支持两个用户，因此被戏称为不完善的 MULTICS 系统（uniplexed information and computing system，UNICS）。但是，在操作系统的第二次重大升级后，它终于可以支持多人同时使用。布莱恩·克尼汉（Brian Kernighan）提议将其名称从 UNICS 变为 UNIX，这就是著名的 UNIX 操作系统的诞生故事。UNIX 的发展如图 1.3 所示。

图 1.1　Ken Thompson

图 1.2　Dennis Ritchie

图 1.3　UNIX 的发展

1. C 语言的诞生

1973 年，Ken Thompson 和 Dennis Ritchie 试图将 UNIX 操作系统移植到不同的硬件平台上。然而，他们逐渐发现，使用汇编语言编写的操作系统在移植过程中非常困难。因此，他们决定在对 UNIX 操作系统进行第三版升级时使用高级语言进行编写，以彻底改变现状。

20 世纪 70 年代，当时的主流编程语言是汇编语言，几乎所有人都使用汇编语言开发程序，所以可以想象，Ken Thompson 和 Dennis Ritchie 的想法在他人眼中是多么疯狂。

首先，Ken Thompson 和 Dennis Ritchie 尝试使用 Fortran 语言（世界上第一个被正式推广使用的高级语言），但结果令人失望。随后，他们使用了 BCPL（basic combined programming language）语言，并重新整合了 BCPL，产生了 B 语言。

然而，经过一段时间的探究，Dennis Ritchie 认为 B 语言仍然不能满足要求，因此他对 B 语言进行了改进，成功研发了高级编程语言：C 语言。

Ken Thompson 和 Dennis Ritchie 成功地利用 C 语言重写了 UNIX 操作系统的第三版内核。从此，UNIX 操作系统不管是修改还是移植都变得相当方便，为 UNIX 的普及奠定了坚实的基础。

C 语言的诞生与 UNIX 操作系统的发展密切相关，UNIX 操作系统的繁荣也离不开 C 语言的支持。UNIX 和 C 语言就像一块磁铁，牢牢地吸引着彼此，组成了一个完美的统一体。

2. K&R：第一个非正式标准

1979 年，Dennis Ritchie 和 Brian Kernighan 合作出版了一本关于 C 语言的权威著作：*The C Programming Language*（《C 语言程序设计》）。这本书首次以书籍的形式，全面系统地阐述了 C 语言的各个特性和程序设计的基本方法，包括基本概念、数据类型和表达式、控制流程、函数和程序结构、指针和数组、结构体、输入和输出、UNIX 系统接口以及标准库等内容。

该版本的 C 语言通常被称为 K&R C，这是对其作者 Brian Kernighan 和 Dennis Ritchie 的简称。

3. C89：正式标准

1982 年，美国国家标准委员会（ANSI）认识到，对 C 语言进行标准化对于扩大 C 语言在商业编程领域的使用是有益的，因此成立了一个委员会来制定 C 语言标准。

这个委员会制定了 C 语言标准，并于 1989 年被批准为《美国国家标准 X3.159—1989》，也称为 ANSI C。当 ANSI 完成了这项标准后，国际标准化组织（ISO）对它进行了很少的编辑修改，并将其转化为国际标准 ISO/IEC 9899:1990。

1989 年，美国国家标准委员会也接受了 ISO/IEC 标准，因此这个版本通常被称为 C89。C89 之后，还有 C95（1995 年）、C99（1999 年）和 C11（2011 年）等修订版本，如图 1.4 所示。

图 1.4　C 语言标准修订时间轴

1.2　C 语言现状

在学习编程时，我们通常会浏览一些门户网站或论坛，发现网络上讨论最多的编程语言大多是时髦的语言，如 Java、Python 和 JavaScript。C 语言是一种高级编程语言，于 1972 年创建，已经接近半个世纪了。随着计算机技术的不断发展，人们自然会产生疑问，C 语言是否已经过时？

答案是否定的。

1. 从 TIOBE 指数看 C 语言

要确认 C 语言是否真的过时，我们可以参考 TIOBE 编程语言指数。

TIOBE 编程语言指数是通过搜索引擎（如 Google、Bing 和 Yahoo!）、Wikipedia、Amazon 和 YouTube 统计经验丰富的程序员、课程和第三方厂商的数量，以及对这些编程语言的讨论和使用情况，以反映某种编程语言的热门程度。重要的是，TIOBE 指数不会告诉我们什么是最佳的编程语言（世界并不存在这样的语言），也不会告诉我们世界上哪种语言的代码行数最多。但是，TIOBE 指数可以告诉我们，在某个时间点上，哪种语言正在被广泛地使用和讨论。

图 1.5 显示了 2002—2023 年各种编程语言的 TIOBE 指数变化情况。从该图中可以看出，C 语言在大部分时间段都占据了 20% 左右的市场份额，仅次于 Java。此外，在一些时期，C 语言的份额甚至超过了 Java，一度成为 TIOBE 指数的排行榜首。这表明，C 语言在编程领域仍然具有较高的地位。

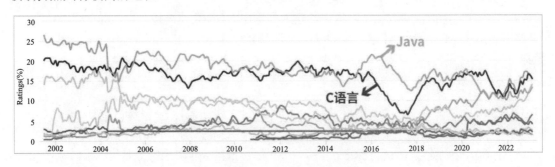

图 1.5   TIOBE 指数

2. 鲜少讨论 C 语言的原因

C 语言是一种十分流行的编程语言，但网上与它相关的讨论比较少。相比之下，有关 Java、Python、JavaScript 的讨论更多。

这是因为中国的互联网行业正处于全球发展的前沿，互联网企业急需大量的人才来开发网页、移动端应用、服务端程序以及数据分析，供需关系导致了这些语言的广泛讨论。

JavaScript 是一种用于网页开发的脚本语言。

Java 是用于安卓应用开发的主力语言，也被广泛应用于服务端程序开发。

Python 则在自动化处理和数据分析方面具有很大的优势。

当然，这并不意味着互联网企业不需要 C 语言。在遇到需要高性能的场景，C 语言便可以展现出它的优势。例如，在刷短视频时，人们希望看到流畅清晰的画面，这需要 C 语言的支持。

如果你是一名在电子、图像处理、音视频处理、通信等领域从事工作的工程师，你会发现 C 语言的价值。在这些领域，有必要尽量减少编程语言带来的额外开销，以便最大化利用计算机的性能。

除了汇编语言，C 语言是唯一一种能够实现这一目标的语言。它具有汇编语言独有的微调控制能力，可以根据具体情况调整程序，以实现最快的运行速度和最有效的内存使用。因此，C 语言最大的优势在于其能够微调控制程序，以获得最佳的性能。

3. 从学习角度看 C 语言

从学习的角度看，C 语言是一种非常重要且有趣的编程语言。它作为一种高级语言，具有易于理解的语法和结构，而且具有低级语言的一些特性，如汇编语言的控制能力，这使得学习者可以在学习过程中了解计算机的底层工作原理。

学习 C 语言也将为学习其他语言打下基础，因为很多现代语言都沿袭了 C 语言的语法和结构。学习 C 语言后，你将对编程的基本概念有更深入的了解，并能更快地学习其他语言。

此外，C 语言是很多领域的核心语言，如操作系统、编译器、数据库等。如果你想在这些领域工作，那么学习 C 语言是必不可少的。

总而言之,学习 C 语言不仅能帮助你深入了解计算机编程,还可以为你的职业发展打下基础。

4. 从职业角度看 C 语言

从职业的角度看,学习 C 语言是非常重要的。C 语言是计算机编程领域中最广泛使用的编程语言之一,并且在多种应用领域,如操作系统、编译器、图形用户界面、网络通信、数据库等方面都有广泛的应用。

对于电子、图像处理、音视频处理、通信等方向的工程师来说,掌握 C 语言是必不可少的,因为 C 语言能够提供微调控能力,帮助他们优化程序以获得最大的运行速度和最有效地使用内存。另外,C 语言也是许多其他编程语言的基础,所以掌握 C 语言后学习其他语言也会更容易。

此外,在当今的计算机行业中,C 语言也是一项非常抢手的技能,因此学习 C 语言不仅对于现有的职业发展有利,也有助于未来的职业发展。

总之,学习 C 语言无疑是一项值得的投资,它有助于提高你的技能,增强你的竞争力,并为你的职业生涯开辟更多的机会。

1.3　C 语言开发环境的搭建

在开始深入学习 C 语言语法前,为了让学习更加顺利,建议初学者使用最新的 Visual Studio 作为集成开发环境(IDE)。

有些学校可能仍在使用 VC++6.0,即 Visual C++ 6.0。然而,在当今的技术水平下,VC++6.0 已经显得相当陈旧,几乎没有公司会使用它作为开发环境。

有些初学者可能认为 Visual Studio 过于庞大,并且项目组织比较复杂,不适合作为初学者的 IDE。但实际上,初学阶段不需要掌握所有功能,使用 Visual Studio 并不会给学习带来困难。

Visual Studio 是一款广受推崇的集成开发环境,它功能强大、易于使用,并且获得了程序员的高度评价。Visual Studio 的工作界面如图 1.6 所示。

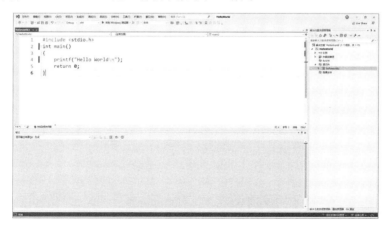

图 1.6　Visual Studio 的工作界面

除了 Visual Studio,还有很多其他的 IDE 可以用来编写 C 语言。以下是一些推荐的 IDE。

（1）Code::Blocks：这是一个跨平台的 IDE，适用于 Windows、Linux 和 macOS。

（2）Eclipse CDT：这是一个跨平台的 IDE，专门针对 C/C++开发者设计，适用于 Windows、Linux 和 macOS。

（3）Dev-C++：这是一个 Windows 平台下的免费 IDE，功能齐全，适合初学者。

（4）Clion：这是一个功能强大且付费的 IDE，适用于 Windows、Linux 和 macOS。

（5）GCC：这是一个开源的编译器和链接器，可以在命令行中使用，适用于 Windows、Linux 和 macOS。

本套课程以 Visual Studio 作为教学环境，但并不代表它是唯一的选择。作为 C 语言的初学者，你可以根据自己的偏好和使用习惯选择最适合自己的开发环境。如果你使用的是 macOS，则可以选择其他适用于 macOS 的编译器和 IDE。最重要的是，选择一个你熟悉的开发环境，可以提高你的学习效率，使你能够更快地理解和掌握 C 语言的语法和技巧。

1.3.1 下载 Visual Studio

Visual Studio 的安装方式为在线安装，只需下载一个小的在线安装程序，并选择需要的组件，安装程序会自动从互联网上下载所需的文件。Visual Studio 的官方网站地址为 visualstudio.microsoft.com，如图 1.7 所示。

图 1.7 官方网站

注意：

不要把 Visual Studio 和 Visual Studio Code 搞混。Visual Studio 是一个集成开发环境，而 Visual Studio Code 则是一个文本编辑器，但后者也可以通过安装插件来作为集成开发环境使用。目前，由于 Visual Studio Code 具有丰富的插件市场和轻量级的性能，它已经成为很多开发者的首选。

微软公司推出了三个版本的 Visual Studio：Community（社区版）、Professional（专业版）和 Enterprise（企业版）。下载 Visual Studio 如图 1.8 所示。

图 1.8　下载 Visual Studio

事实上，社区版已经能够满足大多数开发需求，本书将使用社区版——Visual Studio Community 2022。社区版对于单个开发人员、教室学习、学术研究、参与开源项目以及最多 5 个用户的非商业组织是免费的。这也是微软公司鼓励大家学习和参与开源项目的一种方式。

1.3.2　安装 Visual Studio

（1）下载完 Visual Studio 安装程序后，双击打开它，你将看到类似图 1.9 所示的安装界面。在"工作负荷"选项卡中，我们选择"使用 C++的桌面开发"。

注意：

请确保选择正确的工作负荷，有些人可能会选择".NET 桌面开发"或"通用 Windows 平台开发"，但这些都是错误的选择。

图 1.9　选择工作负荷

（2）你需要选择软件的安装位置（见图 1.10）。如果你没有更改安装位置，则直接按照默认安装位置即可。如果想更改安装位置，则需要注意以下 3 点。

① 安装位置不能是根目录，必须在文件夹中保存软件。

② 安装位置必须是一个空文件夹。

③ "Visual Studio IDE" 和 "下载缓存" 的安装位置不能重叠。

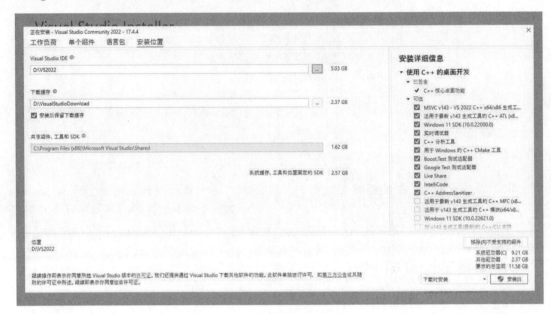

图 1.10　选择安装位置

完成这两个步骤后，你可以单击右下角的"安装"按钮，安装程序将开始。根据你的网络速度，安装过程可能需要一段时间。在这个时候，你可以喝杯水，休息一下，等待安装完成，Visual Studio 安装进度如图 1.11 所示。

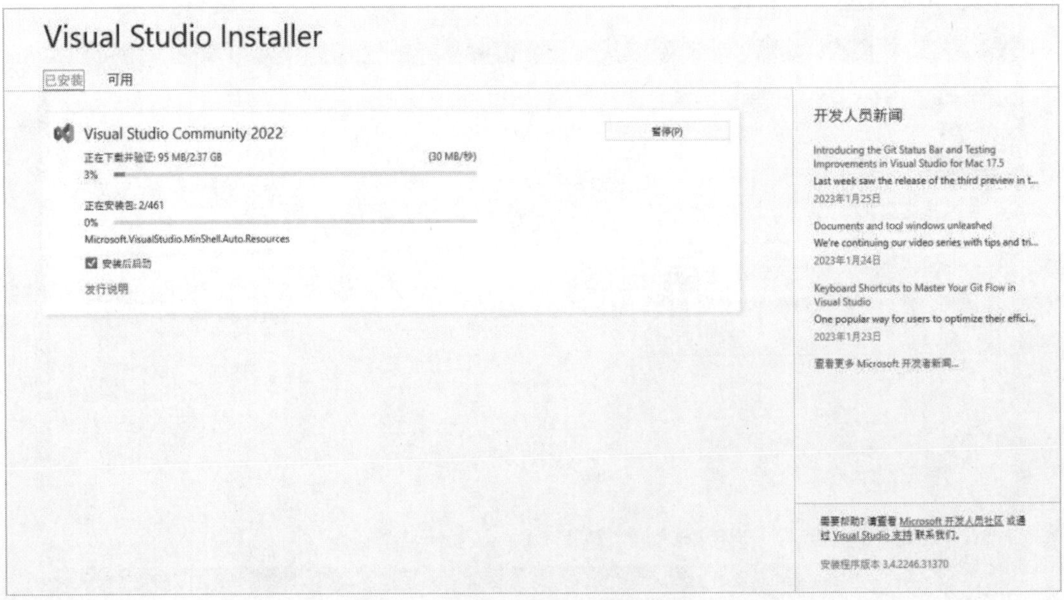

图 1.11　Visual Studio 安装进度

1.3.3 激活 Visual Studio

Visual Studio 社区版是免费的，但为了获得更好的使用体验，你需要注册一个微软账号。如果你已经有微软账号，则可以直接登录；如果没有，请先注册一个微软账号。这样你就可以完成软件的激活，并完成开发环境的搭建。Visual Studio 登录页面如图 1.12 所示。

图 1.12　Visual Studio 登录页面

第 2 章

C 语言基础知识

【本章导读】

欢迎来到本书的第 2 章！在本章中，我们将以一个简单的 "Hello World" 程序为例，轻松愉快地入门 C 语言。我们会从最基本的语法开始介绍，如主函数、函数、变量和常量等。然后，我们将逐步介绍如何使用 printf 函数输出文本，以及如何使用#include 命令引入头文件。

这个例子虽然非常简单，但是可以帮助我们快速了解 C 语言的基础知识，并且为后续章节的学习打下坚实的基础。

那么，让我们一起开始吧！在这个神奇的世界中输出我们的第一个 "Hello World"！

【知识要点】

通过对本章内容的学习，你可以掌握以下知识。

（1）Visual Studio 的使用方法。

（2）主函数和自定义函数。

（3）变量和常量。

（4）关键字和标识符。

（5）printf 函数。

（6）#include 命令。

2.1 第一个 C 语言程序

当我们学习一门编程语言时，有一个约定俗成的习惯，那就是写一个最简单的程序，即在屏幕上输出一行字符 "Hello World"。

这个惯例的起源是什么呢？这个惯例又是从何时开始的呢？

为了了解这个惯例的起源，我们可以回顾一下 C 语言的历史。

C 语言由 Dennis Ritchie 及其同事于 1972 年在贝尔实验室创建。之后，C 语言的创始人

Dennis Ritchie 和著名计算机科学家 Brian Kernighan 合作编写了一本权威的 C 语言介绍及其程序设计方法的经典著作 *The C Programming Language*。

这本书的第一个示例程序就是在屏幕上输出一行字符"Hello World"。这个简单而经典的程序成为程序员学习和使用 C 语言的起点。于是，"Hello World"成为计算机编程中最为熟悉的语句。

时至今日，许多编程语言教材也遵循了这个惯例。因此，不仅是学习 C 语言，许多其他编程语言的学习都会以"Hello World"作为入门程序。

这个惯例的流传证明了程序员认可这个惯例的重要性，并将它延续至今。现在，让我们一起在 Visual Studio 中编写并运行，创建你自己的第一个 C 语言程序："Hello World"。

2.1.1　创建项目和源文件

首先，打开 Visual Studio 后，我们需要选择创建一个 C/C++工程，创建方式有以下两种。

（1）在欢迎界面中直接单击"创建新项目"，如图 2.1 所示。

（2）在图 2.1 中单击"继续但无须代码"超链接[①]。

图 2.1　欢迎界面

打开 Visual Studio 后，接下来选择"文件→新建→项目"进行新建项目，如图 2.2 所示。

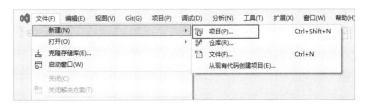

图 2.2　文件→新建→项目

接下来，在弹出的"创建新项目"对话框中，选择"空项目"或"控制台应用"，如图 2.3 所示。

————————————————

① 文中的"无须"与图 2.1 中的"无需"为同一内容，后文不再赘述。

图 2.3 "创建新项目"对话框

然后，指定项目名称和项目位置，最后单击"创建"按钮，即可新建一个 C 语言项目，如图 2.4 所示。

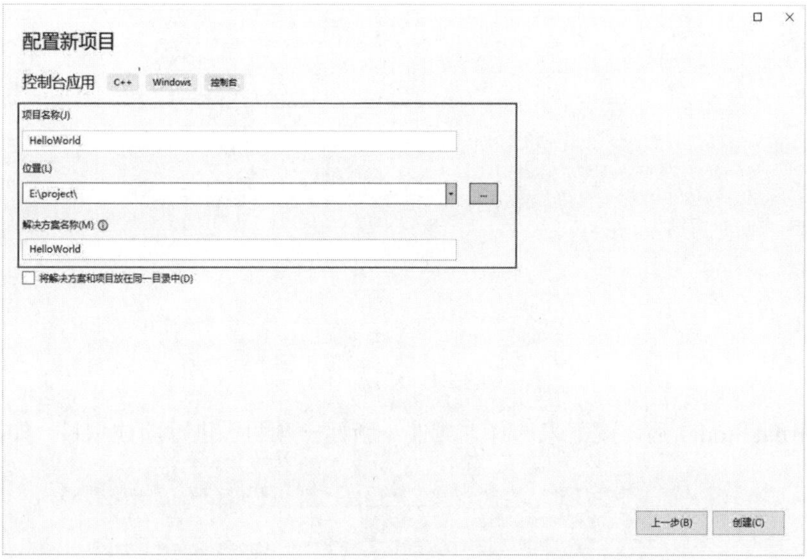

图 2.4 配置新项目

如果前面选择的是"控制台应用"，那么 Visual Studio 会为新项目创建默认的示例文件，如图 2.5 所示。

我们需要删除这些示例文件，并创建自己的源文件，步骤如下。

（1）在 Visual Studio 最上方的菜单栏中，选择"视图"菜单，在下拉列表中找到"解决方案资源管理器"。

（2）在"解决方案资源管理器"中，找到"源文件"并单击，然后右击 HelloWorld.cpp 并选择"删除"。

图 2.5　示例文件

（3）右击"源文件"并选择"添加"，然后选择"新建项"。

（4）在弹出的"添加新项-HelloWorld"对话框中，选择"C++文件（.cpp）"。

（5）修改源文件的名称，并将默认的".cpp"后缀改成".c"后缀。

（6）单击"添加"按钮即可，如图 2.6 所示。

图 2.6　添加源文件

 注意：

　　Visual Studio 会根据文件后缀名来区分源文件是 C 语言源文件还是 C++源文件，并将使用不同的编译器来编译代码。使用".cpp"后缀，将使用 C++的编译器。使用".c"后缀，将使用 C 语言的编译器。因为本书讲解的是 C 语言，所以要将后缀改为".c"。

2.1.2 编写并运行程序

创建源文件后，就可以开始编写"Hello World"程序了。具体代码见程序清单 2.1。

程序清单 2.1

```
#include <stdio.h>
int main()
{
    printf("Hello World\n");
    return 0;
}
```

如果你暂时还无法理解这段代码，可以先在 Visual Studio 中完全复制它。"Hello World"程序如图 2.7 所示。

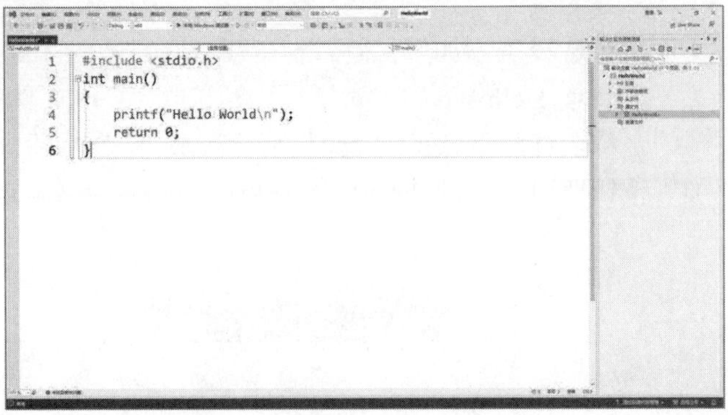

图 2.7 "Hello World" 程序

编写完代码后，可以尝试对其进行编译。在 Visual Studio 界面的菜单栏中，选择"生成→生成解决方案"，如图 2.8 所示。

图 2.8 生成解决方案

图 2.9 显示了 Visual Studio 的输出窗口，从中可以查看编译是否成功，且是否有语法错误或警告等。

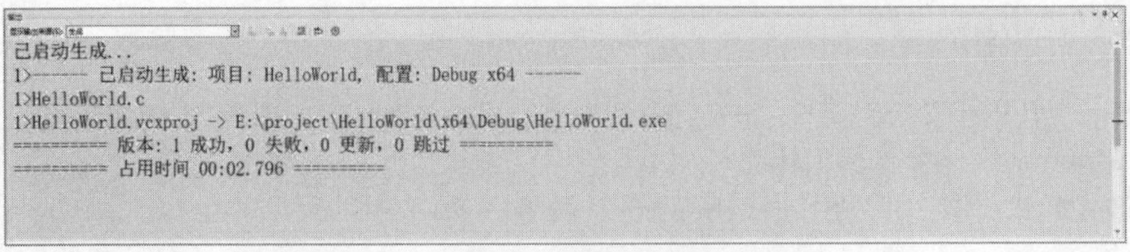

图 2.9 输出窗口

最后，还需要运行程序。在 Visual Studio 界面的菜单栏中，选择"调试→开始执行（不调试）"，如图 2.10 所示。

若程序运行成功，将弹出如图 2.11 所示的控制台窗口，并在其中成功显示"Hello World"等信息。

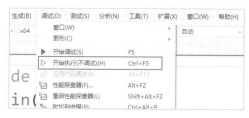

图 2.10　开始执行（不调试）

图 2.11　控制台窗口

2.1.3　新手常见错误

虽然 C 语言是一门功能强大的编程语言，但初学者很容易犯一些错误。

1. 使用非法字符

在 C 语言中，只能使用英文标点符号，不能使用中文标点符号等非法字符，否则编译器将会报错。例如，下面的代码使用了中文符号《、》、。、（、）、；、、，这将会导致编译器报错。

```
#include 《stdio. h》
    int main（）
    {
        printf （"Hello World\n"）；
         return 0；
    }
```

2. 拼写错误

C 语言中有许多固定的单词是不能拼写错误的，否则编译器将会报错。C 语言是大小写敏感的，如果将小写的单词写成了大写，编译器也会报错。例如，下面的代码将 main 拼写成了 mian，将 return 拼写成了 Return，这样的写法将导致编译器也会报错，代码将无法正确运行。

```
int mian()
    {
        printf("Hello World\n");
        Return 0;
    }
```

3. 忘写分号或多写分号

分号用于分隔语句，如果没有正确使用分号，程序的语法将会出错。例如，下面的代码缺少了分号，这将会导致编译器报错。

```
printf("Hello World\n")
    return 0
```

另一种情况是多写了分号，导致整体代码流程出现错误。例如，下面的代码在 main()后面加了一个分号，这会导致编译器无法识别 main()并会报错。

```
int main();
    {
        printf("Hello World\n");
        return 0;
    }
```

避免以上三种常见错误，可以有效地提高代码的质量和可读性，同时会帮助初学者更好地理解 C 语言的编程思想。

2.2 函　　数

在 2.1 节中，我们已经演示了 Hello World 程序的最终效果，即在屏幕上输出一行字符"Hello World"。本节将基于这段简单的代码介绍一些 C 语言的基础语法知识。

2.2.1 主函数

我们先来了解主函数 main，一个标准的主函数见程序清单 2.2。

程序清单 2.2

```
int main()              // 这是主函数
{
    return 0;           // 主函数的返回值
}
```

在 C 语言中，main 表示一个程序的主要入口点。稍后我们会讨论计算机语言中的函数及主函数在 C 语言程序中的意义。

注释是用双斜杠标注的，类似于老师在作业本上的批注。注释一般用于标注代码的用途或解释代码思路等。由于注释不会被编译成代码，因此无论添加什么注释内容，都不会对代码的实际运行产生影响。

在程序清单 2.2 中，注释标注了主函数的位置及其返回值。

注意：

在 C 语言中，关于主函数，读者常常有以下两个疑问。

（1）在一些书籍中，主函数被写成 void main()，并且没有 return 语句。这和本书不同，为什么会这样呢？

早期版本的 C 语言支持使用 void main()作为主函数的写法，并且不要求使用 return 语句。但是随着 C 语言的发展，主函数的定义也发生了变化。根据 C99 和 C11 标准，主函数应该被定义为 int main()，并且必须包含 return 语句。

（2）主函数的返回值一定只能是 0 吗？它可以返回其他数值吗？

主函数的返回值可以是任何整数值，不限于 0。通常情况下：当主函数正常结束时，返回 0；当主函数异常结束时，可以返回其他非零值，以表示程序异常结束。因此，主函数的返回值可以是任意整数值，但 0 是主函数最常用的返回值，因为它表示程序正常结束。

2.2.2　函数的概念

我们先来探讨函数的概念。在数学中，函数是一个常见的术语，如图 2.12 所示。然而，编程语言中的函数与数学中的函数有着本质的区别。

在编程中，函数就像是一个工具箱，可以把常用的动作或任务放进去，在需要时调用（或使用）工具箱中的内容。例如，如果你经常需要计算两个数字的和，则可以把这个任务放入一个名为"计算和"的工具箱中，当你需要计算和时，只需调用这个工具箱。

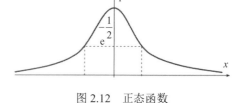

图 2.12　正态函数

一个函数具备以下三个基本特性，如图 2.13 所示。

（1）开始执行任务时，函数可以接收一些输入值。

（2）在执行任务的过程中，函数可以执行一些操作。

（3）执行任务完成后，函数可以返回一些值。

图 2.13　函数的基本特性

让我们再次讨论主函数，图 2.14 显示了这三个基本特性分别对应于主函数的哪个部分。

在图 2.14 中，我们可以看到主函数是如何对应以上三个基本特性的。

（1）main 函数后面的括号是用于接收输入值的。

（2）printf 语句是主函数执行的任务。

（3）return 语句是主函数需要返回的值。

图 2.15 显示了主函数具体完成哪些任务。

（1）主函数后面的括号中为空，表示主函数没有接收到任何输入值。

（2）主函数的任务是向屏幕输出一行字符串。

（3）主函数返回数字 0。

在了解了函数的三个基本特性之后，我们可以通过主函数进一步分析函数的其他部分。

其中，int 表示函数的返回值类型为整数类型，int 是 integer（整数）的缩写。这是由语言标准规定的，不能用其他单词代替。

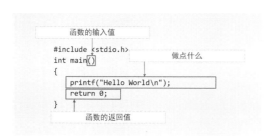

图 2.14　主函数的基本特征解析 1

图 2.15　函数的基本特征解析 2

main 是函数名，其后的括号()表示输入参数，目前为空。

return 后面跟的是函数的返回值，此处为 0。0 是一个整数，对应于函数名前的 int。

根据以上分析，可以总结出编写函数的公式。

```
函数返回值类型 函数名(函数输入参数值)
{
    函数执行具体操作
    return 函数返回值;
}
```

用花括号括起来的内容被称为函数体。注意，函数体必须用花括号括起来，不能省略。花括号上面的内容，包括函数名、函数参数和返回值，被称为函数头。函数头与函数体如图 2.16 所示。

2.2.3 自定义函数

在学习了函数的概念和写法之后，我们可以通过编写一个计算两个整数相加的函数来加深对函数概念的理解。这个函数需要实现输入两个整数，并返回它们相加的结果。

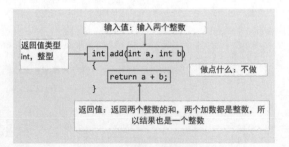

图 2.16 函数头与函数体

由于我们的函数用于计算加法，因此可以将函数命名为 add。当然，自定义函数的名称可以根据个人喜好进行编写，即使将函数命名为 aaaaa 也是可以的。但是，为了让函数名称具有语义，方便人们阅读和理解，我们通常使用具有特定含义的英文单词作为函数的名称。

程序清单 2.3 展示了实现两个整数相加的函数的定义。这段代码被称为 add 函数的函数定义。

程序清单 2.3

```
// 这段代码被称为 add 函数的函数定义
int add(int a, int b)
{
    return a + b;
}
```

图 2.17 展示了 add 函数的解析，它完全符合前面所述的函数的三个特性。这里还需要重点关注括号内的函数参数。在 C 语言中，函数参数的书写方式如下。

图 2.17 add 函数的解析

（1）参数类型：参数的数据类型。例如，这里的参数类型为 int，表示这个参数是一个整数。

（2）参数名称：参数的名称。例如 a、b，这个参数名称是我们自己指定的，也可以使用其他名称。

（3）多个参数之间用逗号分隔。

2.2.4 调用函数

2.2.3 节自定义了一个名为 add 的函数，但是我们怎样才能使用它呢？add 函数可以直接运行吗？

显然，add 函数是无法直接运行的。在大多数 C 语言程序中，主函数是程序的入口，它是程序执行的起点。在主函数中，可以调用其他函数，并通过它们执行不同的任务。只有单独的 add 函数是无法正确运行的，因此需要在主函数中调用 add 函数才能得到正确的结果。

需要注意的是，每个 C 语言项目只能有一个主函数，因为主函数是程序的入口。

注意：

一个 C 语言项目中只能存在一个 main 函数，如果一个项目中存在多个源文件，并且每个源文件中都有一个 main 函数，则编译时将会报错。如在 Visual Studio 中会出现"fatal error LNK1169: 找到一个或多个多重定义的符号"错误。

解决这个问题的方法如下。

（1）将所有代码都放到一个源文件中：这是最简单的解决方案，但如果代码量很大，则可能导致代码不易维护。

（2）删除所有的 main 函数，在一个源文件中只保留一个 main 函数。

（3）将源文件中不需要执行的 main 函数的名称修改成其他名称，如 main1，并且只将 main 函数保留在需要运行的源文件中。

1. 调用函数

现在稍微修改代码，在主函数中调用 add 函数，具体的代码见程序清单 2.4。

程序清单 2.4

```c
#include <stdio.h>
int add(int a, int b)
{
    return a + b;
}
int main()
{
    int result;
    result = add(2, 3);
    printf("%d", result);
    return 0;
}
```

下面分析程序清单 2.4 的代码是如何运行的。

程序首先会进入主函数 main 中，然后调用刚刚编写的 add 函数。在调用函数时，传入了两个值，分别是整数 2 和 3。

函数 add 的定义中规定了需要有 a 和 b 两个参数。因此，在调用 add 函数时，也必须传入两个参数。此外，参数的类型也需要尽可能一致，否则编译可能会报错。add 函数调用的解析如图 2.18 所示。

从图 2.18 中可以看到，add 函数需要被主函数调用才能执行。那么，我们自然会想道：main 函数又是被谁调用的呢？

C 语言的 main 函数是由操作系统调用的。当程序启动时，操作系统会寻找一个名为 main 的函数。main 函数的返回值通常会返回给操作系统。返回值可以作为程序的执行状态的代码，用来告诉操作系统程序是否正常退出。如果 main 函数返回 0，则表示程序已正常退出；如果 main 函数返回非零值，则表示程序在执行过程中发生了错误。

2. 错误的调用方式

在 C 语言中，编译器会按照从上往下的顺序阅读代码，因此我们需要在 main 函数中调用 add 函数之前定义 add 函数。编译器从代码开始，看到函数定义描述了一个名为 add 的函数。接下来，编译器发现在 main 函数中需要使用 add 函数。编译器由于已经知道了 add 的定义，因此可以正常编译。函数定义在函数调用前如图 2.19 所示。

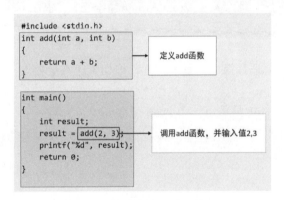

图 2.18　add 函数调用的解析

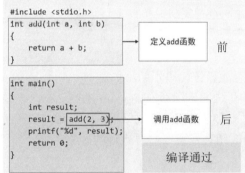

图 2.19　函数定义在函数调用前

如果将函数定义和函数调用的顺序反过来，编译器就无法理解 add 究竟是什么，导致报错并停止编译。函数定义在函数调用后如图 2.20 所示。

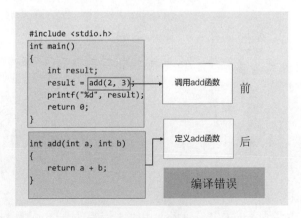

图 2.20　函数定义在函数调用后

提示：

在一些编译器（如 Visual Studio）中，允许在调用函数之前不需要编写函数的定义。这是因为这些编译器实现了"向前声明"，也称为"按需声明"。但是，C 语言标准并不支持这种说法，因此在学习过程中，请严格按照 C 语言标准编写代码。

2.3　变量和常量

在 C 语言中，变量和常量是非常重要的概念。本节首先简单介绍变量和常量的概念，第 3 章将会对其进行更加详细的解析。

1. 变量

在 2.2 节中，我们编写了一个 add 函数，该函数返回两个整数相加的结果。那么，返回的结果将存储在哪里呢？我们如何使用这个结果？

为了接收 add 函数返回的值，我们需要使用一个"东西"，即变量。在调用 add 函数之前，我们声明一个 int 类型的变量 result，并将其初始化为空值。这可以通过以下两行代码实现。

```
int result;
result = add(2, 3);
```

变量可以看作一个可以存储特定类型的值的容器，其中的值可以在程序运行过程中被改变。例如，可以将一个整数存储在整型变量中，并在程序中更改该变量的值。

result 只是我们为这个变量起的一个名字，你可以给它起任何名字。例如，你可以将其命名为 he 或 xiangzi。

然后，我们将 add 函数返回的结果 5 存储在 result 中，因此 result 中的值现在是 5。"="是 C 语言中的赋值运算符，它的作用是将右侧的值赋给左侧的变量。就像函数一样，C 语言中的等号和数学中的等号有很大的不同，它并不表示相等。

图 2.21 展示了 add 函数调用过程的解析。可以看到，使用了 add 函数计算 2 和 3 的和，运算后返回结果 5，之后在 main 函数中通过赋值运算符=将该结果赋给 result。

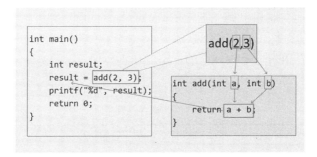

图 2.21　add 函数调用过程的解析

再次思考，我们是否可以删除 int result;一行代码，并将其更改为程序清单 2.5 的代码？

程序清单 2.5

```
int main()
```

```
{
    result = add(2, 3);
    printf("%d", result);
    return 0;
}
```

答案是否定的，因为变量在使用之前必须进行声明。

如果删除了 int result;一行代码，就表示没有对变量 result 进行声明。编译器由于在看到 result 名称时没有看到 result 的定义，因此无法确定它是什么类型的变量，甚至有可能不是变量而是一个函数。这样，编译器只能给出一个编译错误的提示并结束编译。

```
int result;
```

因此，我们必须像上面那样，声明一个名称为 result、类型为 int 的变量。接下来，编译器就可以记录 result 是一个 int 类型的变量。在后面的代码中，我们就可以顺利地使用这个 result 变量了。

2. 标识符

标识符是由我们自己起名字的，用于表示一个变量、函数或其他实体的名称。例如，我们将函数命名为 add 意味着该函数的作用是加法，而将变量命名为 result 意味着该变量存储的是函数的返回值。

在使用标识符之前，必须对其进行声明或定义，以便编译器识别该标识符。编译器如果遇到未定义或声明的标识符，则会报错，因为它无法理解该标识符表示的实体。

在 C 语言中，标识符可以任意命名，但必须遵循以下规则。

（1）标识符可以由小写字母、大写字母、数字和下画线组成。

（2）标识符的第一个字符必须是字母或下画线，不能是数字。

（3）标识符是区分大小写字母的。

3. 关键字

再思考一个问题，int 是一个标识符吗？

答案是否定的。这是因为 int 并不是我们随意命名的，并且 int 并不是任何实体的名称。int 是 C 语言中的一个关键字。

关键字是在 C 语言的语言规范中规定的，具有特殊的意义和用途，不能随意命名。

因此，我们需要区分标识符和关键字的概念。标识符是用户自定义的，用于指代某一个实体的名称；关键字是语言规范中规定的，不能作为标识符使用。

C 语言中的所有关键字如表 2.1 所示。

表 2.1　C 语言关键字

auto	break	case	char	const	continue	default
do	double	else	enum	extern	float	for
goto	if	int	long	register	return	short
signed	sizeof	static	struct	switch	typedef	union
unsigned	void	volatile	while	_Alignas	_Alignof	_Atomic
_Bool	_Complex	_Generic	_Imaginary	_Noreturn	_Static_assert	_Thread_local

4. 常量

在调用 add 函数时，我们传入了参数 2 和 3，那么是否需要声明数值 2 和 3 吗？

答案是不需要。因为像数值 2 和 3 这样的常量不需要被声明，因为它们是不可变的，不能被代码修改。一旦它们出现在代码中，就默认它们是整型 int 类型的常量。

同样，字符串常量也不需要被声明，如"Hello World\n"。字符串常量需要用双引号括起来，这是与数值的区别。

变量是可以通过赋值进行修改的，但常量是不能被修改的。因此，以下两种写法都是不正确的。

```
2 = 3;                    // 错误
"Hello" = "World";        // 错误
```

注意：

在字符串常量"Hello World\n"中，有一个"\n"，它是一个换行符，在代码中表示换行，当遇到该符号时，输出内容将在当前行结束并转到下一行。

2.4　printf 函数和 include 命令

程序清单 2.6

```
#include <stdio.h>
int main()
{
    printf("Hello World\n");
    return 0;
}
```

现在，你应该对程序清单 2.6 中的大部分内容有了理解。让我们对其内容进行更深入的分析。

2.4.1　printf 函数

与 add 函数一样，printf 也是一个函数，但它不是一个自定义函数，而是一个系统自带的函数。

我们将字符串常量"Hello World\n"传递给了 printf 函数。在运行代码时，你可以在屏幕上看到这行字符串。显然，printf 函数的作用就是将字符串输出到控制台上。

printf 由单词 print（打印）和单词 format（格式）的首字母 f 组成，意为格式化打印。

早期，计算机的输出主要通过连接打印机在纸张上打印字符来实现。如今，计算机的大部分输出都是在屏幕上实现的。然而，单词 print 仍被保留下来。有时我们仍然使用"打印"一词，但实际上，我们是在屏幕的控制台中输出字符的。

让我们来看以下两行代码。

```
printf("Hello World\n");
printf("%d", result);
```

为什么在第一行代码中只向 printf 传递了一个参数，而在 add 函数中却向它传递了两个参数？函数定义的参数数量和类型是否需要与函数调用时保持一致？

因为 printf 函数是一个特殊的函数，即可变参数函数，所以可以接收可变数量和类型的输入参数。现在，你不需要过多地关心如何编写可变参数函数，只需要使用它即可。

以下是 printf 函数的一些用法示例。

打印一个整数：printf("%d", 整型 int);

```
printf("%d", 12345);
```

用于打印两个整数：printf("%d\n%d\n", 整型 int1, 整型 int2);

```
printf("A=%d\nB=%d\n", 123, 456);
```

根据以上示例，可以总结出 printf 的使用公式。

```
printf("XXX 占位 1 XXX 占位 2 XXX 占位 3", 替换 1, 替换 2, 替换 3);
```

根据上面的公式，让我们逐一解释。

（1）printf 函数的第一个参数必须是字符串，在这里，我们传入了一个字符串常量（用双引号括起来）。在之前的 HelloWorld 和 add 函数的示例中，第一个参数都是字符串常量。

（2）在字符串常量中，可以包含占位符。例如，整型 int 的占位符是%d。占位符的含义是显而易见的，因为它们占据了特定的位置，并被后面的参数依次替换。查看图 2.22，图中箭头标示了如何进行替换，并在控制台上输出了替换的结果。

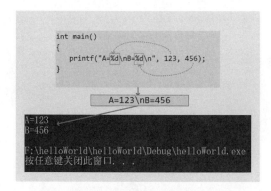

图 2.22　printf 函数的示例

2.4.2　include 命令

include 命令用于引入头文件。我们可以将头文件视为一本大字典，其中包含了许多函数和变量的定义，就像字典中记录了许多单词及其含义一样。include 命令就类似于你在需要查询某个单词时，打开字典，查找该单词所在的页面，找到相应的含义，然后将该含义引入你的文章中。这样，你就不必自己编写该单词的含义，而是直接引用字典中的定义，避免了自己编写的麻烦。

例如，之前学的 printf 函数不是我们自己定义的函数，而是系统自带的函数。该函数被写在一个名为 stdio.h 头文件的大字典中。如果要使用 printf 函数，必须先让编译器理解 printf 函数，因此就需要通过 include 命令引入头文件 stdio.h。

第3章

数据类型

【本章导读】

欢迎来到本书的第 3 章！本章将带你深入了解整型和浮点数据类型，以及如何使用补码表示法来计算整型数据类型的取值范围。我们还将介绍变量和常量的概念，让你了解如何在程序中存储和操作不同类型的数据。最后，我们会带你领略字符的魅力，探索 C 语言中的字符常量和变量，了解 ASCII 码和转义字符的使用方法。本章内容丰富，干货满满，让我们一起开启这场精彩的数据之旅吧！

【知识要点】

通过对本章内容的学习，你可以掌握以下知识。

（1）整型数据类型。

（2）浮点数据类型。

（3）变量。

（4）常量。

（5）字符。

3.1   整型数据类型

在第 2 章中，我们已经学习了使用 int 关键字表示一个整数的数据类型。在本章将深入探讨 C 语言中的整数数据类型。

3.1.1   各种整型数据类型

C 语言中的整型数据类型如表 3.1 所示。

表 3.1　C 语言中的整型数据类型

类 型 名 称	C 语言中的关键字	注 释
字符型	char	用于表示很小的整数
短整型	short	用于表示不怎么大的整数
整型	int	可以表示生活中的一般整数
长整型	long	用于表示较大的整数
加长整型	long long	用于表示非常大的整数

　　读者可能会好奇，为什么需要定义这么多不同类型的整数呢？实际上，计算机通过晶体管的开关状态来记录数据。晶体管通常会被分为 8 个一组，我们称之为字节。由于晶体管只有两种状态，每个字节就可以拥有 2 的 8 次方种不同的状态。让每个状态对应一个数值，就可以表示 256 个不同的数值。图 3.1 清楚地展示了不同晶体管状态和它们所表示的数值。

🚨 提示：

　　本章涉及二进制的知识，如果你对于二进制还不太了解，建议先学习二进制的内容。本书默认你已经学会了二进制。

　　要表示更大的数值范围就需要更多的晶体管。在 C 语言刚刚发明的时代，计算机存储资源是非常宝贵且稀缺的。对于程序员来说，他们可能希望将存储区域"掰成两半"来使用。例如，如果只需要表示 0～100 的数字，那么一个字节就足够了，为什么要使用两个字节呢？

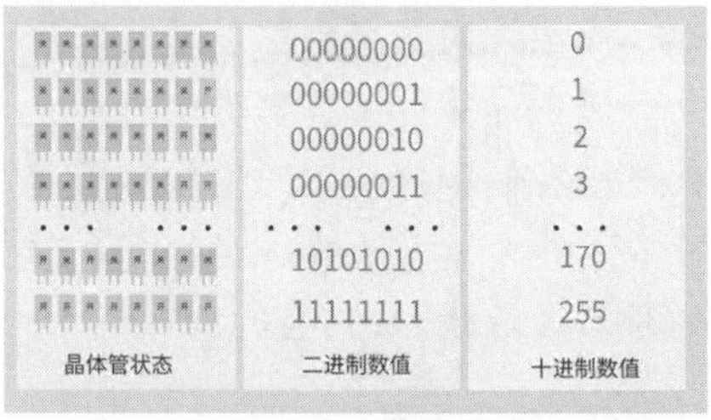

　　即使如今存储资源更加丰富，但许多编程语言仍然延续了这个传统。它们都提供了许多数据类型供选择。在编写代码时，程序员通常可以预测需要使用的数

晶体管状态	二进制数值	十进制数值
	00000000	0
	00000001	1
	00000010	2
	00000011	3
... ...	...	...
	10101010	170
	11111111	255

图 3.1　晶体管状态和表示的数值

值范围。因此，在处理数据时，可以从语言提供的类型中选择最合适的类型存储数据。

　　你可能想了解这些整型数据类型占用了多少字节，以及它们的具体数值范围。但很遗憾，我们无法准确地告诉你，因为 C 语言标准没有规定这些数据类型的大小范围，具体的实现取决于编译器和平台。那么，我们应该如何知道在 Visual Studio 中各种整型数据类型可以表示的数值范围呢？

　　可以使用 sizeof 关键字测量。

3.1.2　sizeof 测量大小

　　和 int 一样，sizeof 也是 C 语言中的一个关键字。它由英语单词 size 和 of 组成，它的翻译意思是"大小"，可以测量 C 语言中各种实体所占用的字节数。

　　如果测量 int 类型占用的字节数，可以按照以下方式编写代码。

```
sizeof(int);
```

　　该行代码返回 int 类型的字节数。我们可以使用 printf 函数将结果显示在控制台上。假设 sizeof 返回 int 类型的值，并在 printf 函数中使用占位符%d 输出它。更准确的方法是使用%zu 占位符。

以下是测量 int 类型占用的字节数并在控制台上输出结果的代码。

```
printf("%d\n", sizeof(int));
```

sizeof 关键字可以与类型、变量和常量一起使用。

（1）与类型一起使用，用于测量类型占用的字节数。

（2）与变量一起使用，用于测量变量类型占用的字节数。

（3）与常量一起使用，用于测量常量类型占用的字节数。

注意：

以下代码省略了 main 函数，只把其中重要的部分提取出来进行讲解，你在实际编写代码时，必须加上 main 函数。

程序清单 3.1 展示了如何使用 sizeof 来测量 C 语言中不同类型所占用的字节数。

程序清单 3.1

```
int a;
printf("sizeof int = %d\n", sizeof(int));        //测量类型占用的字节数
printf("sizeof a = %d\n", sizeof(a));            //测量变量类型占用的字节数
printf("sizeof 123 = %d\n", sizeof(123));        //测量常量类型占用的字节数
```

现在，我们可以使用程序清单 3.2 来检查 C 语言中不同整型类型所占用的字节数。

程序清单 3.2

```
printf("sizeof char=%d\n", sizeof(char));
printf("sizeof short=%d\n", sizeof(short));
printf("sizeof int=%d\n", sizeof(int));
printf("sizeof long=%d\n", sizeof(long));
printf("sizeof long long=%d\n", sizeof(long long));
```

在运行程序后，我们可以看到它输出的结果，如图 3.2 所示。

根据 C 语言标准，不同的数据类型在内存中占据的字节数不同。char 类型占用 1 字节，short 类型占用 2 字节，int 类型占用 4 字节，long 类型占用 4 字节，而 long long 类型占用 8 字节。通过这些实验结果，我们不仅了解了各种数据类型所占用的字节数，还验证了数据类型所能表示的数值范围与其占用的字节数成正比。

图 3.2　sizeof 整型结果

值得注意的是，与 C 语言标准规定的不同，Microsoft Visual Studio 编译器中 int 类型和 long 类型都占用 4 字节。尽管如此，这并不违反 C 语言标准中高级别类型的取值范围不得小于低级别类型的规定，因为它们仍然可以是一致的。

接下来，我们将继续讨论各种数据类型能够表达的数值范围的具体细节。

3.1.3　三位二进制的数值范围

提示：

如果你暂时无法理解整型取值范围的原理分析，则可以先记住 sizeof 的使用以及各种整型变量的取值范围的结论。不理解整型取值范围的原理不会影响你对 C 语言的使用。你可

以直接跳过这些章节，到 3.1.5 节继续学习。

在 C 语言中，char、short、int、long 和 long long 分别占用了 1 字节、2 字节、4 字节、4 字节和 8 字节。每个字节由 8 个晶体管组成，每个晶体管状态我们称之为位。因此，char、short、int、long 和 long long 分别占用了 8、16、32、32 和 64 位。

为了方便理解，我们暂时将位数简化为 3，然后分析 3 位的组合，看它能表示多大范围的数值。你只要能够理解 3 位可以表示的数值范围，那么扩展到 8、16、32、64 位也是同样的原理，也就能够理解它们。三位二进制数如图 3.3 所示。

三位二进制组成的数据类型可以表达 2 的 3 次方，即 8 个数值。如果从 0 开始，那么可以表达 0～7 的数值范围。因此，我们可以得出以下结论。

如果不考虑负数，那么整型数据类型可以表达的数值范围是：假设位数为 n，则数值范围为从 0 开始，到 2 的 n 次方减 1。

但是，在考虑负数的情况下，我们需要用一个位来作为符号位，表示这个数据是正数还是负数。通常我们用 0 表示正数，用 1 表示负数。在 C 语言标准中，符号位存在于二进制的最高位。下面我们用 3 位二进制来演示这种情况。三位二进制带负数如图 3.4 所示。

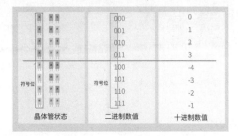

图 3.3　三位二进制数　　　　　　　图 3.4　三位二进制带负数

加上符号位之后，现在取值变为-4～3 了。图 3.4 中用方框展示了最高位，最高位为 1 的表示负数。你可能会觉得有点奇怪，为什么 3 的二进制是 011，而-3 却是 101 呢？如果只是简单地加一个符号位，为什么不将-3 写成 111 呢？

想要回答这个问题，我们看看图 3.5 中所示的 3 与-3 相加的运算结果。这里需要注意的是，该图中的运算是二进制的运算，因此运算方式是逢二进一的。

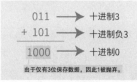

图 3.5　3 与-3 补码相加

你会惊奇地发现，用 101 表示-3 与用 011 表示的 3 相加的结果为 1000。但由于仅有 3 位二进制保存数据，最高位 1 被丢弃了，结果为 000，居然得到了正确的结果 0。为什么会这样呢？

3.1.4　数值的补码表示法

观察图 3.6 中的时钟，这是一个分成了 12 个点的圆。假设时钟指针一步只能走到相邻的整点，那么时钟一共只有 12 种不同的状态，我们称之为时钟的模。

现在时钟指针指向了 5 点，我们要让它回到 0 点。有两种方法可以实现：一种是直接回退 5 个小时（5-5），如图 3.7 所示；另一种是继续往前走 7 个小时（5+7），如图 3.8 所示。

图 3.6　时钟解释补码

图 3.7　时钟 5-5

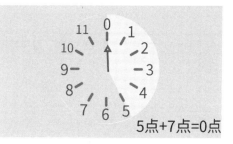

图 3.8　时钟 5+7

在第二种方法中，5+7=12，而 12 刚好是时钟的模，此时指针指向了 0。

为了让指针回到 0 点，我们只需要让它加上模与当前时间的差即可。因此，指针回退 5 小时与指针前进 7 小时是等价的。我们可以用指针前进来代替指针后退。

将这种思想带入三位二进制中，我们知道三位二进制能表示 8 个不同的数字，因此它的模为 8。要让 3 回到 0，我们可以让 3 减去 3，也可以让 3 加上模与 3 的差，即 8-3=5。因此，在三位二进制中，-3 可以用 5 的二进制表示（即 101）。

这种用加法来等效减法的二进制表示法被称为补码表示法。

在补码表示法中，正数的补码就是其二进制本身，而正数对应的负数的补码为模减去正数的二进制。负数的补码为模与正数的差的二进制，如图 3.9 所示。

补码表示法通过最高位区分正数和负数，并且巧妙地应用了溢出，所得到的计算结果也是正确的。类似于钟表只需要向前走就可以实现减法，计算机的电路设计也只需要设计加法电路，极大地简化了计算机内部电路的复杂程度。

当然，求一个正数对应的负数的补码也有一个更为简单的方法，如图 3.10 所示。

（1）先写出这个正数的二进制。

（2）从二进制的右边开始，在遇到第一个 1 之前，全都填 0。

（3）遇到第一个 1 之后，填 1。

（4）将遇到 1 之后的全部取反。

负数	模减去正数	补码	二进制数值	十进制数值
			000	0
			001	1
			010	2
			011	3
-4	8-4=4	100	100	-4
-3	8-3=5	101	101	-3
-2	8-2=6	110	110	-2
-1	8-1=7	111	111	-1

图 3.9　负数的补码为模与正数的差的二进制

十进制	0	-1	-2	-3	-4
正数二进制	000	001	010	011	100
补码	000	111	110	101	100

未遇到 1 填 0　　遇到 1 填 1　　取反

图 3.10　计算补码的简单方法

3.1.5　整型的数值范围

现在我们终于可以回答最前面的问题了：各种整型变量的数值范围是多少？每个整型类型的数值范围可参见表 3.2。

表 3.2　C 语言中整型的数值范围

类　　型	sizeof 大小	二进制位数	取值范围算式	数　值　范　围
char	1	1×8=8 位	$-2^7 \sim 2^7-1$	$-128 \sim 127$
short	2	2×8=16 位	$-2^{15} \sim 2^{15}-1$	$-32768 \sim 32767$
int	4	4×8=32 位	$-2^{31} \sim 2^{31}-1$	$-2147483648 \sim 2147483647$
long	4	4×8=32 位	$-2^{31} \sim 2^{31}-1$	$-2147483648 \sim 2147483647$
long long	8	8×8=64 位	$-2^{63} \sim 2^{63}-1$	$-9223372036854775808 \sim 9223372036854775807$

3.1.6　无符号整型

无符号整型（unsigned int）是 C 语言中的一种整数类型，用于存储非负整数。与有符号整型（int）不同，无符号整型只存储非负整数，因此其值域比有符号整型更大。

为声明无符号整型，需要在整型前加上关键字 unsigned，例如：

```
unsigned int a;
```

如果你确定你不会用到负数，则建议你使用 unsigned 关键字，表明该数据类型不带有符号位。由于不带符号位，原本留给符号位的二进制位可用来表示数值，因此可以有效地表示比有符号整型更大的值。

表 3.3 中列出了无符号整型的数值范围。

表 3.3　C 语言中的无符号整型的数值范围

类　　型	sizeof 大小	二进制位数	取值范围算式	数　值　范　围
unsigned char	1	1×8=8 位	$0 \sim 2^8-1$	$0 \sim 255$
unsigned short	2	2×8=16 位	$0 \sim 2^{16}-1$	$0 \sim 65535$
unsigned int	4	4×8=32 位	$0 \sim 2^{32}-1$	$0 \sim 4294967295$
unsigned long	4	4×8=32 位	$0 \sim 2^{32}-1$	$0 \sim 4294967295$
unsigned long long	8	8×8=64 位	$0 \sim 2^{64}-1$	$0 \sim 18446744073709551615$

3.2　浮点数据类型

让我们来讨论类似于 1.234567、0.00001 这样的非整数数据。我们试着编写了程序清单 3.3 中的代码，看看 int 类型是否能够存储这些数据。

程序清单 3.3

```
#include <stdio.h>
int main()
{
    int a = 1.234567;
    int b = 0.00001;
    int c = 365.12345;
    printf("%d\n", a);
    printf("%d\n", b);
    printf("%d\n", c);
    return 0;
}
```

图 3.11 为运行的结果，从结果来看，好像不可行，小数部分都丢失了。那怎么办呢？

这时候我们就需要引入新的类型——浮点类型。

图 3.11　浮点转整型丢失数据

3.2.1　float

我们将上面代码中的整型 int 替换为单精度浮点型 float。

随后，我们再将 printf("%d\n",a);中的占位符%d 替换为%f，因为我们已经学过%d 占位符用于整型，而%f 占位符用于浮点型。

程序清单 3.4 是替换完成的代码。

程序清单 3.4

```
#include <stdio.h>
int main(){
    float a = 1.234567;
    float b = 0.00001;
    float c = 365.12345;
    printf("%f\n", a);
    printf("%f\n", b);
    printf("%f\n", c);
    return 0;
}
```

图 3.12 显示了将 int 替换成 float 之后，大部分的数据都是正确的。但是 365.12345 变成了 365.123444，很明显精度出现了误差。

这是因为浮点数不能表示无限精确的值，它会存在一定的误差。

在 C 语言中，float 类型可以表示 6～7 位有效数字（即精度），这取决于具体的实现和编译器。这意味着在进行计算时，对于小于或等于 6～7 位有效数字的数，float 类型可以提供足够的精度，但对于更大的数，则可能存在舍入误差。

图 3.12　初识 float 类型

float 类型的取值为 $1.2×10^{-38}$～$3.4×10^{38}$，也可以表示非常接近 0 的数字（如 1.2^{-38}），但是它的精度可能会受到限制。

因此，当我们使用 float 类型存储 365.12345 时，前面六位数值是准确的，但是后面的数值略有误差。

3.2.2　double

有没有比 float 精度更高的数据类型呢？有的，它被称为双精度浮点型 double。我们将程序清单 3.4 中的 float 替换为 double。

那么在 printf 函数中，我们是否需要更改使用的占位符呢？

答案是否定的。我们需要记住，在 printf 函数中，无论是使用 float 还是 double，都可以使用%f 作为占位符。程序清单 3.5 是更改后的代码。

程序清单 3.5

```
#include <stdio.h>
```

```
int main()
{
    double a = 1.234567;
    double b = 0.00001;
    double c = 365.12345;
    printf("%f\n", a);
    printf("%f\n", b);
    printf("%f\n", c);
    return 0;
}
```

结果如图 3.13 所示。我们可以看到，这次的结果 365.12345 也是正确的。

但需要注意的是，double 类型同样存在精度范围。对于更高精度的数据，double 仍然会出现误差。

在日常应用中，我们通常不会苛求一个数值的精度完美无误，而允许一定的误差范围。但是，如果涉及高精度计算，需要采用特殊的方法进行数值计算，以尽量减少误差。

```
1.234567
0.000010
365.123450
```

图 3.13　初识 double 类型

3.2.3　浮点类型占用的空间大小

根据我们之前对整型的经验，整型类型占用的空间随着范围的增大而增加。类似地，对于浮点类型来说，更高的精度和更大的范围也会占用更多的空间。

为了验证这一点，我们可以使用 sizeof 运算符测量 float 和 double 类型的大小。程序清单 3.6 是具体代码。

程序清单 3.6

```
#include <stdio.h>
int main()
{
    printf("sizeof float = %d\n", sizeof(float));
    printf("sizeof double = %d\n", sizeof(double));
    return 0;
}
```

图 3.14 展示了代码的运行结果。我们可以看到，float 类型占用了 4 字节，double 类型占用了 8 字节。这证实了我们之前的假设，即更高精度和更大范围的浮点类型占用更多的空间。

```
sizeof float = 4
sizeof double = 8
```

图 3.14　浮点型数据所占用的空间大小

3.3　变　　量

在 C 语言中，变量是用于存储和处理数据的基本概念。变量可以被看作带有标签的盒子，用于存储各种数据类型的值，如整数、浮点数等。当程序运行时，它可以在变量中存储不同的值，并且可以对这些值进行操作、计算和传递。因此，变量是 C 语言中一个基本且重要的概念，它提供了一种方便的方式来存储和处理程序中的数据。

在前几节中，我们已经学习了如何声明一个变量，其声明方式如下。

```
short s;
int n;
long l;
float f;
double d;
```

因此，我们可以总结出声明变量的公式："数据类型 + 标识符 + 分号"。

在之前的章节中，我们已经了解了标识符，它是我们自己命名的一个标识，用于表示一个变量、函数或其他实体的名称。例如，上述代码中的 s、n、l、f 和 d 是我们自己命名的标识符，用于表示变量。

为了让编译器正确识别标识符，必须在使用前对其进行声明或定义。因此，要使标识符被编译器看作一个变量，必须在使用前将其声明为一个变量。

以下是一些示例：

在程序清单 3.7 中，变量 a 在使用前被正确地声明。

程序清单 3.7

```
//  正确示例
#include <stdio.h>
int main()
{
    int a;
    printf("%d\n", a);          //  正确，变量 a 在使用前被声明了
    return 0;
}
```

在程序清单 3.8 中，变量 a 在未声明的情况下被错误地使用。

程序清单 3.8

```
//  错误示例
#include <stdio.h>
int main()
{
    printf("%d\n", a);          //  错误，变量 a 未被声明
    return 0;
}
```

在程序清单 3.9 中，变量 a 在声明前被错误地使用。

程序清单 3.9

```
//  错误示例
#include <stdio.h>
int main()
{
    printf("%d\n", a);          //  错误，变量在声明前被使用
    int a;
    return 0;
}
```

3.3.1 变量命名规则

在 C 语言中，声明变量的公式为"数据类型 + 标识符 + 分号"。变量名由于是标识符的一种，因此必须符合标识符的命名规则。

重新复习一遍标识符的命名规则：标识符由大小写字母、数字和下画线组成，不能以数字开头，并且必须与现有的关键字不同。

我们可以通过以下五个例子来更好地理解标识符的命名规则。

```
short apple;                        // 正确，使用了一个合法的标识符
int 88fruit;                        // 错误，不能以数字开头
long _pencil;                       // 正确，可以以下画线或字母开头
float love_you;                     // 正确，使用了一个下画线的合法标识符
double int;                         // 错误，不能使用现有的关键字作为标识符
```

3.3.2 初始化和赋值

我们思考一下，程序清单 3.10 中输出的数值是多少呢？

程序清单 3.10

```
#include <stdio.h>
int main()
{
    int a;
    printf("%d\n", a);
    return 0;
}
```

运行之后我们发现，它居然报错了。如图 3.15 所示，这是因为变量 a 在使用之前没有被赋予任何确定的值。此时，a 的值是一个随机值，这样的随机值会导致程序产生错误的结果。Visual Studio 在默认设置下，使用这种未初始化的变量是无法通过编译的。

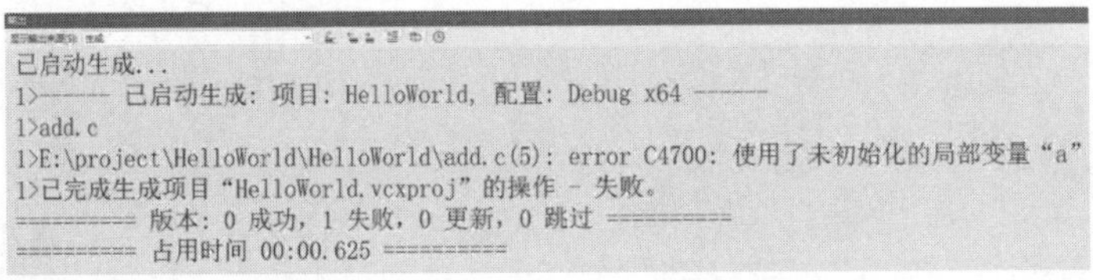

图 3.15 使用了未初始化的局部变量

为了解决这个问题，我们需要为变量 a 赋予一个确定的值。常见的两种方法如下。

1. 变量声明后立即初始化

程序清单 3.11

```
#include <stdio.h>
int main()
{
    int a = 100;                    // 变量 a 一旦被声明，就会被赋值 100
    printf("%d\n", a);
```

```
    return 0;
}
```

2. 变量先声明，后赋值

程序清单 3.12

```
#include <stdio.h>
int main()
{
    int a;                   // 变量 a 被声明后，它是一个随机值
    a = 100;                 // 这里我们使用赋值运算符，将 100 赋予变量 a
    printf("%d\n", a);
    return 0;
}
```

程序清单 3.11 是第一种写法，变量 a 一旦被声明，就会被赋值 100；程序清单 3.12 是第二种写法，变量 a 被声明后未进行初始化，后续使用赋值运算符为变量赋值。无论采用哪种方法，都能为变量 a 赋予一个确定的值，避免程序出现错误的结果。

3. 初始化和赋值的区别

在 C 语言中，初始化和赋值都是用来给变量赋值的操作，但它们在语法和含义上有一些区别。

赋值是为已经声明过的变量赋予一个数值，写法如下。

```
a = 100;
```

初始化是在变量声明时进行的赋值操作，写法如下。

```
int a = 100;
```

可以通过赋值运算符左边的位置来区分赋值和初始化。初始化只能在变量声明时使用，并且只能赋予一个初始值。如果变量未经初始化，在其内存位置中可能会存储随机值。赋值可以在变量声明后的任何时候使用，而且可以多次赋值。这意味着可以先声明一个变量，稍后为其赋予一个值。

总结一下，变量可以多次被赋值，但是不能多次被声明（初始化）。

多次初始化的写法相当于将变量重复声明，在第二次声明变量时，编译器会报告一个编译错误。

程序清单 3.13 是正确的示例，它只声明了一次变量 a，并在后续的代码中为其赋值两次。

程序清单 3.13

```
//  正确，将输出 100 和 200
#include <stdio.h>
int main()
{
    int a;
    a = 100;
    printf("%d\n", a);
    a = 200;
    printf("%d\n", a);
    return 0;
}
```

程序清单 3.14 是错误的示例，它多次声明了变量 a。

程序清单 3.14

```
//  错误，变量 a 被重复声明
#include <stdio.h>
int main()
{
    int a;
    a = 100;
    printf("%d\n", a);
    int a = 200;
    printf("%d\n", a);
    return 0;
}
```

提示：

在初始化整型和浮点型变量时，初始化似乎在一行中编写了变量声明和赋值。但对于后续章节中的其他类型的变量可能会略有不同。因此，请区分初始化和赋值的概念。

3.4　常　　量

在 C 语言中，常量是指在程序运行期间不会改变的固定值。常量可以被看作一个名字固定、值不变的"盒子"，用于存储和处理数据，如整数、浮点数等。

3.4.1　字面常量

字面常量是指在程序中直接使用的常量，如 100、200、1.3344、"HelloWorld"等。与变量不同，字面常量不需要在代码中声明，并且编译器通过其写法可以立即判断其类型。

对于整数字面常量，通常情况下，它们的类型是 int。然而，如果一个整数字面常量的值太大，超过了 int 类型的值范围，那么编译器将尝试将它看作 unsigned int 类型。如果它仍然太大，那么编译器将继续将它依次类推为更大值范围的整型类型，如 long、unsigned long、long long 和 unsigned long long。

在 Visual Studio 中，由于 int 和 long 的值范围一致，因此编译器会跳过 long，并尝试使用 long long 或 unsigned long long。整型值范围如表 3.4 所示。

表 3.4　整型值范围

类　　型	值　范　围
int	−2147483648～2147483647
unsigned int	0～4294967295
long	−2147483648～2147483647
unsigned long	0～4294967295
long long	−9223372036854775808～9223372036854775807
unsigned long long	0～18446744073709551615

对于小数的字面常量，默认情况下，它们的类型是 double，即双精度浮点数类型。如果需要使用单精度浮点数类型，需要在字面常量后面添加后缀 f 或 F，表示该浮点型数据是单精度的，如 3.14 和 3.14f。

3.4.2　符号常量

符号常量是指在程序中用一个名称表示的常量，也称为宏定义。符号常量可以使用 #define 预处理指令来定义，例如：

```
#define PI 3.1415926          // 定义名为 PI 的符号常量，其值为 3.1415926
```

因此，定义符号常量的语法如下。

```
#define 符号常量值
```

注意：

初学者在定义符号常量时经常会犯一个错误，即在定义语句的末尾加上分号。但是，在定义符号常量时，不需要在语句的末尾使用分号。添加分号通常会导致代码出现异常错误。

举个例子，假设有一种商品的价格为 PRICE，当前为 3 元。现在我们要计算购买 10 件这种商品的总价格。具体代码见程序清单 3.15。

程序清单 3.15

```
#include <stdio.h>
#define PRICE 3
int main()
{
    int num = 10;
    int total;
    total = num * PRICE;
    printf("商品总价格是:%d", total);
    return 0;
}
```

在程序清单 3.15 中，我们并没有直接写 num * 3，而是定义了一个符号常量 PRICE。这样做有什么好处呢？

（1）提高程序的可读性：符号常量能够为程序中使用的一些常量值取一个有意义的名字，这有助于提高程序的可读性和可维护性。例如，用#define PRICE 3 定义符号常量 PRICE，而不是在程序中到处使用数字 3，这可以使程序更易于理解。

（2）便于程序的修改：使用符号常量可以使程序的修改更加方便。如果需要修改程序中使用的某个常量值，只需修改符号常量的定义，而不需要在整个程序中搜索和替换常量值。这可以减少出错的可能性，同时可以提高程序的可维护性。例如，某种商品的价格在很多地方都被使用了，但是有一天这个价格发生了改变，那么我们就需要在每一个使用过这个价格的地方对价格进行修改，这样修改起来会非常麻烦。但是，我们如果把商品的价格定义为符号常量，那么只需要修改这个符号常量的值。

有些同学可能会认为符号常量的好处可以通过变量来完全替代，那么为什么一定要使用符号常量呢？

符号常量和变量是两种不同的概念，其中最重要的区别是符号常量在程序中被定义为一种常量，它的值在程序运行过程中不能改变，而变量的值可以随时改变。

如果你使用的某个数据确定是固定不变的，那么使用符号常量就是最准确的。

3.5　字　　符

到目前为止，相信你对程序清单 3.16 已经非常熟悉了。在该程序中，我们使用 printf 函数，它的第一个参数是需要输出的字符串，而字符串是用双引号括起来的。

程序清单 3.16

```c
#include <stdio.h>
int main()
{
    printf("HelloWorld");
    return 0;
}
```

但是，你有没有思考过字符串是由什么组成的呢？

这正是我们本节讨论的主题——字符。

3.5.1　字符常量

假设我们想以单个字符的形式输出"HelloWorld"，我们可以将代码修改为程序清单 3.17。

程序清单 3.17

```c
#include <stdio.h>
int main()
{
    printf("H");
    printf("e");
    printf("l");
    printf("l");
    printf("o");
    printf("W");
    printf("o");
    printf("r");
    printf("l");
    printf("d");
    return 0;
}
```

虽然我们的程序看起来是逐个输出字符的，但需要注意的是，字符串是由双引号包含的。这意味着我们实际上仍然输出的是字符串，只不过每个字符串仅包含一个字符。

在 C 语言中，字符可以使用单引号表示，如'a'、'b'、'c'、'1'、'2'、'3'，这些都是字符常量。

通常情况下，字符常量只包含一个字符，并使用单引号表示。如果需要表示多个字符，则使用字符串（如"ab"）。

既然我们知道了单引号表示字符常量，那么程序清单 3.18 中是否可以给 printf 函数传入字符呢？

程序清单 3.18

```
#include <stdio.h>
int main()
{
    printf('H');
    printf('e');
    printf('l');
    printf('l');
    printf('o');
    printf('W');
    printf('o');
    printf('r');
    printf('l');
    printf('d');
    printf('\n');
    return 0;
}
```

　　答案是否定的，这会导致编译错误。因为我们之前提到过，printf 的第一个参数必须是字符串，而程序清单 3.18 调用 printf 函数时传入的是字符，这不符合 printf 的要求。

　　既然如此，我们是否可以使用 printf 函数的占位符来占据字符的位置呢？我们已经了解了，整数类型的占位符是%d，浮点类型的占位符是%f。

　　字符类型的占位符是%c，我们可以使用占位符进行修改，代码见程序清单 3.19。

程序清单 3.19

```
#include <stdio.h>
int main()
{
    printf("%c%c%c%c%c%c%c%c%c%c%c", 'h', 'e', 'l', 'l', 'o', 'W', 'o', 'r',
'l', 'd', '\n');
    return 0;
}
```

　　我们可以使用 sizeof 函数来探究字符常量在计算机内部所占用的空间大小，代码见程序清单 3.20。

程序清单 3.20

```
#include <stdio.h>
int main()
{
    printf("sizeof a= %d\n", sizeof('a'));
    printf("sizeof b= %d\n", sizeof('b'));
    printf("sizeof c= %d\n", sizeof('c'));
    printf("sizeof d= %d\n", sizeof('d'));
    printf("sizeof e= %d\n", sizeof('e'));
    return 0;
}
```

图 3.16 展示了代码的运行结果。我们可以看到，字符常量占用 4 字节。这是因为 C 编译器将字符常量看作整型 int，所以它占用 4 字节。

图 3.16　字符常量占用 4 字节

3.5.2　ASCII 码

在前面的代码中，我们使用%c 作为字符类型的占位符。但如果不小心使用了整型占位符%d，会发生什么呢？让我们来看程序清单 3.21 中的代码。

程序清单 3.21

```
#include <stdio.h>
int main()
{
    printf("%d %d %d %d %d", 'a', 'b', 'c', 'd', 'e');
    return 0;
}
```

图 3.17 展示了代码的运行结果。我们可以看到，字符'a', 'b', 'c', 'd', 'e'被使用整型占位符输出，结果居然是一些整型数值，并且数值居然是连续的。这让我们有理由猜测，字符和数值之间可能存在某种联系。

在 C 语言中，字符和数字是有一定关系的。实际上，在计算机内部，C 语言的字符是以整数形式存储的，每个字符都对应一个唯一的整数值。

`97 98 99 100 101`

图 3.17　用%d 打印字符的结果

这种映射关系被称作美国信息交换标准代码（American Standard Code for Information Interchange，ASCII），完整的 ASCII 码表如图 3.18 所示。

DEC	OCT	HEX	CHAR	DEC	OCT	HEX	CHAR	DEC	OCT	HEX	CHAR	DEC	OCT	HEX	CHAR
0	0	0	NUL	32	40	20	space	64	100	40	@	96	140	60	`
1	1	1	SOH	33	41	21	!	65	101	41	A	97	141	61	a
2	2	2	STX	34	42	22	"	66	102	42	B	98	142	62	b
3	3	3	ETX	35	43	23	#	67	103	43	C	99	143	63	c
4	4	4	EOT	36	44	24	$	68	104	44	D	100	144	64	d
5	5	5	ENQ	37	45	25	%	69	105	45	E	101	145	65	e
6	6	6	ACK	38	46	26	&	70	106	46	F	102	146	66	f
7	7	7	BEL	39	47	27	'	71	107	47	G	103	147	67	g
8	10	8	BS	40	50	28	(	72	110	48	H	104	150	68	h
9	11	9	HT	41	51	29	)	73	111	49	I	105	151	69	i
10	12	0A	LF	42	52	2A	*	74	112	4A	J	106	152	6A	j
11	13	0B	VT	43	53	2B	+	75	113	4B	K	107	153	6B	k
12	14	0C	FF	44	54	2C	,	76	114	4C	L	108	154	6C	l
13	15	0D	CR	45	55	2D	-	77	115	4D	M	109	155	6D	m
14	16	0E	SO	46	56	2E	.	78	116	4E	N	110	156	6E	n
15	17	0F	SI	47	57	2F	/	79	117	4F	O	111	157	6F	o
16	20	10	DLE	48	60	30	0	80	120	50	P	112	160	70	p
17	21	11	DC1	49	61	31	1	81	121	51	Q	113	161	71	q
18	22	12	DC2	50	62	32	2	82	122	52	R	114	162	72	r
19	23	13	DC3	51	63	33	3	83	123	53	S	115	163	73	s
20	24	14	DC4	52	64	34	4	84	124	54	T	116	164	74	t
21	25	15	NAK	53	65	35	5	85	125	55	U	117	165	75	u
22	26	16	SYN	54	66	36	6	86	126	56	V	118	166	76	v
23	27	17	ETB	55	67	37	7	87	127	57	W	119	167	77	w
24	30	18	CAN	56	70	38	8	88	130	58	X	120	170	78	x
25	31	19	EM	57	71	39	9	89	131	59	Y	121	171	79	y
26	32	1A	SUB	58	72	3A	:	90	132	5A	Z	122	172	7A	z
27	33	1B	ESC	59	73	3B	;	91	133	5B	[	123	173	7B	{
28	34	1C	FS	60	74	3C	<	92	134	5C	\	124	174	7C		
29	35	1D	GS	61	75	3D	=	93	135	5D	]	125	175	7D	}
30	36	1E	RS	62	76	3E	>	94	136	5E	^	126	176	7E	~
31	37	1F	US	63	77	3F	?	95	137	5F	_	127	177	7F	DEL

图 3.18　ASCII 码表

ASCII 码表最初设计时只考虑了拉丁字符，0～127 对应一个字符。由于一个字节最多可以表示 256 个数，因此字符类型仅需要一个字节就能正常存储。

第一次看 ASCII 码表时，它可能令人感到困惑。让我们放大 ASCII 码表，以便更清晰地了解每个字符对应的数值，如图 3.19 所示。

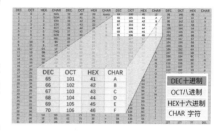

图 3.19　怎样看 ASCII 码表

DEC 表示十进制，OCT 表示八进制，HEX(Hx)表示十六进制，而 CHAR 则表示字符。

例如，字符 A 对应的数值分别是十进制的 65、八进制的 101、十六进制的 41。

3.5.3　字符变量

在计算机内部，字符被表示为整数，并且仅使用 0～127 的整数。为了在控制台上显示字符，可以使用 printf 函数，并使用占位符%c 将整数转换为实际字符进行输出。由于字符只需要一个字节，因此在 C 语言中使用一个字节的整数类型来表示字符，这个类型被命名为 char，这个名称是从 character 的缩写 char 而来。

要定义一个字符变量，可以使用以下代码。

```
char c1 = 'a';
char c2 = '\n';
char c3 = '1';
```

使用%c 占位符，可以输出这三个变量，具体代码见程序清单 3.22。

程序清单 3.22

```
#include <stdio.h>
int main()
{
    char c1 = 'a';
    char c2 = '\n';
    char c3 = '1';
    printf("c1=%c c2=%c c3=%c", c1, c2, c3);
    return 0;
}
```

程序运行结果如图 3.20 所示，输出三个字符。其中，\n 是一个特殊的字符，代表换行符。它会结束当前行的输出并从下一行开始新的输出，这个字符只占用 1 字节，它是一个转义字符，将在下面的部分中进行讨论。

c1=a c2=　←——换行符
c3=1

图 3.20　用%c 输出字符

我们调整代码并使用%d 占位符，输出这三个变量，具体代码见程序清单 3.23。

程序清单 3.23

```
#include <stdio.h>
int main()
{
    char c1 = 'a';
    char c2 = '\n';
```

```
    char c3 = '1';
    printf("c1=%d c2=%d c3=%d", c1, c2, c3);
    return 0;
}
```

程序运行结果如图 3.21 所示，输出这三个字符在 ASCII 码表中对应的数值。由于字符本质上是整数，因此可以使用%c 占位符将其输出为字符，或者使用%d 占位符将其输出为整数。

`c1=97 c2=10 c3=49`

图 3.21　用%d 输出字符

使用 sizeof 来测量字符变量的大小，具体代码见程序清单 3.24。

程序清单 3.24

```
#include <stdio.h>
int main()
{
    char c = 'A';
    printf("sizeof char= %d\n", sizeof(char));
    printf("sizeof c= %d\n", sizeof(c));
    return 0;
}
```

程序运行结果如图 3.22 所示，表明字符类型的变量只占用 1 字节，这与前面提到的字符常量占用 4 字节是不同的。

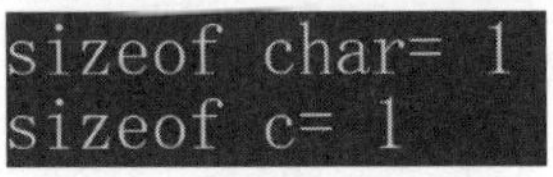

`sizeof char= 1`
`sizeof c= 1`

图 3.22　字符类型变量占用空间

3.5.4　字符串常量

在 C 语言中，字符串是由一系列字符组成的，每个字符占用 1 字节的内存空间。为了探究字符串占用了多少字节的空间，我们可以使用 sizeof 关键字，具体代码见程序清单 3.25。

程序清单 3.25

```
#include <stdio.h>
int main()
{
    printf("sizeof HelloWorld = %d\n", sizeof("HelloWorld"));
    return 0;
}
```

图 3.23 显示了代码的运行结果。我们可以看出，"HelloWorld"字符串占用了 11 字节的内存空间。我们知道，1 个字符占用 1 字节的大小，而"HelloWorld"只有 10 个字符。那么，为什么这个字符串会占用 11 字节呢？

实际上，在字符串结尾处会添加一个额外的字符，用于标识字符串的结束。这个字符占用 1 字节，且通常被赋值为 0。因此，"HelloWorld"虽然只有 10 个字符，但在内存中会多占用 1 字节，用于存储字符串结束标志。这也是 sizeof 返回字符串大小为 11 字节的原因。字符串"HelloWorld"的内部存储如图 3.24 所示。

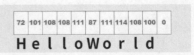

| 72 | 101 | 108 | 108 | 111 | 87 | 111 | 114 | 108 | 100 | 0 |

H e l l o W o r l d

`sizeof HelloWorld = 11`

图 3.23　字符串占用的空间大小　　　　图 3.24　字符串"HelloWorld"的内部存储

因为 0 表示字符串结束，所以我们可以试图有意地将 0 添加到字符串中来强行让字符串结束。程序清单 3.36 展示了如何在字符串中添加 0。

程序清单 3.26

```c
#include <stdio.h>
int main()
{
    printf("Hello0World");
    return 0;
}
```

图 3.25 显示了代码的运行结果。我们可以看到，0 被当成字符正常输出了。其实，这也是可以预见的一个结果。如果 0 不能被正常输出，那我们甚至不能正常输出"100"这样的字符串。

Hello0World

图 3.25 在字符串中添加 0

实际上，类似于"Hello0World"中被双引号括起来的 0，都是字符 0，对应的 ASCII 码是十进制的 48。

能够作为字符串结尾标志的是数值 0，而不是字符 0。字符 0 的 ASCII 码如图 3.26 所示。

DEC	OCT	HEX	CHAR
48	60	30	0
49	61	31	1
50	62	32	2
51	63	33	3

图 3.26 字符 0 的 ASCII 码

3.5.5 转义字符

如何表示数值 0 呢？让我们再次尝试运行程序清单 3.27 中的代码。

程序清单 3.27

```c
#include <stdio.h>
int main()
{
    printf("Hello\0World");
    return 0;
}
```

图 3.27 显示了代码的运行结果。我们可以看出，HelloWorld 字符串被强行截断了，printf 函数只输出 Hello，就认为字符串已经结束了。

图 3.27 Hello 数值 0World

Hello 数值 0World 内存分析如图 3.28 所示。

\数值被称作转义字符。它虽然是用多个字符编写的，但实际上对应 ASCII 码表中的一个字符。例如，我们上面使用的\0 对应的是 ASCII 码表中第一个字符，如图 3.29 所示。

直接在字符串中写 0 会被认为是字符 0，但是我们可以使用\后跟一个数值来表示数值 0。需要注意的是，这个数值不是用十进制表示的，而是用八进制表示的，因此正确的写法如下。

\数值（八进制）

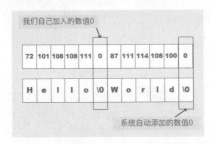

我们自己加入的数值0

72	101	108	108	111	0	87	111	114	108	100	0
H	e	l	l	o	\0	W	o	r	l	d	\0

系统自动添加的数值0

图 3.28　Hello 数值 0World 内存分析

DEC	OCT	HEX	CHAR
0	0	0	NUL
1	1	1	SOH
2	2	2	STX

图 3.29　ASCII 码表第一个字符

接下来，我们可以直接使用转义字符来输出"Hello"字符串，注意斜杠后面跟着的是八进制数值。

从图 3.30 中找到"Hello"中每个字符对应的八进制数值，分别为 110、145、154、154、157。

DEC	OCT	HEX	CHAR	DEC	OCT	HEX	CHAR
64	100	40	@	96	140	60	`
65	101	41	A	97	141	61	a
66	102	42	B	98	142	62	b
67	103	43	C	99	143	63	c
68	104	44	D	100	144	64	d
69	105	45	E	101	145	65	e
70	106	46	F	102	146	66	f
71	107	47	G	103	147	67	g
72	110	48	H	104	150	68	h
73	111	49	I	105	151	69	i
74	112	4A	J	106	152	6A	j
75	113	4B	K	107	153	6B	k
76	114	4C	L	108	154	6C	l
77	115	4D	M	109	155	6D	m
78	116	4E	N	110	156	6E	n
79	117	4F	O	111	157	6F	o
80	120	50	P	112	160	70	p
81	121	51	Q	113	161	71	q

图 3.30　Hello 在 ASCII 码表中

现在我们可以编写类似程序清单 3.28 中的代码来输出"Hello"。

程序清单 3.28

```
#include <stdio.h>
int main()
{
    printf("\110\145\154\154\157");
    return 0;
}
```

运行结果如图 3.31 所示，可以看到使用转义字符成功地输出了"Hello"。这进一步证明了：转义字符虽然在写法上可能包含多个字符，但实际上对应 ASCII 码表中的一个字符。

Hello

图 3.31　使用转义字符输出 Hello

接下来，介绍一个在 ASCII 码表中的特殊字符，它的十进制数值为 10，八进制数值为 12。让我们看看将其输出会产生什么效果，代码见程序清单 3.29。

程序清单 3.29

```
#include <stdio.h>
int main()
{
    printf("Hello\12World");
    return 0;
}
```

运行结果如图 3.32 所示，可以看出，\12 的效果和\n 相同，因为它们实际上是同一个字符。

在 C 语言中，为了方便，一些常用的特殊字符可以使用助记字母来代替它们的数值，如表 3.5 所示。

图 3.32　用八进制输出换行

表 3.5　转义序列

转 义 序 列	含 义	八 进 制	十 进 制
\a	报警	7	7
\b	退格	10	8
\f	换页	14	12
\n	换行	12	10
\r	回车	15	13
\t	水平制表	11	9
\v	垂直制表	13	11

C 语言中存在一些无法在键盘上输入的特殊字符，如退格符（'\b'）、换行符（'\n'）、回车符（'\r'）、水平制表符（'\t'）等，这些字符被称为不可见字符。

与表 3.5 中列出的字符一样，这些字符可以使用斜杠加数值来表示，也可以使用斜杠加助记字母来表示。但是，并非所有的不可见字符都有助记字母来代替它们的数值，因此在需要使用这些字符时，你可能需要查阅表格来获取它们对应的数值。

在 ASCII 码表中，十进制数值 0～31 对应的字符是不可见字符，如图 3.33 所示。

DEC	OCT	HEX	CHAR	DEC	OCT	HEX	CHAR	DEC	OCT	HEX	CHAR	DEC	OCT	HEX	CHAR
0	0	0	NUL	32	40	20	space	64	100	40	@	96	140	60	`
1	1	1	SOH	33	41	21	!	65	101	41	A	97	141	61	a
2	2	2	STX	34	42	22	"	66	102	42	B	98	142	62	b
3	3	3	ETX	35	43	23	#	67	103	43	C	99	143	63	c
4	4	4	EOT	36	44	24	$	68	104	44	D	100	144	64	d
5	5	5	ENQ	37	45	25	%	69	105	45	E	101	145	65	e
6	6	6	ACK	38	46	26	&	70	106	46	F	102	146	66	f
7	7	7	BEL	39	47	27	'	71	107	47	G	103	147	67	g
8	10	8	BS	40	50	28	(	72	110	48	H	104	150	68	h
9	11	9	HT	41	51	29	)	73	111	49	I	105	151	69	i
10	12	0A	LF	42	52	2A	*	74	112	4A	J	106	152	6A	j
11	13	0B	VT	43	53	2B	+	75	113	4B	K	107	153	6B	k
12	14	0C	FF	44	54	2C	,	76	114	4C	L	108	154	6C	l
13	15	0D	CR	45	55	2D	-	77	115	4D	M	109	155	6D	m
14	16	0E	SO	46	56	2E	.	78	116	4E	N	110	156	6E	n
15	17	0F	SI	47	57	2F	/	79	117	4F	O	111	157	6F	o
16	20	10	DLE	48	60	30	0	80	120	50	P	112	160	70	p
17	21	11	DC1	49	61	31	1	81	121	51	Q	113	161	71	q
18	22	12	DC2	50	62	32	2	82	122	52	R	114	162	72	r
19	23	13	DC3	51	63	33	3	83	123	53	S	115	163	73	s
20	24	14	DC4	52	64	34	4	84	124	54	T	116	164	74	t
21	25	15	NAK	53	65	35	5	85	125	55	U	117	165	75	u
22	26	16	SYN	54	66	36	6	86	126	56	V	118	166	76	v
23	27	17	ETB	55	67	37	7	87	127	57	W	119	167	77	w
24	30	18	CAN	56	70	38	8	88	130	58	X	120	170	78	x
25	31	19	EM	57	71	39	9	89	131	59	Y	121	171	79	y
26	32	1A	SUB	58	72	3A	:	90	132	5A	Z	122	172	7A	z
27	33	1B	ESC	59	73	3B	;	91	133	5B	[	123	173	7B	{
28	34	1C	FS	60	74	3C	<	92	134	5C	\	124	174	7C	|
29	35	1D	GS	61	75	3D	=	93	135	5D	]	125	175	7D	}
30	36	1E	RS	62	76	3E	>	94	136	5E	^	126	176	7E	~
31	37	1F	US	63	77	3F	?	95	137	5F	_	127	177	7F	DEL

图 3.33　不可见字符

第 *4* 章

格式化输入和输出

【本章导读】

本章非常重要，因为格式化输入和输出是 C 语言中非常常用的功能，它允许我们灵活地控制程序的输入和输出。本章将详细介绍 printf 和 scanf 函数的使用方法，并着重讲解其中的转换规范，包括转换操作、长度指示符、精度、最小字段宽度、标志等内容。这些知识点能够让我们更加准确地控制程序的输出格式，并使输出结果更具可读性和可维护性。在 scanf 函数中，我们还将讲解如何正确地输入数据并进行正确的匹配，避免输入数据类型不匹配的错误。虽然本章内容有些抽象，但是你只要认真学习，就一定可以掌握这些知识点，提高自己的编程水平。

【知识要点】

通过对本章内容的学习，你可以掌握以下知识。

（1）printf 函数的使用。

（2）转换规范。

（3）scanf 函数的使用。

4.1　printf 函数

在之前的章节中，我们已经多次使用了 printf 函数。本节将对 printf 函数的使用方法进行详细讲解和分析。

首先，我们来回顾 printf 函数的使用公式。

```
printf("XXX 占位 1 XXX 占位 2 XXX 占位 3", 替换 1, 替换 2, 替换 3);
```

根据公式，我们可以编写程序清单 4.1。

程序清单 4.1

```
#include <stdio.h>
```

```
int main()
{
    int a = 1;
    float b = 2.345;
    char c = 'a';
    printf("整型 a 为%d 浮点 b 为%f 字符 c 为%c 字符 c 对应的 ASCII 码为%d", a, b, c,
c);
    return 0;
}
```

运行结果如图 4.1 所示。

整型a为1 浮点b为2.345000 字符c为a 字符c对应的ASCII码为97

图 4.1　printf 示例代码运行结果

接下来，我们将从以下五个方面详细分析 printf 函数的用法。

（1）printf 是一个变参函数，它可以接收不确定数量和类型的参数。

（2）printf 的第一个参数为字符串。

（3）字符串为格式化字符串，包含了输出的字符和被替换的占位符。

（4）后续参数将依次替换占位符。

（5）占位符的类型和数量与后续的参数一一对应。

通过对以上几点的分析，我们可以更好地理解和掌握 printf 函数的使用方法，从而更加灵活地运用它来输出所需的信息。

1. printf 是一个变参函数

printf 函数是一个变参函数，这意味着它可以接收任意数量和类型的参数。具体来说，当我们调用 printf 函数时，我们可以传递一个或多个参数，这些参数的数量和类型是不固定的，具体的参数个数和类型要根据字符串中的内容来决定。例如，下面的代码演示了使用 printf 函数的不同方式：

```
printf("%d", 1);                  // 两个参数，字符串和 int
printf("%d %f", 1, 2.3);          // 三个参数，字符串、int 和 double
printf("%d %f %c", 1, 2.3, 'H');  // 四个参数，字符串、int、double 和 char
```

2. printf 的第一个参数为字符串

printf 的第一个参数为字符串，如图 4.2 所示。

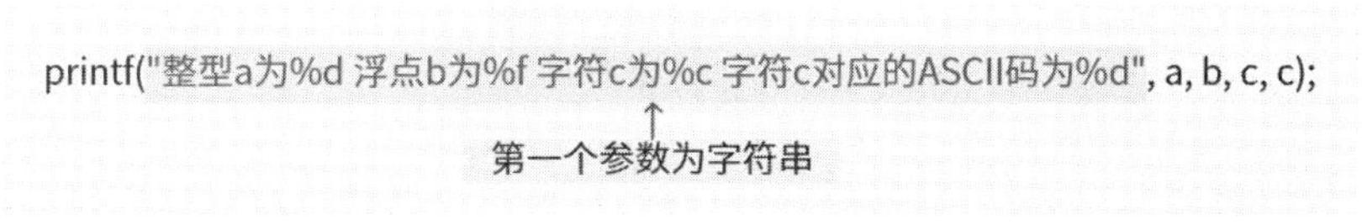

printf("整型a为%d 浮点b为%f 字符c为%c 字符c对应的ASCII码为%d", a, b, c, c);
　　　　　　　　　　　　　　　　↑
　　　　　　　　　　　第一个参数为字符串

图 4.2　printf 第一个参数为字符串

3. 字符串为格式化字符串

printf 函数的第一个参数必须是格式化字符串，用来指定输出的格式和占位符的位置。格式化字符串必须用双引号括起来，并且占位符必须以百分号（%）开头，后面跟着格式字符，用来表示后续参数的类型和输出格式，如图 4.3 所示。

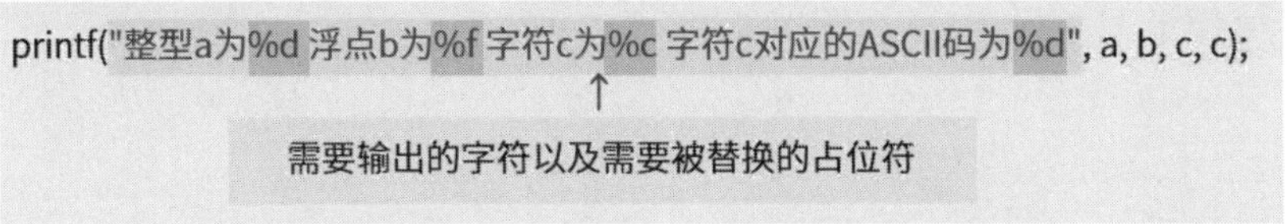

printf("整型a为%d 浮点b为%f 字符c为%c 字符c对应的ASCII码为%d", a, b, c, c);
需要输出的字符以及需要被替换的占位符

图 4.3　字符串包含输出的字符和被替换的占位符

4. 后续参数将依次替换占位符

当 printf 函数有多个参数时，后续的参数将依次替换格式化字符串中的占位符，如图 4.4 所示。

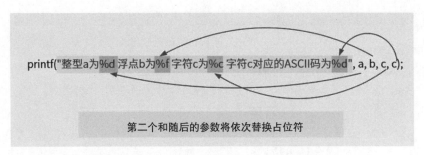

printf("整型a为%d 浮点b为%f 字符c为%c 字符c对应的ASCII码为%d", a, b, c, c);
第二个和随后的参数将依次替换占位符

图 4.4　第二个和随后的参数将依次替换占位符

5. 占位符的类型和数量与后续的参数一一对应

占位符的类型和数量必须与后续参数一一对应，否则将会产生错误的输出结果。例如，%d 对应整型 int 变量 a，%f 对应浮点型 double 变量 b，%c 对应字符型变量 c，如图 4.5 所示。

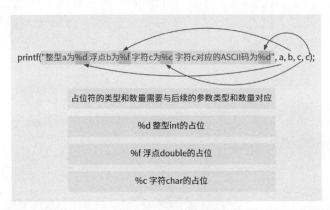

printf("整型a为%d 浮点b为%f 字符c为%c 字符c对应的ASCII码为%d", a, b, c, c);
占位符的类型和数量需要与后续的参数类型和数量对应
%d 整型int的占位
%f 浮点double的占位
%c 字符char的占位

图 4.5　占位符的类型和数量与后续的参数一一对应

4.1.1　类型提升

在之前的代码中，我们一直使用%d 作为整型 int 类型的占位符。但是，对于其他的整型类型，它们的占位符分别是什么呢？

printf 是一个可变参数函数。在 C 语言中，将参数传入一个可变函数的可变参数中时，变量会发生自动类型提升。

1. 有符号整型的类型提升

有符号位的整型 char 和 short 在被传入 printf 的可变参数中时，会被提升为 int 类型，而比 int 类型更高级的整型则不会发生变化。具体的细节可以观察图 4.6。

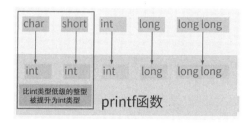

图 4.6　比 int 类型低级的整型被提升为 int 类型

因此，在处理 char、short 和 int 类型时，均可以使用%d 来进行占位。

在 Visual Studio 中，int 和 long 类型的范围一致，因此可以使用%d 来进行占位。但是，为了保证程序的可移植性，在切换到其他平台时，int 和 long 类型有可能不一致。

因此，long 类型需要使用%ld 进行占位。更高级的 long long 类型需要使用%lld 进行占位。

总结：char、short 和 int 类型可以使用%d 来进行占位。long 类型使用%ld 进行占位，而更高级的 long long 类型则使用%lld 进行占位。

2. 无符号整型的类型提升

无符号位的整型 unsigned char 和 unsigned short 在被传入 printf 的可变参数中时，会被提升为 unsigned int 类型，而比 unsigned int 类型更高级的整型则不会发生变化。具体的细节可以观察图 4.7。

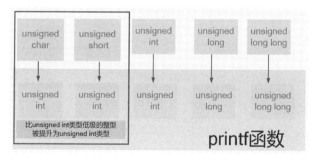

图 4.7　比 unsigned int 类型低级的整型被提升为 unsigned int 类型

无符号整型需要将%d 替换为%u，以表明最高位不被看作符号位，而是数据位。

总结：unsigned char、unsigned short 和 unsigned int 类型可以使用%u 进行占位。unsigned long 类型使用%lu 进行占位，而更高级的 unsigned long long 类型则使用%llu 进行占位。

3. 浮点类型的类型提升

单精度浮点类型 float 在被传入 printf 的可变参数中时，会被提升为 double 类型，而 double 类型则不会发生变化。

总结：float 和 double 类型均可以使用%f 进行占位。

4.1.2　转换规范

转换规范在 C 语言中是非常重要的概念，它们被用于指定格式化输出的方式。虽然在前文中，我们使用了以%开始的一串字符来描述这个概念，但是更准确的说法是它们应该被称为转换规范。

常见的转换规范，如%d、%f、%c 等，都是比较简单的转换规范。但实际上，转换规范还有更多更加复杂的功能可以使用，这些功能由以下五个元素组成。

（1）标志：零个或多个标志字符，如减号（-）、加号（+）、井号（#）和零（0）。这些标志可以影响转换结果的输出格式。

（2）最小字段宽度：用十进制整数表示的最小字段宽度。该字段宽度确定了转换结果的最小字符数，如果转换结果的字符数不足最小字段宽度，则会用空格或零来填充空白。

（3）精度：用点号表示的精度范围，它的后面可以跟一个十进制整数。精度定义了转换结果的小数点后位数或字符数。

（4）长度指示符：用字母组合来表示，如 h、hh、l、LL、z 等。它们用于指定转换参数的数据类型或大小。

（5）转换操作：用单个字符表示的转换操作，取自集合 c、d、e、E、f、o、s、u、x、X。这些操作定义了将转换参数转换为输出字符的方式。

图 4.8 展示了转换规范的使用。如果你对这些概念还不太了解，不要担心，我们将在接下来的内容中详细解释每个元素的作用。

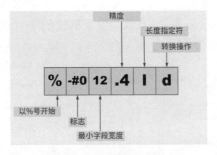

图 4.8　转换规范的使用

4.1.3　转换操作

我们先讨论转换规范的最后一个部分，即转换操作，如图 4.9 所示。

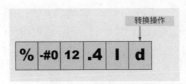

图 4.9　转换操作

转换操作由单个字符表示，取自集合 c、d、e、E、f、o、s、u、x、X。printf 函数可以根据转换操作使用不同的转换方式，将不同的数据输出在控制台上。具体的转换操作如表 4.1 所示。

表 4.1 转换操作

转 换 操 作	转 换 方 式
%c	输出一个字符
%d	输出一个带符号的十进制整数
%e	输出一个用科学记数法表示的浮点数，e 记数法表示
%E	输出一个用科学记数法表示的浮点数，E 记数法表示
%f	输出一个带小数点的浮点数
%o	输出一个八进制整型
%u	输出一个无符号的十进制整型
%x	输出一个十六进制数（小写字母）
%X	输出一个十六进制数（大写字母）
%s	输出一个字符串

1. 转换操作%d

下面是一个使用转换操作%d 的示例程序，即程序清单 4.2。

程序清单 4.2

```
#include <stdio.h>
int main()
{
    char c1 = 100;
    short s1 = 30000;
    int n1 = 500000000;
    char c2 = -100;
    short s2 = -30000;
    int n2 = -500000000;

    printf("%d\n", c1);
    printf("%d\n", s1);
    printf("%d\n", n1);
    printf("%d\n", c2);
    printf("%d\n", s2);
    printf("%d\n", n2);
    return 0;
}
```

变量 c1、s1、c2 和 s2 都是比 int 低级的整型类型。当它们被传递给 printf 函数时，它们被自动转换为 int 类型。因此，使用转换操作%d，它们可以在控制台中按照有符号整型的方式正常输出，如图 4.10 所示。

2. 转换操作%u

下面是一个使用转换操作%u 的示例程序，即程序清单 4.3。

程序清单 4.3

```
#include <stdio.h>
int main()
{
```

图 4.10 转换操作%d

```
unsigned char c1 = 0;
unsigned short s1 = 0;
unsigned int n1 = 0;
unsigned char c2 = 255;
unsigned short s2 = 65535;
unsigned int n2 = 4294967295;
printf("%u\n", c1);
printf("%u\n", s1);
printf("%u\n", n1);
printf("%u\n", c2);
printf("%u\n", s2);
printf("%u\n", n2);
return 0;
}
```

在进入 printf 函数时，变量 c1、s1、c2、s2 都会被转换为无符号整型 unsigned int。因此，使用转换操作%u，它们可以在控制台中按照无符号整型的方式正常输出，如图 4.11 所示。

图 4.11　转换操作%u

接下来，我们要重点讨论误用转换操作%d 与%u 会出现的问题。我们知道%d 和%u 都是可以匹配整型类型的数据，只是%d 匹配的是有符号整型，%u 匹配的是无符号整型。但是，在实际使用过程中，如果错误地使用这两个转换操作，很有可能造成错误的转换结果。

因为有符号整型 int 与无符号整型 unsigned int 的取值范围不一致，数据类型与转换操作错误搭配会导致错误的转换结果。

图 4.12 显示了有符号整型 int 与无符号整型 unsigned int 取值范围的对比。其中，int 的取值为-2147483648～2147483647，unsigned int 的取值为 0～4294967295。

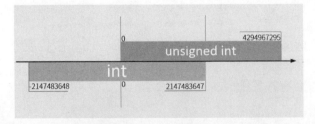

图 4.12　有符号整型 int 与无符号整型 unsigned int 的范围

下面我们举两个例子来看看会出现什么问题。

例子 1：如果数值在 int 和 unsigned int 的共有范围内，具体代码见程序清单 4.4。

程序清单 4.4

```
#include <stdio.h>
```

```
int main()
{
    int n = 2147483647;
    unsigned int u = 2147483647;

    // 输出 n
    printf("n = %d\n", n);
    printf("n = %u\n", n);

    // 输出 u
    printf("u = %d\n", u);
    printf("u = %u\n", u);
    return 0;
}
```

由于这些数值在共有范围内，无论使用%u 还是%d 进行转换，都能得到正确的结果，如图 4.13 所示。

图 4.13　使用%d 与%u 进行转换均能得到正确的结果

例子 2：如果数值不在 int 和 unsigned int 的共有范围内，具体代码见程序清单 4.5。

程序清单 4.5

```
#include <stdio.h>
int main()
{
    int n = -1;
    unsigned int u = 4294967295;

    // 输出 n
    printf("n=%d\n", n);
    printf("n=%u\n", n);

    // 输出 u
    printf("u=%d\n", u);
    printf("u=%u\n", u);
    return 0;
}
```

在程序清单 4.5 中，int 变量 n 被赋值为-1，-1 为有符号整型 int 的取值范围，它超过了无符号整型 unsigned int 的取值范围，因此使用%d 可以正常输出，而使用%u 却会出错。unsigned int 变量 u 被赋值为 4294967295，而 4294967295 为无符号整型 unsigned int 的取值范围，它超过了有符号整型 int 的取值范围，因此使用%u 可以正常输出，而使用%d 却会出错，如图 4.14 所示。

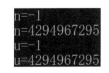

图 4.14　%d 与%u 只有一个是
正确的结果

因此，为了保证转换的正确性，必须严格使用与类型对应的转换操作。当数值超出类型的取值范围时，需要使用更大范围的整型类型，或者考虑使用其他数据类型来表示。

3. 转换操作%c

程序清单 4.6 是一个使用转换操作%c 的示例程序。

程序清单 4.6

```
#include <stdio.h>
int main()
{
  char c = 65;
  short s = 66;
  int n = 67;

  printf("c=%d\n", c);
  printf("s=%d\n", s);
  printf("n=%d\n", n);

  printf("c=%c\n", c);
  printf("s=%c\n", s);
  printf("n=%c\n", n);
  return 0;
}
```

变量 c、s、n 为比 int 低级或等于的整型类型，在进入 printf 函数时会自动转换为 int。因此使用转换操作%c，它们可以在控制台中按照对应 ASCII 码表中字符的方式正常输出，如图 4.15 所示。

图 4.15　转换操作%c

4. 转换操作%f、%e、%E

程序清单 4.7 是使用转换操作%f 的示例程序。

程序清单 4.7

```
#include <stdio.h>
int main()
{
  float f = 1.234;
  double df = 1.234567;

  printf("%f\n", f);
  printf("%f\n", df);
  return 0;
}
```

变量 f 和 df 是比 double 低级或等于的浮点型类型，在进入 printf 函数时被自动转换为 double。因此使用转换操作%f，它们可以在控制台中按照双精度浮点型的方式正常输出，如图 4.16 所示。

程序清单 4.8 是一个使用转换操作%e 和%E 的示例程序。

图 4.16　转换操作%f

程序清单 4.8

```c
#include <stdio.h>
int main()
{
  float f = 1.234;
  double df = 1.234567;

  printf("%e\n", f);
  printf("%e\n", df);
  printf("%E\n", f);
  printf("%E\n", df);
  return 0;
}
```

转换操作%e 和%E 与%f 类似，但是它们使用科学记数法（e 记数法）。%e 使用小写 e 表示指数，%E 使用大写 E 表示指数，如图 4.17 所示。

图 4.17 转换操作%e 和%E

5. 转换操作%o、%x、%X

程序清单 4.9 是一个使用转换操作%o、%x 和%X 的示例程序。

程序清单 4.9

```c
#include <stdio.h>
int main()
{
  unsigned int n = 123456;

  printf("%u\n", n);                // 十进制
  printf("%o\n", n);                // 八进制
  printf("%x\n", n);                // 十六进制，小写字母
  printf("%X\n", n);                // 十六进制，大写字母
  return 0;
}
```

%o 将数据转换为八进制，并输出在控制台上；%x 和%X 均将数据转换为十六进制，并输出在控制台上，其中%x 输出小写字母，%X 输出大写字母。运行结果如图 4.18 所示。

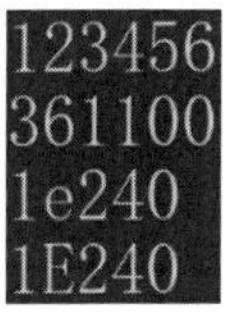

6. 转换操作%s

程序清单 4.10 是一个使用转换操作%s 的示例程序。

图 4.18 转换操作%o、%x、%X

程序清单 4.10

```c
#include <stdio.h>
int main()
{
  printf("%s", "Hello World\n");
  return 0;
}
```

%s 表示要输出的参数是一个字符串类型的数据。在输出时，printf 函数会按照字符串的

格式将数据输出到控制台中，如图 4.19 所示。

7. printf 函数使用转换规范的原因

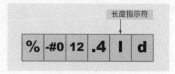

图 4.19　转换操作%s

当使用 printf 函数输出不同类型的数据时，转换操作可以让程序员更方便地输出格式化字符串，而不需要手动将数据转换为字符串再进行输出。

在 C 语言中，使用转换规范的形式（如 "%s"、"%d"、"%f" 等）输出格式化字符串的好处在于，它可以根据转换规范的类型，自动识别需要输出的参数的类型，然后对这些参数进行相应的格式化处理，以输出符合预期的结果。

例如，如果要输出一个整数和一个浮点数，我们可以使用 printf 函数，代码如下。

```
int a = 10;
float b = 3.14;
printf("a = %d, b = %f\n", a, b);
```

在上面的代码中，printf 函数会根据转换规范的类型来确定需要输出的参数的类型，并自动进行相应的格式化处理。输出结果为 a = 10，b = 3.140000。

如果不使用转换规范，而是手动将整数和浮点数转换为字符串再输出，代码就会变得非常烦琐，而且容易出错。使用转换规范的形式可以让代码更加简洁、易读，也更容易维护。

4.1.4　长度指示符

在程序清单 4.11 中，我们使用转换操作%d 来输出 long 和 long long 数据类型的变量。

程序清单 4.11

```
#include <stdio.h>
int main()
{
  long l = 2147483647;
  long long ll = 9223372036854775807;
  printf("%d\n", l);
  printf("%d\n", ll);
  return 0;
}
```

转换操作%d 匹配的是整型 int，因此它能获取的数据大小也仅是 sizeof(int)字节。在 Visual Studio 中，sizeof(int)和 sizeof(long)的大小相等，因此 long 类型的变量 l 被正常输出。但是，sizeof(long long)比 sizeof(int)要长得多，因此 long long 类型的变量 ll 将被错误输出。图 4.20 中的运行结果也证实了这一点。

为了正常输出 long long 数据类型，我们需要使用长度指示符来增加转换操作获取的数据长度，如图 4.21 所示。

图 4.20　使用%d 输出 long 和 long long 数据类型的变量

图 4.21　长度指示符

长度指示符是转换规则的一个扩展，它在转换操作前面，用于加宽或缩短输出数据类型的长度。例如：在转换操作前增加一个 l 长度指示符，可以将输出数据类型的长度升为更高一级的类型长度；在转换操作前增加一个 h 长度指示符，可以将输出数据类型的长度降为更低一级的类型长度。

表 4.2 中列出了长度指示符与转换操作的组合。

表 4.2　长度指示符

长度指示符	转 换 操 作	二进制字节长度
l	d	sizeof(long)
ll	d	sizeof(long long)
l	u 或 o 或 x 或 X	sizeof(unsigned long)
ll	u 或 o 或 x 或 X	sizeof(unsigned long long)
h	d	sizeof(short)
hh	d	sizeof(char)
h	u 或 o 或 x 或 X	sizeof(unsigned short)
hh	u 或 o 或 x 或 X	sizeof(unsigned char)

下面我们举两个例子，看看增加了长度指示符是否能够正确输出数据。

程序清单 4.12 使用 ll 长度指示符增加输出数据的长度。

程序清单 4.12

```
#include <stdio.h>
int main()
{
  long long ll = 9223372036854775807;
  unsigned long long ull = 0xFFFFFFFFFFFFFFFF;
  printf("%lld\n", ll);    // ll 将 d 获取的数据长度加长到 sizeof(long long)
  printf("%llX\n", ull);    // ll 将 X 获取的数据长度加长到 sizeof(unsigned long
long)
  return 0;
}
```

运行结果如图 4.22 所示。

程序清单 4.13 使用 hh 长度指示符缩短输出数据的长度。

```
9223372036854775807
FFFFFFFFFFFFFFFF
```

图 4.22　ll 长度指示符

程序清单 4.13

```
#include <stdio.h>
int main()
{
  unsigned int un = 0x12345678;
  printf("%hX\n", un);    // h 将 X 获取的数据长度缩短到 sizeof(unsigned short)
  printf("%hhX\n", un);    // hh 将 X 获取的数据长度缩短到 sizeof(unsigned char)
  return 0;
}
```

运行结果如图 4.23 所示。

长度指示符中还有一个 z 长度指示符，它用于指示类型 size_t 的长度。

图 4.23　h 与 hh 长度指示符

关键字 sizeof 返回的结果就是 size_t 类型的。size_t 并不是一个新的关键字，而是已有整型变量的别名。此别名可以是 unsigned int 别名，也可以是 unsigned long 或 unsigned long long 的别名，具体取决于编译器如何实现它。

之前的章节中，使用%d 正确输出了 size_t 类型。但是，对 size_t 类型使用%zu 转换规范才是严谨的，具体的使用方法见如下代码。

```
printf("%zu\n", sizeof(int));
```

4.1.5　精度

在 C 语言中，printf 函数可以使用精度控制浮点数、十进制整数、字符串等输出的精度或长度。精度是一个可选项，以一个小数点和数字的形式表示。在%和转换操作之间添加一个.（小数点）以指定精度（见图 4.24），然后紧跟着一个数字表示精度的位数。

下面详细介绍精度的用法。为了方便讲解，我们用.precision 表示精度控制，precision 就是需要指定的精度的数字大小。

图 4.24　精度

1. 浮点数

浮点数%f、%e、%E 等转换操作可以使用 precision 来指定浮点数输出时保留的小数位数。

（1）如果 precision 没有指定，则默认保留 6 位小数。

（2）如果 precision 大于实际的小数位数，则保留实际的小数位数，并用 0 补齐。

（3）如果 precision 小于实际的小数位数，则会进行四舍五入，保留 precision 长度的小数位数。

程序清单 4.14 展示了一个用精度控制浮点数的示例。

程序清单 4.14

```
#include <stdio.h>
int main()
{
  double longdf = 123.23456789;
  double shortdf = 123.45;
  printf("%f\n", longdf);        // 默认保留 6 位小数
  printf("%.0f\n", longdf);      // 小数点个数限制为 0，小数点后无数字
  printf("%.4f\n", longdf);      // 小数点个数限制为 4，四舍五入后小数点保留 4 个数字
  printf("%.6f\n", shortdf);     // 小数点个数限制为 6，保留实际的小数位数，并用 0 补齐
  return 0;
}
```

运行结果如图 4.25 所示。

2. 整数

图 4.25　浮点数精度

整数%d、%o、%u、%x 和%X 等转换操作也可以使用 precision，但它们的行为与不使用 precision 相同。precision 指定的是输出的最小字符数，如果输出的数字的位数小于 precision，则在左侧填充 0，直到输出的字符数达到 precision。

例如，程序清单 4.15 中的代码将输出保留 6 位整数位的整数。

程序清单 4.15

```c
#include <stdio.h>
int main()
{
  int num = 123;
  printf("%.6d", num);
  return 0;
}
```

运行结果如图 4.26 所示。

图 4.26　整数精度

🔊 **注意：**

当使用 precision 控制浮点数输出时，printf 函数仅对输出进行四舍五入，而不会改变浮点数本身。因此，在进行精度控制时，要注意不要因为精度控制的四舍五入而对计算结果产生误解。

4.1.6　最小字段宽度

在 C 语言中，我们可以使用 printf 函数的最小字段宽度来指定输出数据的最小宽度，并且在数据宽度不足时填充空格。最小字段宽度用一个非负整数来表示，它可以在%和转换操作之间加入数字来指定宽度。整数精度如图 4.27 所示。

具体来说：如果最小字段宽度为 0 或没有指定最小字段宽度，则输出数据的宽度不受限制；如果最小字段宽度小于数据本身的位宽，则输出数据时按照数据的实际位宽输出，不进行填充；如果最小字段宽度大于数据本身的位宽，则在数据左侧填充空格，以保证输出数据的宽度等于最小字段宽度。

最小字段宽度

% -#0 12 .4 l d

图 4.27　整数精度

程序清单 4.16 演示了最小字段宽度的用法。

程序清单 4.16

```c
#include <stdio.h>
int main()
{
```

```
int un = 1234;
double df = 123.456789;
printf("%2d\n", un);        // 最小要求 2 位，有 4 位，不做处理
printf("%6d\n", un);        // 只有 4 位，补齐到 6 位
printf("%12f\n", df);       // 只有 10 位，补齐到 12 位
return 0;
}
```

在第一个 printf 函数中，指定最小宽度为 2 位，实际有 4 位，所以不做处理。在第二个 printf 函数中，指定最小宽度为 6 位，实际只有 4 位，在前面补 2 个空格。在第三个 printf 函数中，指定最小宽度为 12 位，实际只有 10 位，小数点也算 1 位，在前面补 2 个空格。运行结果如图 4.28 所示。

这里的示例程序展示了如何使用最小字段宽度来格式化输出数据。在实际编程中，最小字段宽度可以帮助我们控制输出数据的格式，使输出数据更加规范和易于阅读。

图 4.28　最小字段宽度示范

4.1.7　标志

在 C 语言中，printf 函数的标志用于指定输出格式的一些额外特性，如输出符号、填充字符、对齐方式等。标志通常是可选的（见图 4.29），并且可以通过在转换规范中添加特殊的字符来指定。

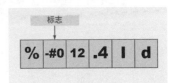

图 4.29　标志

1. 0（用 0 填充）

使用 0 标志可以使输出用 0 填充。默认情况下，printf 函数使用空格填充。

当使用最小字段宽度时，如果字符不足最小宽度，那么将使用空格补齐到最小宽度。如果指定了 0 作为标志，则将用字符 0 补齐到最小宽度。程序清单 4.17 就是一个例子。

程序清单 4.17

```
#include <stdio.h>
int main()
{
  int n = 1234;
  printf("%6d\n", n);    // 只有 4 位，使用空格，补齐到 6 位
  printf("%06d\n", n);   // 只有 4 位，使用字符 0，补齐到 6 位
  return 0;
}
```

运行结果如图 4.30 所示。

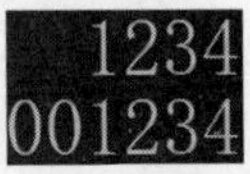

2. -（左对齐）

使用'-'标志可以使输出左对齐。默认情况下，printf 函数的输出为右对齐。示例见程序清单 4.18。

图 4.30　标志 0

程序清单 4.18

```
#include <stdio.h>
```

```
int main()
{
  int n = 1234;
  printf("%-6d%-6d\n", n, n);
  printf("%6d%6d\n", n, n);
  return 0;
}
```

运行结果如图 4.31 所示。第一个 printf 函数中使用了左对齐：数字全部靠左，空格出现在数字的右边。第二个 printf 函数中没有使用左对齐：数字全部靠右，空格出现在数字的左边。

图 4.31　标志-

3. +（输出符号）

使用+标志可以使输出包含符号（正号或负号）。默认情况下，printf 函数只会在负数前输出一个负号。示例见程序清单 4.19。

程序清单 4.19

```
#include <stdio.h>
int main()
{
  int n = 1234;
  printf("%+6d\n", n);
  printf("%+06d\n", n);
  return 0;
}
```

运行结果如图 4.32 所示。

4. #（八进制前加 0，十六进制前加 0x）

使用#可以使得 printf 函数在输出八进制前加 0，在输出十六进制前加 0x。示例见程序清单 4.20。

+1234
+01234

图 4.32　标志+

程序清单 4.20

```
#include <stdio.h>
int main()
{
  int n = 1234;
  printf("%o\n", n);
  printf("%X\n", n);
  printf("%#o\n", n);
  printf("%#X\n", n);
  return 0;
}
```

运行结果如图 4.33 所示。

图 4.33　标志#

4.2　scanf 函数

4.1 节讨论了如何使用 printf 函数将整数、浮点数、字符串等输出到屏幕上。但是，程序通常需要从用户那里获取输入数据。本节将介绍与 printf 函数功能相反的函数 scanf，它可以从标准输入流（通常是键盘）中读取输入数据。

在 C 语言中，scanf 函数是一个标准库函数，用于读取各种类型的数据，如整数、浮点数、字符、字符串等。它可以根据转换规范来读取不同类型的数据。

程序清单 4.21 是一个最简单的示例，它使用 scanf 函数从键盘中获取用户输入的各种数据，并使用 printf 函数将这些数据输出到屏幕上。

注意：

如果你在编写 scanf 代码时遇到错误，请参考 4.2.1 节以了解如何处理错误。

程序清单 4.21

```c
#include <stdio.h>
int main()
{
    char c;
    short s;
    int n;
    long l;
    float f;
    double df;
    scanf("%hhd %hd %d %ld %f %lf", &c, &s, &n, &l, &f, &df);
    printf("获取的数据如下：%d %d %d %d %f %f\n", c, s, n, l, f, df);
    return 0;
}
```

运行程序后，用户需要输入数据，如 1、2、3、4、5.6、7.8，并按 Enter 键。scanf 函数会根据转换规范读取这些数据，并将其存储到对应的变量中。然后，printf 函数将这些变量的值输出到屏幕上。图 4.34 展示了程序的运行结果。

图 4.34　scanf 函数示例

4.2.1　Visual Studio 安全报错

在讲解 scanf 函数之前，我们需要了解 Visual Studio 中与 scanf 相关的安全报错。

如果你使用较新版本的 Visual Studio，则 scanf 这类函数会被认为是不安全的，编译器会抛出 C4996 错误，并建议你使用其他安全函数替代。C4996 是 Visual Studio 编译器的警告信息之一，表示使用了已被标记为不安全或已过时的函数。报错信息如图 4.35 所示。

'scanf': This function or variable may be unsafe. Consider using scanf_s instead.
C4996　To disable deprecation, use _CRT_SECURE_NO_WARNINGS. See online help for details.

图 4.35　C4996 报错

要解决 C4996 错误，我们提供了一个解决办法。我们可以将指令_CRT_SECURE_NO_WARNINGS 添加到 Visual Studio 的预定义中，这样就可以屏蔽不安全函数错误。

添加步骤如下。

（1）在"解决方案资源管理器"中，右击工程名，选择"属性"，如图 4.36 所示。

（2）在属性页面中，展开"C/C++"，选择"预处理器"，然后单击"预处理器定义"中的"编辑"，如图 4.37 所示。

图 4.36　解决步骤 1　　　　　　　　　　图 4.37　解决步骤 2

（3）在预处理器定义页面中，将_CRT_SECURE_NO_WARNINGS 添加到预处理定义中，如图 4.38 所示。

图 4.38　解决步骤 3

完成以上步骤后，就可以正常使用 scanf 函数了。但是，以上步骤还有几个需要注意的地方。很多同学会出现添加错误的情况，导致无法正常使用。常见的错误如下。

（1）错误 1：选择了其他地方的属性（见图 4.39）。正确的做法是在 "工程名" 上右击，但在 "解决方案" 或 "源文件" 上右击是错误的。

（2）错误 2：配置和平台不一致（见图 4.40）。在 Visual Studio 的菜单栏和弹出的属性页中都有 "配置" 和 "平台" 选项，这两个选项必须保持一致。

图 4.39 错误 1

图 4.40 错误 2

（3）错误 3：预定义指令输入错误。在添加预定义指令_CRT_SECURE_NO_WARNINGS 时，有些同学可能会将其中的单词拼写错误，有些同学可能会将下画线写成连接号，还有些同学可能会添加一些无用的空格。

4.2.2 scanf 函数的使用公式

scanf 函数与 printf 函数的使用方法也有很多相似之处，下面详细分析 scanf 的用法。

（1）scanf 是一个变参函数，参数的数量和类型不确定。

（2）scanf 函数的第一个参数为字符串，该字符串用于匹配输入的字符。

（3）scanf 函数的第一个参数包含匹配字符以及转换规范，指定要读取的数据类型。

（4）scanf 函数的后续参数是转换完成后数据的存放位置，即将读取的数据存储到哪个变量中。

（5）转换规范的类型和数量与后续的参数一一对应。

1. scanf 是一个变参函数

和 printf 函数一样，scanf 函数也是一个变参函数，可以接收不确定数量和类型的参数。这使得 scanf 函数非常灵活，可以用于读取各种不同类型的输入数据。

2. scanf 函数的第一个参数为字符串

scanf 函数的第一个参数为字符串（见图 4.41），该字符串用于匹配输入的字符。

```
scanf("%hhd %hd %d %ld %f %lf", &c, &s, &n, &l, &f, &df);
                                ↑
                        第一个参数为字符串
```

图 4.41 scanf 函数第一个参数为字符串

3. scanf 函数的第一个参数包含匹配字符以及转换规范

scanf 函数的第一个参数包含匹配字符以及转换规范（见图 4.42），它们一起决定了要读取的数据类型。匹配字符用于指定输入的格式，包括空格、逗号等。转换规范用于指定输入的数据类型和变量类型。例如，"%d"表示要读取一个整数，而"%f"则表示要读取一个浮点数。

4. scanf 函数的后续参数是转换完成后数据的存放位置

查看图 4.43，scanf 函数将根据相应的转换规范对输入的字符串进行转换，并将其按顺序存储在后续参数的变量中。这些变量的类型必须与转换规范指定的类型相匹配。例如：%hhd 匹配 char 类型的数据，然后将其保存在 char 类型的变量 c 中；%hd 匹配 short 类型的数据，然后将其保存在 short 类型的变量 s 中；%d 匹配 int 类型的数据，然后将其保存在 int 类型的变量 n 中；%ld 匹配 long 类型的数据，然后将其保存在 long 类型的变量 l 中；%f 匹配 float 类型的数据，然后将其保存在 float 类型的变量 f 中；%lf 匹配 double 类型的数据，然后将其保存在 double 类型的变量 df 中。

scanf("%hhd %hd %d %ld %f %lf", &c, &s, &n, &l, &f, &df);
↑
需要输入的字符串以及转换规范

后续参数是转换完成后数据的存放位置

图 4.42　scanf 函数的第一个参数是需要输入的字符串以及转换规范　　图 4.43　scanf 函数的后续参数是转换完成后数据的存放位置

注意：

printf 函数和 scanf 函数在 double 类型的转换规则上有一些区别，printf 函数中可以用%f 匹配 double 类型，而 scanf 函数中必须使用%lf 才能正确地匹配 double 类型。

在使用 scanf 函数时，&被添加到变量名之前。这里暂时不探究&的含义，只需记住以下两条规则。

（1）如果 scanf 函数将转换后的数据存储到基本数据类型（到目前为止，我们学习的所有数据类型都是基本数据类型）的变量当中，则在变量名前添加&。

（2）如果 scanf 函数将字符串存储到字符数组（后续章节会学习数组知识）中，则在字符数组名前不用添加&。

5. 转换规范的类型和数量与后续的参数一一对应

查看图 4.44，转换规范的类型和数量必须与后续的参数一一对应。这意味着每个转换规范都必须有一个对应的变量来接收转换后的数据。

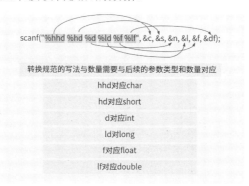

图 4.44　转换规范的类型和数量与后续的参数一一对应

4.2.3 scanf 函数的匹配规则

在 C 语言中，scanf 函数用于读取用户从键盘上输入的数据。scanf 函数会将输入的数据与第一个参数的字符串进行匹配，找到输入数据与转换规范的一一对应关系。

图 4.45 直观地展示了输入数据与转换规范的对应关系。例如，数据"1"对应转换规范 "%hhd"；数据"2"对应转换规范"%hd"；数据"3"对应转换规范"%d"；数据"4"对应转换规范"%ld"；数据"5.6"对应转换规范"%f"；数据"7.8"对应转换规范"%lf"。

图 4.45 字符与转换规范匹配

需要特别注意的是，用户在输入时必须按照第一个字符串的形式进行输入，否则无法得到正确的结果。接下来，我们举三个例子来说明这一点。

（1）例子 1：假设 scanf 函数的第一个字符串为"%hhd %hd %d %ld %f %lf"，它的每个转换规范使用空格进行分隔。因此，相应地，用户在输入数据时也必须用空格对数据进行分隔，如"1 2 3 4 5.6 7.8"。

（2）例子 2：假设 scanf 函数的第一个字符串为"%hhd,%hd,%d,%ld,%f,%lf"，它的每个转换规范使用逗号进行分隔。因此，相应地，用户在输入数据时也必须用逗号对数据进行分隔，如"1,2,3,4,5.6,7.8"。

（3）例子 3：假设 scanf 函数的第一个字符串为"%hhd+%hd-%dx%ld/%f~%lf"，它的转换规范使用加号、减号、乘号、除号和波浪号进行分隔。因此，相应地，用户在输入数据时也必须使用这些分隔符号对数据进行分隔，如"1+2-3×4/5.6~7.8"。

总而言之，scanf 函数会将输入的数据与第一个参数进行匹配，从而找到需要转换的部分。如果字符串匹配失败，将无法得到正确的转换结果。因此，在编写 scanf 函数时，务必确保输入数据与转换规范的格式相匹配，这样才能获得正确的输出结果。

对于 scanf 函数的匹配规则，初学者经常会犯一些错误。下面是一些常见的错误和解决方法。

1. 把 scanf 函数当作 printf 函数使用

需要明确一点，scanf 是一个输入函数，而 printf 是一个输出函数。它们的功能正好相反。有些初学者可能会混淆它们之间的区别，导致在使用 scanf 函数时出现错误。例如，下面的代码就是错误的用法。

```
int n;
scanf("请输入一个整数: %d",&n);
printf("%d", n);
```

在运行这段代码后，控制台不会显示提示文字"请输入一个整数:"。输入一个整数后，控制台可能会输出一个无意义的数字，如图 4.46 所示。

图 4.46 把 scanf 函数当作 printf 函数使用

这个错误的原因在于，将 scanf 函数误认为是 printf 函数，尝试在 scanf 函数的第一个参数中添加输出语句。要在控制台中输出提示信息，应该使用 printf 函数进行输出，而不是直接将提示信息写在 scanf 函数的第一个参数中。下面是一个正确的例子。

```
int n;
printf("请输入一个整数：");
scanf("%d",&n);
printf("%d", n);
```

运行结果如图 4.47 所示。

2. 添加一些无用字符

scanf 函数的第一个参数应该包含匹配字符和转换规范，不需要添加其他额外的内容。有些初学者可能会习惯性地在 scanf 函数的匹配字符串中添加一些无用的字符，例如下面的代码。

图 4.47　正确的运行结果

```
int a,b,c;
scanf("%d %d %d\n",&a,&b,&c);
```

其中，\n 是换行符，我们通常在 printf 函数中使用它来进行换行操作。但是，如果将\n 添加到 scanf 函数的匹配字符串中，则在输入数据时需要按两次 Enter 键才能正确匹配。因此，应该避免在 scanf 函数的匹配字符串中添加无用的字符，只包含匹配字符和转换规范即可。

4.2.4　输入字符

让我们来试试输入一个字符，具体代码见程序清单 4.22。

程序清单 4.22

```
#include <stdio.h>
int main()
{
    char c;
    scanf("%c", &c);
    printf("%d %c\n", c, c);
    return 0;
}
```

运行结果如图 4.48 所示，在控制台上，我们输入了字符 A，该字符被%c 转换规范匹配，最终被 char 类型变量 c 接收。

当我们使用%d 输出变量 c 时，输出了对应的 ASCII 码数值 65；而使用%c 输出时，输出了字符 A。

接着，我们再试试使用%hhd 匹配字符，具体代码见程序清单 4.23。

图 4.48　输入字符给 char

程序清单 4.23

```
#include <stdio.h>
int main()
{
    char c;
    scanf("%hhd", &c);
    printf("%d %c\n", c, c);
    return 0;
}
```

运行结果如图 4.49 所示，在控制台上，我们输入了数字 65，该
数字被%hhd 转换规范匹配，最终被 char 类型变量 c 接收。

当我们使用%d 输出变量 c 时，输出了对应的 ASCII 码数值 65；
而使用%c 输出时，输出了字符 A。

图 4.49　输入数值给 char

注意：

尽管在 scanf 函数中，%c 和%hhd 都能够匹配类型 char，但它们的功能是不同的。%c 必
须输入字符才能匹配，%hhd 必须输入数字才能匹配。如果输入错误的类型，则可能会导致
错误的结果或报错。

4.2.5　输入字符串

程序清单 4.24 中展示了如何使用字符数组来输入字符串。这里，由于输入的字符串被存储
在字符数组中，因此后面的参数 str 不需要加上&。

程序清单 4.24

```c
#include <stdio.h>
int main()
{
    char str[11];               //   字符数组的写法
    scanf("%s", str);           //   使用字符数组不需要加&
    printf("%s", str);
    return 0;
}
```

运行结果如图 4.50 所示。

在 C 语言中，没有字符串变量，字符串被存储在字符数组中。字符
数组的写法如下。

图 4.50　输入字符串

```c
char str[11];
```

这意味着我们定义了一个名为 str 的字符数组，数组的长度为 11。
这里，我们简单了解即可，后续章节会详细解析数组。

使用字符数组输入字符串时，我们可以使用 scanf 函数的格式化字符串%s，例如：

```c
scanf("%s", str);
```

这行代码将会从控制台中输入一个字符串，并将其存储到 str 数组中。

最后，我们使用 printf 函数输出字符数组，并直接用%s 来匹配字符数组，例如：

```c
printf("%s", str);
```

这行代码将会输出存储在 str 数组中的字符串。

注意：

字符数组需要足够大以存储输入的字符串，否则可能会发生缓冲区溢出的错误。此外，
输入的字符串也应该在数组的长度范围内，否则也可能会发生错误。

第 **5** 章

运算符和表达式

【本章导读】

欢迎来到第 5 章，本章将介绍 C 语言中的一些核心概念，包括表达式、运算符、转换规范、关系运算符和逻辑运算符。这些概念对于编写高效、准确和可维护的程序来说非常重要。

在 C 语言中：表达式是由变量、常量、函数调用和运算符等组成的公式；运算符是用于进行各种计算和比较操作的符号，包括算术、关系、逻辑等。在进行运算之前，需要确保操作数的类型相同，这时可以使用转换规范来自动将操作数转换为相同的类型。

掌握这些概念对于学习 C 语言编程来说是至关重要的。在编写程序时，务必注意类型转换规范和运算符优先级，并根据实际情况进行适当的类型转换和运算符组合。

【知识要点】

通过对本章内容的学习，你可以掌握以下知识。

（1）表达式。

（2）运算符。

（3）类型转换。

（4）关系运算符。

（5）逻辑运算符。

5.1 表 达 式

在前面章节中，我们已经接触了使用+运算符对两个数据对象进行相加的操作。

在本章中，我们将会继续探讨更多的运算符，并且深入讨论运算符和数据对象之间的相互作用。

1. 表达式的概念

运算符通常需要与运算对象结合使用才具有意义。例如：

```
5 + 10
```

其中，5 和 10 就是运算对象，+ 则是运算符。

在 C 语言中，一个或多个运算对象与零个或多个运算符组合而成的式子被称作表达式。以下是一些表达式的例子。

```
100
5 + 10
a / b
a * 10 / b + c
```

从上面的例子中可以看出，100 虽然它只有运算对象而没有运算符，但也是一个正确的表达式。

2. 表达式的结果

运算符与运算对象进行运算操作，必然会产生一个结果，因此每个表达式都有一个结果。例如下面的代码中，表达式 5 + 10 的结果为 15。

```
printf("%d\n", 5 + 10);
```

值 15 会被传递给 printf 函数，并在控制台上输出字符 15。

3. 表达式语句

在表达式后面加一个分号，就构成了表达式语句。在 C 语言中，表达式不能单独存在，必须以表达式语句的形式存在，例如：

```
100;
5 + 10;
a / b;
a * 10 / b + c;
```

那么下面代码中的表达式 5 + 10 呢？它为什么可以没有分号？

```
printf("%d\n", 5 + 10);
```

5 + 10 是一个子表达式，函数名加上括号运算符，构成了一个函数调用表达式。因此，5 + 10 是函数调用表达式的子表达式，而函数调用表达式后面已经加了分号。

5.2 运 算 符

本节将介绍 C 语言中的多个运算符，并详细介绍这些运算符的使用方法以及它们的运算结果。

1. 加法运算符（+）

+是加法运算符，它需要左右两个运算对象来组成加法运算表达式。

表达式结果：将左右两个表达式的结果进行相加得到的结果。

例如，下面的代码是加法运算符的示例。

```
int a = 200;
int b = 100;
a + b; // 表达式结果为 300
```

2. 减法运算符（-）

-是减法运算符，它需要左右两个运算对象来组成减法运算表达式。

表达式结果：将左右两个表达式的结果进行相减得到的结果。

例如，下面的代码是减法运算符的示例。

```
int a = 200;
int b = 100;
a - b;                      // 表达式结果为100
```

3. 符号运算符（+和-）

+和-是符号运算符。+用于标明一个表达式的正负，-用于改变一个表达式的正负。

请注意，这里的+和-并不是前面所述的加减运算符。与加减运算符不同，符号运算符仅需要在运算符右边有一个运算对象。

表达式结果：+表达式的结果是右边运算对象的值。-表达式的结果是右边运算对象值的相反数。

例如，下面的代码演示了符号运算符的计算结果。

```
int a = 100;
+a;                         // 表达式结果为100
-a;                         // 表达式结果为-100
```

4. 乘法运算符（*）

*是乘法运算符，它需要左右两个运算对象来组成乘法运算表达式。

表达式结果：将左右两个表达式的结果进行相乘得到的结果。

请注意，*是乘法运算符，不要将字母 x 或其他类似的字符误用为乘法运算符。

例如，下面的代码是乘法运算符的一个例子。

```
int a = 200;
int b = 100;
a * b;                      // 表达式结果为20000
```

5. 除法运算符（/）

/是除法运算符，它需要左右两个运算对象来组成除法运算表达式。

表达式结果：将左右两个表达式的结果进行相除得到的结果。

例如，下面的代码是除法运算符的一个例子。

```
int a = 200;
int b = 100;
a / b; // 表达式结果为2
```

需要注意的是，与其他运算符不同，除法的结果可能会出现整型无法整除的情况。也就是说，当两个整型数据相除时，可能会得到一个浮点类型的结果。例如，以下代码。

```
int a, b, c;
a = 5;
b = 2;
c = a / b;
```

其中，a 的值为 5，b 的值为 2。根据数学知识，5 除以 2 的结果应该是 2.5。然而，用整型变量 c 来接收结果是错误的，因为整型变量只能存储整数。在这种情况下，我们尝试把变量 c 的类型改为 float 或 double，具体代码见程序清单 5.1。

程序清单 5.1

```
#include <stdio.h>
int main()
{
    int a, b;
    a = 5;
    b = 2;
    float c;
    c = a / b;
    printf("%f\n", c);
}
```

图 5.1 展示了程序的运行结果。我们从该图中可以看出，即使将变量 c 的类型改为 float，结果仍然不正确。这是因为在 C 语言中，整型与整型进行运算的结果仍然是一个整型，结果的小数部分会被截断。a/b 的结果是 2，因此 c 的值为 2.0。这时候，再将整数 2 转换为浮点数并赋值给变量 c 并不能解决这个问题。

2.000000

图 5.1 整数之间相除，小数部分被丢弃

为了得到正确的结果，我们需要将变量 a、b 和 c 都声明为浮点型。这样，a 和 b 进行的运算就是浮点型运算，结果也是浮点型。具体代码见程序清单 5.2。

程序清单 5.2

```
#include <stdio.h>
int main()
{
    float a, b, c;
    a = 5;
    b = 2;
    c = a / b;
    printf("%f\n", c);
}
```

在程序清单 5.2 中，变量 a、b 和 c 都被声明为 float 类型，因此 a 和 b 的运算结果是浮点型，c 也是浮点型，其结果为 2.5，可以正确地输出到屏幕上，即浮点之间相除不会出现截断，如图 5.2 所示。

2.500000

图 5.2 浮点之间相除不会出现截断

6. 求余运算符（%）

%是求余运算符，它需要左右两个运算对象来组成求余运算表达式。

表达式结果：左运算对象除以右运算对象得到的余数。

例如，下面的代码就是求余运算符的一个例子，10 除以 3，等于 3 余 1。

```
int a = 10;
int b = 3;
a % b;                              // 表达式结果为 1
```

7. 赋值运算符（=）

=是赋值运算符，它需要左右两个运算对象来构成一个完整的赋值表达式。例如，下面的代码就是最常见的赋值表达式。

```
a = 100;                          // 赋值表达式语句
```

与其他类型的表达式类似，赋值表达式也有一个运算结果，即等号右边运算对象的值。例如，赋值表达式 a = 100;的结果为 100。此外，赋值表达式还会将等号右边运算对象的值赋给左边的运算对象。

值得注意的是，赋值运算符与变量初始化的符号相同（=），但它们有着本质上的区别。例如：

```
int a = 100;                      // 使用=号进行初始化，而非赋值运算符
a = a + 150;                      // 赋值运算符，将右边的表达式结果赋值给左边的变量 a
```

在上面的代码中，第一行代码声明了一个整型变量 a，并将其初始化为 100。请注意，这里使用的=号并不是赋值运算符，而是变量初始化。虽然它们看起来很相似，但区别在于=号左边并不是一个单纯的变量，而是变量的声明。这也是它们之间的重要区别。

赋值表达式的结果可以通过计算表达式右侧的值来获得。例如，对于赋值表达式 a = a + 50，我们可以先计算子表达式 a + 50 的值（即 150），再将结果赋值给变量 a。因此，整个表达式的结果为 150。除了计算表达式的结果，赋值表达式还将 150 赋值给变量 a。

需要注意的是，常量不能被更改，因此试图给常量赋值是一种错误的操作。以下几种赋值操作都是错误的。

```
"Hello" = "HelloWorld";
'a' = 'b';
100 = 200;
```

在 C 语言中，有许多运算和赋值的简写方式，以下是一些常见的例子。

（1）+=：加等于，即 a += b 相当于 a = a + b。

（2）-=：减等于，即 a -= b 相当于 a = a - b。

（3）*=：乘等于，即 a *= b 相当于 a = a * b。

（4）/=：除等于，即 a /= b 相当于 a = a / b。

（5）%=：取模等于，即 a %= b 相当于 a = a % b。

这些简写方式可以提高代码的可读性和简洁性，在编写代码时非常有用。

8. 自增和自减运算符（++和--）

自增运算符++和自减运算符--是 C 语言中的两个重要运算符。它们可以被作为前缀或后缀运算符，仅需要运算符左边或右边有一个运算对象即可。

当运算符置于运算对象左边时，被称为前缀模式，例如++i 和--i。相反，当运算符置于运算对象右边时，被称为后缀模式，例如 i++和 i--。

1）前缀模式

程序清单 5.3 是前缀模式的一个例子。

程序清单 5.3

```
#include <stdio.h>
```

```
int main()
{
    int a, b;
    a = 10;
    b = 10;
    printf("%d %d\n", ++a, --b);
    printf("%d %d\n", a, b);
    return 0;
}
```

在前缀模式下，++和--与右运算对象构成自增和自减表达式。前缀自增表达式的结果为运算对象值加 1，前缀自减表达式的结果为运算对象值减 1。

与赋值表达式类似，自增和自减表达式会对运算对象本身产生操作。自增表达式会将运算对象加 1，自减表达式会将运算对象减 1。

因此，printf 函数输出的值为 11 和 9（自增和自减运算符的结果），如图 5.3 所示。随后输出 a 和 b 的值，可以发现它们分别被加 1 和减 1 了（自增和自减运算符产生的操作）。

图 5.3　前缀模式

🔊 **注意：**

要清晰地区分"表达式结果"和运算符产生的"额外操作"的概念，以便更好地理解自增和自减运算符的使用。

2）后缀模式

程序清单 5.4 是后缀模式的一个例子。

程序清单 5.4

```
#include <stdio.h>
int main()
{
    int a, b;
    a = 10;
    b = 10;
    printf("%d %d\n", a++, b--);
    printf("%d %d\n", a, b);
    return 0;
}
```

在后缀模式下，++和--与左运算对象构成自增和自减表达式。后缀自增表达式的结果为运算对象本身的值，后缀自减表达式的结果也是如此。

和前缀模式一样，后缀模式也会对运算对象本身产生操作。自增表达式会将运算对象加 1，自减表达式会将运算对象减 1。

因此，printf 函数输出的值为 10 和 10（自增和自减运算符的结果），如图 5.4 所示。随后输出 a 和 b 的值，可以发现它们分别被加 1 和减 1 了（自增和自减运算符产生的操作）。

图 5.4　后缀模式

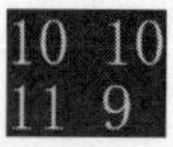

3）自增和自减表达式的操作时机

在前面的代码示例中，我们都是在 Visual Studio 中运行程序的。接下来，我们尝试在不同的编译器中运行程序清单 5.5，观察其运行结果。

程序清单 5.5

```
#include <stdio.h>
int main()
{
    int a, b;
    a = 1;
    b = a++ + a++ + a++;
    printf("%d %d", a, b);
    return 0;
}
```

我们通过图 5.5 和图 5.6 可以看到，同一段代码在不同的编译器中出现了不同的结果。在 Visual Studio 编译器中执行编译的结果为 4　3；而在 GCC 编译器中执行编译的结果为 4　6。

图 5.5　Visual Studio 中的编译结果

图 5.6　GCC 中的编译结果

在这个代码片段中，"a++ + a++ + a++"表示变量 a 被后缀自增了三次。当我们在下一行输出变量 a 的值时，结果是 4，这个结果在 Visual Studio 编译器和 GCC 编译器中是一致的。但是，这两种编译器对于何时产生额外操作有着不同的理解。

在 Visual Studio 编译器中，表达式的求值过程如下。

（1）第一个 a++：变量 a 的值为 1，后缀自增表达式的结果为 1，此时不做额外操作。

（2）第二个 a++：变量 a 的值为 1，后缀自增表达式的结果为 1，此时不做额外操作。

（3）第三个 a++：变量 a 的值为 1，后缀自增表达式的结果为 1，此时不做额外操作。

（4）此时，"a++ + a++ + a++"变成了"1 + 1 + 1"，因此变量 b 的值为 3。

（5）执行三次额外操作，即让变量 a 自增三次，因此变量 a 的值变为 4。

在 GCC 编译器中，表达式的求值过程如下。

（1）第一个 a++：变量 a 的值为 1，后缀自增表达式的结果为 1，求值完成后立即操作运算对象，因此变量 a 的值变为 2。

（2）第二个 a++：变量 a 的值为 2，后缀自增表达式的结果为 2，求值完成后立即操作运算对象，因此变量 a 的值变为 3。

（3）第三个 a++：变量 a 的值为 3，后缀自增表达式的结果为 3，求值完成后立即操作运算对象，因此变量 a 的值变为 4。

（4）此时，"a++ + a++ + a++"变成了"1 + 2 + 3"，因此变量 b 的值为 6。

为什么不同的编译器在同一段代码中产生不同的结果？

这是因为某些表达式在求表达式结果的同时，还会对运算对象进行操作。例如，赋值运算符和自增、自减运算符。但是在不同的编译器中，这些操作的时机是不同的。

在 GCC 编译器中，每完成一个子表达式的求值，都会对运算对象进行操作。在 Visual Studio 编译器中，所有对运算对象的操作会累积到所有子表达式求值完成后再进行。

由于对运算对象的操作没有固定的时机，因此只有一个最晚时机：在完整表达式求值结束后，在进入下一步操作之前。完整表达式是指它不是任何一个表达式的子表达式。例如，表达式 b = a++ + a++ + a++ 是一个完整表达式，而 a++ 是它的一个子表达式。

因此，编译器只需要保证在这个表达式结束并进入下一步操作之前，对运算对象进行操作即可。

在这种情况下，前缀模式和后缀模式都会受到影响。例如，表达式 b = ++a + ++a + ++a 在不同的编译器中也可能产生不同的结果。

为了避免编写这种可能在不同编译器下产生不同结果的代码，不要在一个表达式中重复对一个变量进行自增或自减操作。

9. 一元运算符和二元运算符

前面我们学习的运算符属于一元运算符和二元运算符。一元运算符对单个运算对象进行操作，如正号（+）、负号（-）、自增（++）、自减（--）等。二元运算符对两个运算对象进行操作，如加法（+）、减法（-）、乘法（*）、除法（/）和取模（%）等。

10. 运算符优先级

在 C 语言中，运算符具有不同的优先级。优先级高的运算符会先被执行。如果多个运算符具有相同的优先级，则根据结合性（从左往右或从右往左）来决定执行顺序。我们可以参考表 5.1 了解常用的运算符优先级。

表 5.1　运算符优先级（从高到低）

标　　记	操　作　符	类　　型
++ --	自增、自减	后缀
++ --	自增、自减	前缀
+ -	正号，负号	一元
* / %	乘、除、取余	二元
+ -	加、减	二元
=	赋值	二元

下面我们来看一个示例程序，见程序清单 5.6。

程序清单 5.6

```c
#include <stdio.h>
int main()
{
    int a, b;
    a = 10 * 2 + 4 * 3;
    b = 10 * (2 + 4) * 3;
    printf("%d %d", a, b);
```

```
    return 0;
}
```

在运算时，需要先处理优先级较高的运算符。对于表达式 a = 10 * 2 + 4 * 3，我们先求出 10 * 2 和 4 * 3 的结果，使用这两个结果再计算它们相加的结果，最后执行赋值操作。

对于表达式 b = 10 * (2 + 4) * 3，因为添加了括号，所以必须先计算括号里面的内容，将 2 和 4 相加得到 6，然后乘以 10，最后乘以 3。在同等优先级的情况下，根据结合性按照从左往右的顺序执行，最后执行赋值操作，如图 5.7 所示。

32 180

图 5.7 运算符优先级

5.3 类型转换

在编码的过程中，我们经常需要进行数据类型的转换，本节将会讨论类型之间的相互转换。

在开始之前，我们介绍一个小技巧，用于判断数据对象的类型。具体实现见程序清单 5.7。

程序清单 5.7

```
#include <stdio.h>
int main()
{
    //  一个整型指针变量 p
    int* p;
    //  各式各样的类型
    char c;
    short s;
    int n;
    long l;
    float f;
    double d;
    //  将整型赋值给指针类型
    p = c;
    p = s;
    p = n;
    p = l;
    p = f;
    p = d;
    return 0;
}
```

首先，我们定义了一个整型指针变量 p。需要注意的是，这里的 int 后面加了一个 *，表示 p 是一个指向整数值的指针变量（先不探究什么是指针变量）。在此之后，我们定义了几种不同的数据类型，然后尝试将它们赋值给整型指针变量。由于指针变量和其他数据类型不能相互赋值，因此编译器会提示警告或错误信息。通过这些信息，我们可以判断一个数据对象的类型，如图 5.8 所示。

图 5.8 从上到下显示了报错或警告信息，提示赋值运算符无法分别将 char、short、int、long、float、double 转换为整型指针变量 int*。

```
warning C4047: "=": "int *" 与 "char" 的间接级别不同
warning C4047: "=": "int *" 与 "short" 的间接级别不同
warning C4047: "=": "int *" 与 "int" 的间接级别不同
warning C4047: "=": "int *" 与 "long" 的间接级别不同
error C2440: "=": 无法从 "float" 转换为 "int *"
error C2440: "=": 无法从 "double" 转换为 "int *"
```

图 5.8 类型转换错误用于判断数据类型

我们可以通过这个小技巧来确定一个数据对象的类型，当编译器提示无法将某一类型数据转换为指针类型时，说明该数据对象的类型是报错信息中提示的类型。接下来，我们将探讨不同类型之间在进行运算时会发生什么样的转换。

5.3.1　同类型运算

在本节中，我们将探究运算对数据对象类型的影响。首先，我们需要了解对同类型数据对象进行运算所产生的结果。

1. 有符号整型同类型运算

程序清单 5.8 提供了一个有符号整型同类型运算的示例。

程序清单 5.8

```c
#include <stdio.h>
int main()
{
    // 一个整型指针变量 p
    int* p;
    // 各式各样的类型
    char c;
    short s;
    int n;
    long l;
    p = c + c;              // char + char = int
    p = s + s;              // short + short = int
    p = n + n;              // int + int = int
    p = l + l;              // long + long = long
    return 0;
}
```

图 5.9 展示了程序的运行结果。我们可以看出：对于 c＋c，即对 char 类型数据对象进行同类型运算后，结果类型变为 int；对于 s＋s，即对 short 类型数据对象进行同类型运算后，结果类型变为 int；对于 n＋n，即对 int 类型数据对象进行同类型运算后，结果类型仍为 int；对于 l＋l，即对 long 类型数据对象进行同类型运算后，结果类型仍为 long。

```
"=": "int *" 与 "int" 的间接级别不同
"=": "int *" 与 "int" 的间接级别不同
"=": "int *" 与 "int" 的间接级别不同
"=": "int *" 与 "long" 的间接级别不同
```

图 5.9 有符号类型运算后的结果

在 C 语言中，数据类型从低到高依次为 char、short、int 和 long，高级别的数据类型可以表示低级别数据类型中的所有数据，但反之则不成立。

综上所述，在有符号整型类型同类型运算中，低于 int 级别的类型都会被转换成 int 类型，而高于 int 级别的类型则不会被转换，如图 5.10 所示。

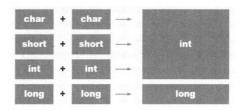

图 5.10 有符号类型运算后的类型

2. 无符号整型同类型运算

程序清单 5.9 提供了一个无符号整型同类型运算的示例。

程序清单 5.9

```c
#include <stdio.h>
int main()
{
    // 一个整型指针变量 p
    int* p;
    // 各式各样的类型
    unsigned char uc;
    unsigned short us;
    unsigned int un;
    unsigned long ul;
    p = uc + uc;        // unsigned char + unsigned char = int
    p = us + us;        // unsigned short + unsigned short = int
    p = un + un;        // unsigned int + unsigned int = unsigned int
    p = ul + ul;        // unsigned long + unsigned long = unsigned long
    return 0;
}
```

图 5.11 展示了程序的运行结果。我们可以看出：对于 uc + uc，即对 unsigned char 类型数据对象进行同类型运算后，结果类型变为 int；对于 us + us，即对 unsigned short 类型数据对象进行同类型运算后，结果类型变为 int；对于 un + un，即对 unsigned int 类型数据对象进行同类型运算后，结果类型仍为 unsigned int；对于 ul + ul，即对 unsigned long 类型数据对象进行同类型运算后，结果类型仍为 unsigned long。

```
"=" : "int *" 与 "int" 的间接级别不同
"=" : "int *" 与 "int" 的间接级别不同
"=" : "int *" 与 "unsigned int" 的间接级别不同
"=" : "int *" 与 "unsigned long" 的间接级别不同
```

图 5.11 无符号类型运算后的结果

在无符号整型同类型运算中，数据类型从低到高依次为 int、unsigned int 和 unsigned long，与有符号整型同类型运算类似，低于 int 级别的类型都会被转换为 int 类型，而高于 int 级别的类型则不会被转换，如图 5.12 所示。

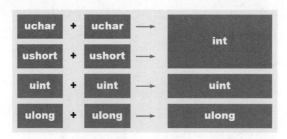

图 5.12　无符号类型运算后的类型

3. 浮点同类型运算

程序清单 5.10 提供了一个浮点同类型运算的示例。

程序清单 5.10

```
#include <stdio.h>
int main()
{
    // 一个整型指针变量 p
    int* p;
    // 各式各样的类型
    float f;
    double df;
    p = f + f;            // float + float = float
    p = df + df;          // double + double = double
    return 0;
}
```

图 5.13 展示了程序的运行结果。我们可以看出：对于 f + f，即对 float 类型数据对象进行同类型运算后，结果类型仍为 float；对于 df + df，即对 double 类型数据对象进行同类型运算后，结果类型仍为 double。

按照类型级别由低到高的顺序排列，float 的级别低于 double。

综上所述，在对浮点类型的同类型进行运算后，结果类型不发生变化，如图 5.14 所示。

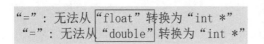

图 5.13　浮点同类型运算后的结果

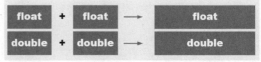

图 5.14　浮点同类型运算后的类型

4. 同类型运算的结论

上文已经探讨了同类型运算结果类型的规律。

（1）对于整型，级别低于 int 的类型会被转换为 int 类型，而级别高于 int 的类型则不会被转换。

（2）对于浮点类型，同类型运算的结果类型不发生变化。

5.3.2　不同类型运算

让我们进一步研究不同类型之间进行运算的结果。

1. 有符号整型不同类型运算

程序清单 5.11 提供了一个有符号整型不同类型运算的示例。

程序清单 5.11

```
#include <stdio.h>
int main()
{
    // 一个整型指针变量 p
    int* p;
    // 各式各样的类型
    char c;
    short s;
    int n;
    long l;
    p = c + s;              // char + short = int
    p = c + n;              // char + int = int
    p = c + l;              // char + long = long
    p = n + l;              // int  + long = long
    return 0;
}
```

图 5.15 展示了程序的运行结果。我们可以看出：对于 c＋s，即 char 类型和 short 类型的运算，结果类型变为 int；对于 c＋n，即 char 类型与 int 类型的运算，结果类型变为 int；对于 c＋l，即 char 类型与 long 类型的运算，结果类型变为 long；对于 n＋l，即 int 类型与 long 类型的运算，结果类型变为 long。

在有符号整型不同类型的运算中，类型级别由低到高依次为 char、short、int 和 long。因此：如果运算符两边类型都低于 int 或等于 int，那么结果类型为 int；如果运算符两边有一个类型高于 int，那么结果为高于 int 的等级最高的类型，如图 5.16 所示。

```
"=" : "int *" 与 "int" 的间接级别不同
"=" : "int *" 与 "int" 的间接级别不同
"=" : "int *" 与 "long" 的间接级别不同
"=" : "int *" 与 "long" 的间接级别不同
```

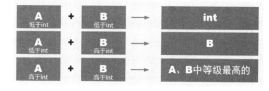

图 5.15　有符号整型不同类型运算的结果　　　图 5.16　有符号整型不同类型的自动转换

2. 无符号整型不同类型运算

程序清单 5.12 提供了一个无符号整型不同类型运算的示例。

程序清单 5.12

```
#include <stdio.h>
int main()
{
    // 一个整型指针变量 p
    int* p;
    // 各式各样的类型
    unsigned char uc;
    unsigned short us;
```

```
unsigned int un;
unsigned long ul;
p = uc + us;     // unsigned char + unsigned short = int
p = uc + un;     // unsigned char + unsigned int = unsigned int
p = uc + ul;     // unsigned char + unsigned long = unsigned long
p = un + ul;     // unsigned int  + unsigned long = unsigned long
return 0;
}
```

图 5.17 展示了程序的运行结果。我们可以看出：对于 uc + us，即 unsigned char 类型与 unsigned short 类型的运算，结果变为 int 类型；对于 uc + un，即 unsigned char 类型与 unsigned int 类型的运算，结果变为 unsigned int 类型；对于 uc + ul，即 unsigned char 类型与 unsigned long 类型的运算，结果变为 unsigned long 类型；对于 un + ul，即 unsigned int 类型与 unsigned long 类型的运算，结果变为 unsigned long 类型。

在无符号整型不同类型的运算中，类型级别由低到高依次为 int、unsigned int 和 unsigned long。因此：如果运算符两边类型都低于 int 或等于 int，那么结果类型为 int；如果运算符两边有一个类型高于 int，那么结果为高于 int 的等级最高的类型，如图 5.18 所示。

```
"=" : "int *" 与 "int" 的间接级别不同
"=" : "int *" 与 "unsigned int" 的间接级别不同
"=" : "int *" 与 "unsigned long" 的间接级别不同
"=" : "int *" 与 "unsigned long" 的间接级别不同
```

图 5.17　无符号整型不同类型运算的结果　　　　图 5.18　无符号整型不同类型的自动转换

3. 混合整型类型运算

程序清单 5.13 提供了一个混合整型类型运算的示例。

程序清单 5.13

```
#include <stdio.h>
int main()
{
    // 一个整型指针变量 p
    int* p;
    // 各式各样的类型
    char c;
    short s;
    int n;
    long l;
    unsigned char uc;
    unsigned short us;
    unsigned int un;
    unsigned long ul;
    p = c + uc;      // char + unsigned char = int
    p = s + us;      // short + unsigned short = int
    p = c + n;       // char  + int = int
    p = c + un;      // char + unsigned int = unsigned int
    p = n + un;      // int  + unsigned int = unsigned int
```

```
    p = n + ul;        // int + unsigned long = unsigned long
    return 0;
}
```

图 5.19 展示了程序的运行结果。我们可以看出：对于 c + uc，即 char 类型与 unsigned char 类型的运算，结果类型变为 int；对于 s+us，即 short 类型与 unsigned short 类型的运算，结果类型变为 int；对于 c + n，即 char 类型与 int 类型的运算，结果类型变为 int；对于 c + un，即 char 类型与 unsigned int 类型的运算，结果类型变为 unsigned int；对于 n+un，即 int 类型与 unsigned int 类型的运算,结果类型变为 unsigned int;对于 n+ul,即 int 类型与 unsigned long 类型的运算，结果类型变为 unsigned long。

在混合整型类型的运算中，类型级别由低到高依次为 int、unsigned int、long 和 unsigned long。因此：如果运算符两边类型都低于 int 或等于 int，那么结果类型为 int；如果运算符两边有一个类型高于 int，那么结果为高于 int 的等级最高的类型，如图 5.20 所示。

图 5.19　混合整型类型运算的结果

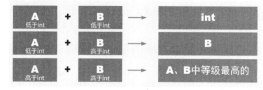

图 5.20　混合整型类型的自动转换

4. 浮点数不同类型运算

程序清单 5.14 提供了一个浮点数不同类型运算的示例。

程序清单 5.14

```
#include <stdio.h>
int main()
{
    //  一个整型指针变量 p
    int* p;
    //  各式各样的类型
    float f;
    double df;
    p = f + df;
    return 0;
}
```

图 5.21 展示了程序的运行结果。我们可以看出，对于 f + df，即 float 类型与 double 类型的运算，结果类型是 double。

"="：无法从 "double" 转换为 "int *"

图 5.21　浮点数不同类型运算的结果

在浮点数不同类型的运算中，类型级别由低到高依次为 float、double。因此，在浮点数不同类型的运算中，结果的类型为运算符两侧级别最高的类型。

5. 浮点数和整型数的混合运算

程序清单 5.15 提供了一个浮点数和整型数混合运算的示例，因为代码较长，我们直接把结果写在了代码注释中。

程序清单 5.15

```c
#include <stdio.h>
int main()
{
    //  一个整型指针变量 p
    int* p;
    //  各式各样的类型
    char c;
    short s;
    int n;
    long l;
    unsigned char uc;
    unsigned short us;
    unsigned int un;
    unsigned long ul;
    float f;
    double df;
    p = c + f;          // char + float = float
    p = s + f;          // short + float = float
    p = n + f;          // int + float = float
    p = l + f;          // long + float = float
    p = uc + f;         // unsigned char + float = float
    p = us + f;         // unsigned short + float = float
    p = un + f;         // unsigned int + float = float
    p = ul + f;         // unsigned long + float = float
    p = c + df;         // char + double = double
    p = s + df;         // short + double = double
    p = n + df;         // int + double = double
    p = l + df;         // long + double = double
    p = uc + df;        // unsigned char + double = double
    p = us + df;        // unsigned short + double = double
    p = un + df;        // unsigned int + double = double
    p = ul + df;        // unsigned long + double = double
    return 0;
}
```

在浮点数和整型数的混合运算中，类型级别由低到高依次为整型类型、float 和 double。因此，在浮点数和整型数的混合运算中，结果的类型为运算符两侧级别最高的类型。在程序清单 5.15 中，结果的类型均为 float 或 double 类型。

5.3.3 自动类型转换

通过上面的代码，我们可以看到运算后数据类型的变化。这种变化是由 C 语言中的自动类型转换引起的。在进行运算之前，C 语言会对运算符两边的类型进行自动类型转换。

但是，为什么它有时被转换为 int 类型，有时被转换为 long 类型，有时被转换为 float 类型，有时被转换为 double 类型？

我们可以从表 5.2 中总结出各种转换规则。

表 5.2　转换规则

运 算 类 型	结 论
有符号整型同类型	比 int 低级的类型，都会被转换为 int，比 int 高级的类型保持不变
无符号整型同类型	比 int 低级的类型，都会被转换为 int，比 int 高级的类型保持不变
浮点同类型	类型保持不变
有符号整型不同类型	若运算符两边类型均低于 int 或等于 int，那么结果类型为 int；若运算符两边有一个类型高于 int，那么结果为高于 int 的等级最高的类型
无符号整型不同类型	若运算符两边类型均低于 int 或等于 int，那么结果类型为 int；若运算符两边有一个类型高于 int，那么结果为高于 int 的等级最高的类型
混合整型不同类型	若运算符两边类型均低于 int 或等于 int，那么结果类型为 int；若运算符两边有一个类型高于 int，那么结果为高于 int 的等级最高的类型
浮点不同类型	结果为运算符两边级别最高的类型
浮点整型混合	结果为运算符两边等级最高的类型

通过综合上述情况，我们可以得出以下结论。

（1）当两个整型数进行运算时，如果它们的类型都低于或等于 int，则结果类型为 int；如果其中一个数的类型高于 int，则结果为高于 int 类型等级最高的类型。整型类型的自动转换如图 5.22 所示。

（2）当整型数和浮点数进行运算时，结果的类型是这两个数中类型级别最高的类型。浮点类型的自动转换如图 5.23 所示。

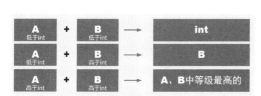

图 5.22　整型类型的自动转换

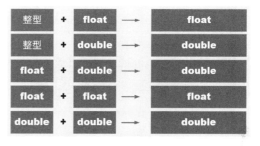

图 5.23　浮点类型的自动转换

C 语言中的类型级别从低到高依次为 char、unsigned char、short、unsigned short、int、unsigned int、long、unsigned long、float 和 double。

5.3.4　整型运算丢失精度

在 C 语言中，整型和整型运算不会涉及浮点类型，也就是说，运算结果将会丢失小数部分。我们可以通过程序清单 5.16 来理解这一点。

程序清单 5.16

```
#include <stdio.h>
int main()
{
    int n1, n2;
    n1 = 5;
    n2 = 2;
```

```
    printf("%d\n", n1 / n2);
}
```

在这个例子中，除号运算符两边都是 int 类型，由于 int 与 int 运算的结果肯定是 int 类型，因此程序输出了错误的结果 2（见图 5.24）。要想得到正确的结果，我们必须在运算符两边设置一个浮点型变量，该浮点型变量可以使用 float 或 double。根据 C 语言中的类型转换规则，运算符两边的 int 类型会被转换为浮点型进行运算，得到的结果也是一个浮点型。这样我们就可以保留运算结果的小数部分了。

2

图 5.24　整型运算丢失精度

我们可以通过修改程序清单 5.16 的代码来保留运算结果的小数部分，参见程序清单 5.17。正确的运算结果如图 5.25 所示。

程序清单 5.17

```
#include <stdio.h>
int main()
{
    int n;
    float f;
    n = 5;
    f = 2;
    printf("%f\n", n / f);
}
```

现在考虑字面常量，它们是否也存在这种问题。我们可以通过程序清单 5.18 来进行验证。

2.500000

图 5.25　整型和浮点型运算没有丢失精度

程序清单 5.18

```
#include <stdio.h>
int main()
{
    printf("%d\n", 5 / 2);        // int 与 int 运算，结果为 int
    printf("%f\n", 5 / 2.0);      // int 与 double 运算，结果为 double
    printf("%f\n", 5.0 / 2.0);    // double 与 double 运算，结果为 double
}
```

运行结果如图 5.26 所示。从该结果中可以看出：5/2 是 int 与 int 的运算，所以得到的结果是 int，丢失了精度；5/2.0 是 int 与 double 的运算，所以得到的结果是 double，运算结果是正确的；5.0/2.0 是 double 与 double 的运算，所以得到的结果也是 double，运算结果也是正确的。

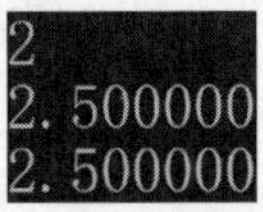

图 5.26　字面常量运算

5.3.5　强制类型转换

如果你想在保持变量 n1 或 n2 为整型的情况下得到浮点型的计算结果，该怎么办？

按照我们目前所学知识，这个问题似乎无法解决，因为整型与整型的运算结果永远都是整型。为了解决这个问题，我们需要引入一个新的知识点：强制类型转换。

强制类型转换的公式为(类型)需要转换的数据对象。我们通过程序清单 5.19 来看一个具体的例子。

程序清单 5.19

```c
#include <stdio.h>
int main()
{
    int n1, n2;
    n1 = 5;
    n2 = 2;
    printf("%f\n", (float)n1 / n2);
    printf("%f\n", n1 / (double)n2);
    return 0;
}
```

在程序清单 5.19 中，我们将 n1 强制转换为 float 型，然后除以 n2（int 型），这样得到的结果就是 float 型了。同样地，我们先将 n2 转换为 double，再与 int 型运算，结果变成了 double 型。强制类型转换如图 5.27 所示。

图 5.27　强制类型转换

🔊 **注意：**

强制类型转换并不能影响 n1 和 n2 变量的原本类型。它们只是在运算时改变了临时数据对象的类型。

5.3.6　赋值造成的类型转换

接下来，我们通过程序清单 5.20 来看一个关于赋值造成类型转换的例子。我们将一个 char 型变量 c 的值赋给了一个 int 型变量 n。

程序清单 5.20

```c
#include <stdio.h>
int main()
{
    int n;
    char c = 123;
    n = c;
    printf("%d %d", c, n);
    return 0;
}
```

在这个例子中，n 是 int 型，c 是 char 型。将 char 型变量 c 的值赋给 int 型变量 n，结果是正常的，如图 5.28 所示。

接着我们来看程序清单 5.21，这次我们将 int 型变量 n 的值赋给 char 型变量 c。这样会有什么不同呢？

123 123

图 5.28　将 char 型变量的值赋给 int 型变量

程序清单 5.21

```c
#include <stdio.h>
int main()
{
    int n = 123456;
```

```
char c;
c = n;
printf("%d %d", c, n);
return 0;
}
```

运行结果如图 5.29 所示。从该结果中可以看出，整型
变量 n 存储的数值被截断了。这是因为 char 类型的取值范
围是-128～127，而程序中的数值已经超过了 char 能够表示
的最大值，因此最终的结果不准确。

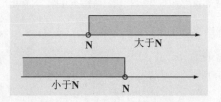

图 5.29　将 int 型变量的值赋给 char
型变量

注意:

小的整型类型可以赋值给大的，但大的整型类型却不能赋值给小的，除非有特殊的需求。

5.4　关系运算符

在算术运算符中，我们学习了加、减、乘、除和求余等运算符，而关系运算符也是我们
需要掌握的基础。

5.4.1　大于（>）和小于（<）

程序清单 5.22 展示了如何使用大于和小于运算符。

程序清单 5.22

```
#include <stdio.h>
int main()
{
    printf("%d\n", 1 > 2);
    printf("%d\n", 1 < 2);
    return 0;
}
```

大于和小于运算符都是关系运算符。如果表达式成立，则返回真，在 C 语言中用 1 表示
真；否则返回假，在 C 语言中用 0 表示假。

在程序清单 5.22 中：1 > 2 关系不成立，所以输出了结果 0；1 < 2 关系成立，所以输出
了结果 1，如图 5.30 所示。

在数轴上，大于和小于可以表示为如图 5.31 所示。需要注意的是，N 点是一个空心点，
不能被取到。

图 5.30　大于和小于关系运算符的示例

图 5.31　数轴上的大于和小于

由于 N 点不能被取到，因此以下两个表达式均为假。

```
1 > 1 //假
1 < 1 //假
```

5.4.2　大于或等于（>=）和小于或等于（<=）

如果需要包含 N 点，则需要使用大于或等于和小于或等于运算符，即>=和<=运算符，如图 5.32 所示。

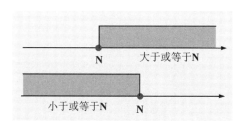

图 5.32　数轴上的大于或等于和小于或等于

程序清单 5.23 展示了如何使用大于或等于和小于或等于运算符。

程序清单 5.23

```
#include <stdio.h>
int main()
{
    printf("%d\n", 1 >= 1);
    printf("%d\n", 1 <= 1);
    return 0;
}
```

现在，N 点可以被包含，因此 1>=1 和 1<=1 这两个表达式都为真，运行结果如图 5.33 所示。

图 5.33　大于或等于和小于或等于关系运算符的示例

以下是关系运算符的一些示例。

```
10 >= 2              // 真
10 >= 10             // 真
2 >= 10              // 假
10 <= 2              // 假
10 <= 10             // 真
2 <= 10              // 真
```

5.4.3　等于（==）和不等于（!=）

等于运算符和不等于运算符用于判断运算符两边的值是否相等。

由于=被作为赋值运算符，因此在 C 语言中，使用==表示相等，使用!=表示不相等。

程序清单 5.24 展示了如何使用等于和不等于运算符。

程序清单 5.24

```
#include <stdio.h>
int main()
{
    printf("%d\n", 10 == 10);
    printf("%d\n", 10 != 10);
    printf("%d\n", 10 == 12);
    printf("%d\n", 10 != 12);
    return 0;
}
```

10 == 10 表示 10 等于 10，结果为真；10 != 10 表示 10 不等于 10，结果为假；10 == 12 表示 10 等于 12，结果为假；10 != 12 表示 10 不等于 12，结果为真。运行结果如图 5.34 所示。

图 5.34　等于或不等于的示例

5.5　逻辑运算符

让我们思考如何用 C 语言表达图 5.35 中的数轴上的两个条件。

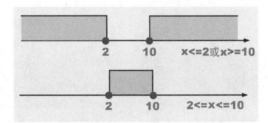

图 5.35　复合条件

在数学上，第二个区间可以表示为 2 <= x <= 10。但是在 C 语言中，不能用这种方式来表示。我们可以用数字 0 检验这个表达式，即将 0 代入 2 <= x <= 10。由于 0 不在这个区间内，我们期望这个表达式的结果应该是假。以下是用 0 代入表达式的过程。

```
2 <= 0 <= 10
```

首先计算 2<=0，这个表达式的结果是假。因此，整个表达式变成如下所示的表达式。

```
0 <= 10
```

表达式 0<=10 的结果是真，因此整个表达式的结果为 1。这个结果与我们预期的不一致。因此，我们必须引入新的运算符来正确地表达这两个区间。

第一个数轴区间可以表示为 x <= 2 或 x >= 10。由于只需要满足一个条件就可以，因此我们使用或运算符。

第二个数轴区间可以表示为 x >= 2 且 x <= 10。由于必须同时满足两个条件，因此我们使用与运算符。

5.5.1　逻辑或（||）和逻辑与（&&）

逻辑或运算符（||）用于判断两个表达式是否有一个为真。如果其中一个或者两个表达式为真，则逻辑或运算符的结果为真；如果两个表达式都为假，则逻辑或运算符的结果为假。

因此，对于第一个数轴区间，可以使用以下表达式表示。

```
(x <= 2) || (x >= 10)
```

逻辑与运算符（&&）用于判断两个表达式的值是否都为真（即非 0）。如果两个表达式都为真，则逻辑与运算符的结果为真；如果其中一个或者两个表达式都为假，则逻辑与运算符的结果为假。

因此，对于第二个数轴区间，可以使用以下表达式表示。

```
(x >= 2) && (x <= 10)
```

我们在上述表达式中添加了括号，以确保在进行与、或运算之前，先完成逻辑运算符两边的计算。实际上，这里不加括号也是可以的。由于逻辑运算符||和&&的运算符优先级低于关系运算符>=和<=，因此按照优先级也会先计算两边再进行与、或操作。但是，为了强调计算顺序，我们通常会加上括号。在编写条件语句时，不要吝啬括号，这样可以最大限度地确保程序按照你的意图执行。

1. 表达式结果

逻辑或运算符（||）：当两个表达式中至少有一个为真时，整个表达式的结果为真，否则为假。

逻辑与运算符（&&）：当两个表达式都为真时，整个表达式才为真，否则为假。

接下来，我们将数值 5 代入第一个区间，并验证其结果是否为假。

```
(5 <= 2) || (5 >= 10)
```

5<=2 的结果为假，5>=1 的结果也为假。逻辑或运算符||要求两边至少有一个为真，整个表达式的结果才为真。因此，上述表达式的结果为假，符合我们的预期。

接着，我们将数值 0 代入第二个区间，并验证其结果是否为假。

```
(0 >= 2) && (0 <= 10)
```

0>=2 的结果为假，0<=10 的结果为真。逻辑与运算符&&要求两边都为真，整个表达式的结果才为真。因此，上述表达式的结果为假，符合我们的预期。

2. 短路原则

C 语言中的短路原则（short-circuit evaluation）是指在使用逻辑运算符（&&、||）进行表达式求值时，如果前面的表达式已经可以确定整个表达式的结果，那么后面的表达式就不再进行求值，以提高程序的效率。

具体来说，当使用逻辑与运算符（&&）时，如果第一个表达式的值为假，整个表达式的值就已经确定为假，因此后面的表达式就不再进行求值。同理，当使用逻辑或运算符（||）时，如果第一个表达式的值为真，则整个表达式的值就已经确定为真，因此后面的表达式也不再进行求值。

举个例子，假设有以下代码。

```
int a = 1, b = 2;
(a > 0) || (b != 0)
```

在这个例子中，a>0 的结果为真，此时就可以判断整个表达式的结果为真，根据短路原则，就不需要计算 b!=0 的情况。这样就可以避免不必要的计算，提高程序的效率。

5.5.2 逻辑非（!）

逻辑非运算符(!)用于对一个表达式的值进行取反。如果表达式的值为真，则逻辑非运算符的结果为假；如果表达式的值为假，则逻辑非运算符的结果为真。

以下是一个逻辑非运算符的示例，即程序清单 5.25。

程序清单 5.25

```
#include <stdio.h>
int main()
{
    printf("%d\n", 2 != 3);
    printf("%d\n", !(2 != 3));              //  使用尽可能多的括号清晰地表达意图
    return 0;
}
```

在上面的代码中，2 != 3 这个表达式的结果为真，而加上逻辑非运算符后，!(2 != 3)的结果为假。逻辑非运算符的示例如图 5.36 所示。

如果我们对图 5.35 中的区间进行逻辑非运算，结果会怎么样？

对于表达式 (x <= 2) || (x >= 10)，加上逻辑非运算符后，即!((x <= 2) || (x >= 10))，其结果如图 5.37 所示。

对于表达式 (x >= 2) && (x <= 10)，加上逻辑非运算符后，即 !(x >= 2) && (x <= 10)，其结果如图 5.38 所示。

图 5.36　逻辑非运算符的示例

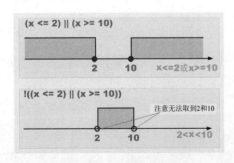

图 5.37　区间反向示例 1

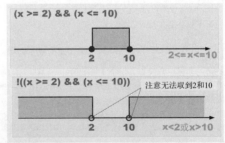

图 5.38　区间反向示例 2

5.5.3 运算符优先级

运算符优先级如表 5.3 所示。

表 5.3　运算符优先级（从高到低）

标　记	操　作　符	类　型
++ --	自增、自减	后缀
++ --	自增、自减	前缀
!	逻辑非	一元
+ -	正号、负号	一元
* / %	乘、除、取余	二元
+ -	加、减	二元
< > <= >=	关系	二元
== !=	相等、不相等	二元
&&	逻辑与	二元
||	逻辑或	二元
=	赋值	二元

下面根据表 5.3 计算以下表达式的结果。

```
int a;
int i = 0;
a = 9 / 3 + 1 * -2 && ++i || !6;
```

图 5.39 演示了表达式运算优先级的计算过程，具体如下。

（1）计算++i，结果为 1。因此表达式变为 a = 9 / 3 + 1 * -2 && 1 || !6。

（2）计算!6，结果为 0。在 C 语言中，非零即为真。因此 6 表示真，对真进行逻辑非运算，结果为假，假就是 0。因此表达式变为 a = 9 / 3 + 1 * -2 && 1 || 0。

（3）计算-2，结果为-2。表达式变为 a = 9 / 3 + 1 * (-2) && 1 || 0。

（4）计算 9/3 和 1*(-2)，结果分别为 3 和-2。表达式变为 a = 3 + (-2) && 1 || 0。

（5）计算 3+(-2)，结果为 1。表达式变为 a = 1 && 1 || 0。

（6）计算 1&&1，结果为真，即为 1。表达式变为 a = 1 || 0。

（7）计算 1||0，结果为真，即为 1。表达式变为 a = 1。

（8）计算 a=1，赋值表达式的结果为赋值运算符右侧的值，即 1。因此整个表达式的结果为 1。

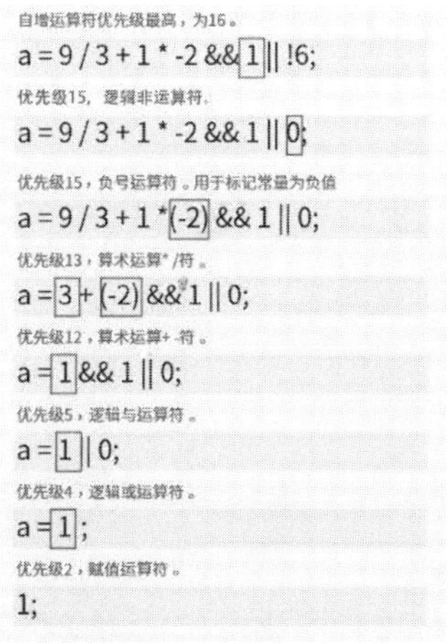

图 5.39　表达式运算优先级的计算过程的演示

第6章

控制流

【本章导读】

欢迎来到 C 语言的控制流之旅！在本章中，我们将探索 C 语言中的分支和循环结构，这是每个程序员都必须掌握的基本技能。

在 C 语言中，我们可以使用 if、else 语句进行条件判断。本章将深入探讨这两个语句的用法和应用，让你可以轻松掌握它们的技巧。同时，我们还将介绍 while、for、do while 等循环结构的使用。这些结构可以让我们重复执行相同的代码块，以便更有效地完成任务。

此外，我们还会介绍 break 关键字和 continue 关键字。这两个关键字可以让我们更灵活地控制程序的流程，让代码更加优雅。

最后，我们将介绍 switch 语句的使用，它是一个强大的多分支选择语句，可以让我们更加高效地编写代码。

总之，本章将为你提供 C 语言控制流方面的基础知识和技巧，让你成为一位更加出色的程序员。

【知识要点】

通过对本章内容的学习，你可以掌握以下知识。

（1）if 和 else 语句。

（2）while 循环。

（3）for 循环。

（4）do-while 循环。

（5）break 关键字和 continue 关键字。

（6）switch 语句。

6.1 分 支 结 构

程序控制流指的是程序在执行过程中执行代码的顺序和方式。一个完整的程序控制流包括三种类型：顺序流程、分支流程和循环流程。其中，顺序流程是指代码从上到下依次执行，如图 6.1 所示；分支流程表示程序中的执行路径不是唯一的，程序可以根据条件选择不同的执行路径；循环流程表示程序中的某一段代码会被反复执行，直到满足特定的条件。

　　下面我们以一个实际的例子来说明分支流程。假设我们需要输入一个整数，并判断这个数是否为 2～10。如果在该范围内，则输出 Yes；否则，什么都不做，如图 6.2 所示。

　　这个需求中出现了一个测试条件：输入的整数是否为 2～10。如果满足这个条件，则走向一个流程，否则就走向另一个流程。这种情况就属于分支流程，如图 6.3 所示。

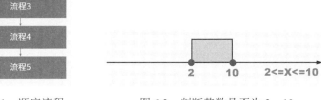
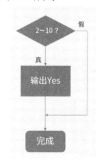

图 6.1　顺序流程　　　　图 6.2　判断整数是否为 2～10　　　图 6.3　满足条件输出 Yes

6.1.1　分支流程

　　分支流程的写法如下。

```
if(测试条件)

        条件为真的流程
```

　　在 C 语言中，if 语句是一种条件语句，用于根据不同情况执行不同的代码块。if 语句的语法非常简单，它由一个条件和一些要执行的代码组成。当条件成立时，代码将被执行；否则，代码将被跳过。

　　根据上述需求，需要输入一个整数并将其命名为 x。变量 x 的取值应满足 2<=x<=10 的条件。我们可以将此条件写入 if 语句的测试条件中，如果条件成立，则输出 Yes。

```
if (2<=x<=10)

        printf("Yes\n");
```

　　然而，上述的写法中，我们将条件写为 if(2<=x<=10)，这是错误的。假设 x 的值为 1，则子表达式 2<=1 为假，表达式的结果为 0。继续计算表达式，0<=10 成立，表达式的结果为 1。因此，if 语句的测试条件结果为真，输出 Yes。

　　再举一个例子，假设 x 的值为 11，则子表达式 2 <= 11 为真，即表达式结果为 1。继续计算表达式，1 <= 10 成立，表达式的结果为 1。因此，if 语句的测试条件结果为真，输出 Yes。

　　很明显，我们的条件写法有误。我们的本意是让子表达式 2 <= x 和 x <= 10 同时成立。要实现此目的，需要在两个表达式之间加上逻辑运算符&&。因此，我们对上述代码进行修改。

```
if (2<=x && x<=10)
        printf("Yes\n");
```

当 x 为 0 时，子表达式 2 <= 0 为假，子表达式 0 <= 10 为真。整个表达式的结果为假。因此，printf 语句将被跳过，不输出任何内容。

当 x 为 5 时，子表达式 2 <= 5 为真，子表达式 5 <= 10 也为真。整个表达式的结果为真。因此，printf 语句将被执行，输出 Yes。

完整代码见程序清单 6.1。

程序清单 6.1

```
#include <stdio.h>
int main()
{
    int x;
    scanf("%d", &x);
    if (2<=x && x<=10)
        printf("Yes\n");
    return 0;
}
```

6.1.2　else 关键字

需求有所更改：要求用户输入一个整数，如果该数为 2～10，则输出 Yes，否则输出 No，如图 6.4 所示。

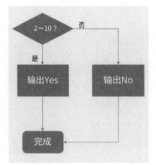

图 6.4　满足条件输出 Yes，否则输出 No

我们对代码进行修改，见程序清单 6.2。

程序清单 6.2

```
#include <stdio.h>
int main()
{
    int x;
    scanf("%d", &x);
    if (2<=x && x<=10)
        printf("Yes\n");
    printf("No\n");
    return 0;
}
```

在程序清单 6.2 中，我们加上了一行 printf 语句，用于输出 No。
但是这样会导致无论测试条件是否满足，都会输出 No，如图 6.5 所示。

我们只想在测试条件不满足的时候输出 No。这时候就需要使用
else 关键字。除了基本结构，我们还可以使用 else 分支来处理条件不
成立的情况。else 分支是 if 语句的一部分，它在 if 条件不成立时执行。
以下是 else 关键字的用法。

图 6.5　输出 Yes 和 No

```
if (测试条件)
    条件为真的流程
else
    条件为假的流程
```

重新修改代码，具体代码见程序清单 6.3。

程序清单 6.3

```
#include <stdio.h>
int main()
{
    int x;
    scanf("%d", &x);
    if (2<=x && x<=10)
        printf("Yes\n");
    else
        printf("No\n");
    return 0;
}
```

现在程序清单 6.3 已经达到了我们的需求，如果输入的数值为 2～10，则输出 Yes，否则
输出 No。请注意代码风格和缩进，这些细节可以让代码更容易阅读和理解。

6.1.3　复合语句

在 C 语言中，if 和 else 语句只对其后面的一条语句产生影响，并且 if 和 else 之间仅允
许有一条语句。例如，我们如果想要使用 printf 语句依次输出一个字符，则可以按照程序清
单 6.4 修改代码。

程序清单 6.4

```
#include <stdio.h>
int main()
{
    int x;
    scanf("%d", &x);
    if (2<=x && x<=10)
        printf("Y");
        printf("e");
        printf("s");
        printf("\n");
    else
        printf("N");
```

```
        printf("o");
        printf("\n");
    return 0;
}
```

由于 if 和 else 仅与其后第一条语句配对，代码将变成如下奇怪的流程，并且由于 if 与
else 之间有多条语句，因此无法成功编译。

```
if (测试条件)
    条件为真的流程
printf("E");
printf("S");
printf("\n");
else
    条件为假的流程
printf("O");
```

为了解决这个问题，C 语言允许 if 和 else 语句包含一组语句，这被称为复合语句。复合
语句是一组用花括号{}括起来的语句，它们被视为一个单独的代码块，并且可以被视为单个
语句。因此，我们如果想要程序清单 6.4 的代码能够正确执行，则需要使用花括号将其包含
起来，让它们组成复合语句。

```
if (测试条件)
{
    条件为真的流程 1
    条件为真的流程 2
    ...
}
else
{
    条件为假的流程 1
    条件为假的流程 2
    ...
}
```

按照上面的格式，将代码修改为程序清单 6.5。修改之后，程序就能够按照我们的需求
正常执行了。

程序清单 6.5

```
#include <stdio.h>
int main()
{
    int x;
    scanf("%d", &x);
    if (2<=x && x<=10)
    {
        printf("Y");
        printf("e");
        printf("s");
        printf("\n");
    }
    else
```

```
    {
        printf("N");
        printf("o");
        printf("\n");
    }
    return 0;
}
```

需要注意的是，不要在 if 或 else 后面加分号。初学者很容易犯这样的错误：认为 if 的测试条件或 else 也要以分号结尾。例如，程序清单 6.6 就是一个例子，在 if 和 else 后都加了分号。

程序清单 6.6

```
#include <stdio.h>
int main()
{
    int x;
    scanf("%d", &x);
    if (2<=x && x<=10);        // 这里加了分号
        printf("Yes\n");
    else;                      // 这里加了分号
        printf("No\n");
    return 0;
}
```

这样的写法是错误的，因为 if 与 else 将会对其后第一条语句产生影响，而分号将构成空语句，这时代码将变成如下的奇怪流程，且无法编译成功。

```
if (测试条件)
    条件为真的流程（空语句）
printf("Yes");
else
    条件为假的流程（空语句）
printf("No");
```

6.1.4 嵌套 if 语句

我们进一步修改需求：输入一个整数，若数值小于 2，则输出 Left；若数值为 2~10，则输出 In；若数值大于 10，则输出 Right。输入的区间分段如图 6.6 所示。

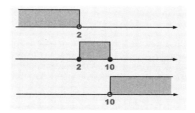

图 6.6 区间分段

用更简洁的方式表达，即 x < 2 输出 Left，2 <= x <= 10 输出 In，x > 10 输出 Right。区间分段流程如图 6.7 所示。

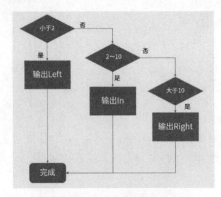

图 6.7　区间分段流程

可以发现在第一个分支流程中嵌套了另一个分支流程。以下是按需求编写的伪代码。

```
if (小于2)
{
    输出 Left
}
else
{
    if (2~10)
    {
        输出 In
    }
    else
    {
        if(大于10)
        {
            输出 Right
        }
    }
}
```

由于测试条件是互斥的，因此可以省略大于 10 的分支。即如果数值既不小于 2，也不为 2~10，那么它必然大于 10。将伪代码调整为以下形式。

```
if (小于2)
{
    输出 Left
}
else
{
    if (2~10)
    {
        输出 In
    }
    else
    {
        输出 Right
    }
}
```

完整的代码见程序清单 6.7。

程序清单 6.7

```c
#include <stdio.h>
int main()
{
    int x;
    scanf("%d", &x);
    if (x < 2)
    {
        printf("Left\n");
    }
    else
    {
        if (2<=x && x<=10)
        {
            printf("In\n");
        }
        else
        {
            printf("Right\n");
        }
    }
    return 0;
}
```

我们再考虑程序清单 6.8 是否可行。

程序清单 6.8

```c
#include <stdio.h>
int main()
{
    int x;
    scanf("%d", &x);
    if (x < 2)
    {
        printf("Left\n");
    }
    if (2<=x && x<=10)
    {
        printf("In\n");
    }
    if (x > 10)
    {
        printf("Right\n");
    }
    return 0;
}
```

虽然代码清单 6.8 在结果上没有问题，但存在许多无效的流程（见图 6.8）。例如，在最坏情况下，x 满足小于 2 的条件并完成了输出，程序无须继续测试后面的条件。由于测试条件具有互斥性，只要一个测试条件满足，就可以输出并结束程序。

图 6.8　无效流程

6.1.5　else if 语句

虽然程序清单 6.7 可以满足我们的需求，但是它的写法过于复杂，如果条件变得更多，将难以阅读。此时，我们可以使用 else if 语句优化代码。

在 C 语言中，else if 语句用于在一个 if 语句的条件不满足时测试另一个条件。如果 if 语句的条件不满足，程序将继续执行下一个 else if 语句的条件判断。如果该条件为真，程序将执行相应的语句块；否则，程序将继续判断下一个 else if 语句，直到找到一个条件为真或者执行到 else 语句。

```
if (测试条件 1)
{
    测试条件 1 为真的流程
}
else if (测试条件 2)
{
    测试条件 2 为真的流程
}
else
{
    所有测试条件为假的流程
}
```

按照 else if 的方式，我们将程序清单 6.8 修改为程序清单 6.9。

程序清单 6.9

```
#include <stdio.h>
int main()
{
    int x;
    scanf("%d", &x);
    if (x < 2)
    {
        printf("Left\n");
    }
    else if (2<=x && x<=10)
    {
        printf("In\n");
    }
    else
    {
        printf("Right\n");
    }
    return 0;
}
```

上述代码可以将输入的 x 值与多个条件进行比较，并输出相应的结果。使用 else if 语句的代码比使用 if 语句嵌套的代码更清晰、更易于阅读。

下面是一个更复杂的例子，假设输入一个学生的分数 x，x < 60，输出不及格；60 <= x < 70，输出及格；70 <= x < 80，输出一般；80 <= x < 90，输出良好；90 <= x <= 100，输出优秀。使用原始的 if 语句嵌套将会增加代码嵌套层次，使得代码难以理解。这时，你可以使用 else if 语句简化代码，具体代码见程序清单 6.10。

程序清单 6.10

```
if (x < 60)
{
    printf("不及格\n");
}
else if (x >= 60 && x < 70)
{
    printf("及格\n");
}
else if (x >= 70 && x < 80)
{
    printf("一般\n");
}
else if (x >= 80 && x < 90)
{
    printf("良好\n");
}
else
{
    printf("优秀\n");
}
```

6.1.6　条件运算符

在 C 语言中，条件运算符是一种能够简洁表达分支结构的运算符。语法形式如下。

测试条件 ? 表达式 1 : 表达式 2

如果测试条件为真，则返回表达式 1 的值，否则返回表达式 2 的值。实际上，条件运算符可以被看作 if-else 语句的一种简化形式。例如，下面的代码使用条件运算符和 if 语句分别计算两个数的最大值。

```
// 使用条件运算符计算最大值
int max = a > b ? a : b;
// 使用 if 语句计算最大值
int max;
if (a > b) {
    max = a;
} else {
    max = b;
}
```

如果 a > b 为真，那么整个表达式的结果为 a，即将 a 的值赋给 max；否则，整个表达式的结果为 b，即将 b 的值赋给 max。可以看到，使用条件运算符可以大大减少 if-else 语句的代码量，使代码更加简洁。然而，需要注意的是，条件运算符并不是总比 if-else 语句更好，有时候 if-else 语句更清晰、更容易理解。因此，在实际编程中，需要根据具体情况选择使用哪种形式。

条件运算符是 C 语言中唯一的三元运算符，它有 3 个运算对象。表 6.1 展示了条件运算符的优先级。

表 6.1　运算符优先级（从高到低）

标　　记	操　作　符	类　　型
++ --	自增、自减	后缀
++ --	自增、自减	前缀
!	逻辑非	一元
+ -	正号、负号	一元
* / %	乘、除、取余	二元
+ -	加、减	二元
< > <= >=	关系	二元
== !=	相等、不相等	二元
&&	逻辑与	二元
||	逻辑或	二元
?:	条件	三元
=	赋值	二元

在表 6.1 中，条件运算符的优先级仅高于赋值运算符。在表达式 int max = a > b ? a : b 中，首先计算子表达式 a > b 的结果，然后计算条件表达式的结果，最后将条件表达式的结果赋值给变量 max。

6.2　循　环　结　构

本节将探讨循环流程。

假设现在有这样一个需求：计算 1 + 2 + 3 + 4+…+ 99 + 100 的结果。

这是一个古老而广为人知的问题，许多人都可以轻松地使用高斯求和公式来计算其结果。

公式为 (首项 + 末项) × 项数÷2，因此：(1 + 100) × 100÷2 = 5050。

现在，我们验证高斯求和公式计算的准确性。我们让计算机使用最基本的方法逐项相加，从 1 一直加到 100。具体流程如图 6.9 所示。

首先，我们要准备一个变量 sum，并将其初始值设为 0，以存储每次累加的结果。然后，我们使用一个循环，让变量 i 从 1 开始一直到 100。具体步骤如下。

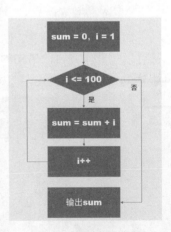

图 6.9　高斯求和流程

（1）计算 i + sum，并将结果赋值给 sum。此时，sum 的值为 1 + 0。将变量 i 自增 1，使其等于 2。

（2）再次计算 i + sum，并将结果赋值给 sum。此时，sum 的值为 2 + 1 + 0。将变量 i 自增 1，使其等于 3。

（3）再次计算 i + sum，并将结果赋值给 sum。此时，sum 的值为 3 + 2 + 1 + 0。将变量 i 自增 1，使其等于 4。

（4）不断循环直到变量 i 为 101，停止循环，输出 sum 的结果。

6.2.1　while 循环

在 C 语言中，while 循环是一种常用的循环结构，它可以重复执行一段代码，直到指定的条件不再满足。while 循环的语法形式如下。

```
while(测试条件)
    循环行为
```

每次循环开始时，先判断条件是否为真。如果条件为真，则执行循环体语句，然后再次判断条件是否为真，如此循环下去，直到条件不再为真，循环结束。

和 if 一样，while 也仅对其后一条语句产生效果。如果要循环多条语句，则需要使用花括号将它们组合成一条复合语句。

```
while(测试条件)
{
    循环行为 1
    循环行为 2
    循环行为 3
    ...
}
```

让我们使用 while 语句来尝试实现上面的求和过程。具体代码见程序清单 6.11。

程序清单 6.11

```
#include <stdio.h>
int main()
{
    int i = 1, sum = 0;
    while(i <= 100)
    {
        sum = i + sum;
        i++;
    }
    printf("%d %d\n", i, sum);
    return 0;
}
```

在上面的例子中，首先初始化变量 i 为 1，初始化变量 sum 为 0，然后进入 while 循环，判断条件 i <= 100 是否成立，只要 i 在 1 到 100 的区间内，表达式结果就为真，都能进入循环体内。在循环体内，计算 i + sum，将结果赋值给 sum，并且 i 每次自增 1。

循环进行的过程如下。

（1）当 i 为 1 时，表达式 1 <= 100 为真，可以进入循环。此时 sum 的值为 1 + 0，i 变为 2。

（2）当 i 为 2 时，表达式 2 <= 100 为真，可以进入循环。此时 sum 的值为 2 + (1 + 0)，i 变为 3。

（3）当 i 为 3 时，表达式 3 <= 100 为真，可以进入循环。此时 sum 的值为 3 + (2 + 1 + 0)，i 变为 4。

（4）直到 i 的值为 101，表达式 101 <= 100 为假，测试条件不成立，停止循环。

最终，输出 1～100 的和是 5050，如图 6.10 所示。

1. C 语言中的真与假

图 6.10　高斯求和结果

在前面的章节中，我们学习了 C 语言中用 1 表示真，用 0 表示假，循环中的测试条件要么是真，要么是假。但是，如果我们故意将测试条件结果改为 1 或 0 以外的数值，会怎么样呢？具体代码见程序清单 6.12。

程序清单 6.12

```c
#include <stdio.h>
int main()
{
    while(2)
    {
        printf("Hello");
    }
    return 0;
}
```

由于在 C 语言中非零即为真，因此 while 将 2 看作真，导致了无限次数的循环，如图 6.11 所示。

图 6.11　死循环

当你的程序陷入了无限循环，或者你想打断程序的运行，可以按快捷键 Ctrl＋C 让程序停止运行。

2. 正确有限次数循环的三个条件

在程序清单 6.11 的求和代码中，我们先将变量 i 设置为 1。接着，i 与一个有限值进行比较作为循环条件。最后，每一次执行完循环语句后，变量 i 的值将改变。这个变量 i 通常被称为计数器。

总结：要想让循环运行特定的次数并在正确的时间退出，需要满足以下三个条件。

（1）开始时，为计数器设置初始值。

（2）将计数器与一个有限值进行比较作为循环条件。

（3）在循环语句中更新计数器。

这三个条件对应的代码如下。

```
int i = 1;
while (i <= 100)
{
    i++;
}
```

提示：

计数器的初始值如果设置不正确，则将会导致无法开始循环或者发生错误次数的循环；如果循环条件设置不正确，则循环将无法开始或结束。如果计数器不更新，则将导致循环无法结束。

6.2.2　for 循环

在 C 语言中，for 循环也是一种常用的循环结构。其语法形式如下。

```
for (计数器设置初始值；循环条件；计数器更新)
    循环行为
```

其中，计数器设置初始值用于初始化计数器或其他循环变量，循环条件用于判断循环是否继续，计数器更新用于更新计数器或其他循环变量的值。每次循环开始时，先执行计数器设置初始值，然后判断循环条件是否为真。如果循环条件为真，则执行循环体语句，然后执行计数器更新，再次判断循环条件是否为真，如此循环下去，直到循环不再为真，循环结束。

和 while 循环一样，for 循环也仅对其后一条语句产生效果。如果要循环多条语句，则需要使用花括号将它们组合成一条复合语句。

```
for (计数器设置初始值；循环条件；计数器更新)
{
    循环行为 1
    循环行为 2
    循环行为 3
    ...
}
```

我们将用 for 循环重写上面的求和代码，具体代码见程序清单 6.13。

程序清单 6.13

```
#include <stdio.h>
int main()
{
    int i, sum = 0;
    for(i = 1; i <= 100; i++)
    {
        sum = i + sum;
```

```
        }
        printf("%d %d\n", i, sum);
        return 0;
    }
```

在程序清单 6.13 中，变量 i 是在循环外进行声明的，这意味着在整个 main 函数中都可以使用变量 i。因此，在 for 循环中或 printf 中都使用了变量 i。

如果变量 i 仅作为计数器使用，并且在循环结束后并不关心其值，则可以将变量 i 声明为计数器初始化时的局部变量，这样变量 i 只能在 for 循环中使用，而循环外无法使用变量 i。具体代码见程序清单 6.14。

程序清单 6.14

```
#include <stdio.h>
int main()
{
    int sum = 0;
    for(int i = 1; i <= 100; i++)
    {
        sum = i + sum;
    }
    printf("%d\n", sum);
    return 0;
}
```

🔊 **注意：**

在早期的 C 语言标准中，for 循环的语法规则较为严格，初始化计数器必须定义在 for 循环外部。但是，在较新的 C 语言标准中，这种限制已经被取消了。现代的 C 语言标准允许在 for 循环的初始化计数器中进行变量的定义操作。如果你使用的是较旧的编译器，请注意这个问题，否则可能会产生报错而无法运行。

下面再举一个简单的例子，用 for 循环输出 0～100 的所有偶数，具体代码见程序清单 6.15。

程序清单 6.15

```
#include <stdio.h>
int main()
{
    for(int i = 0; i <= 100; i = i + 2)
    {
        printf("%d ", i);
    }
    return 0;
}
```

程序运行结果如图 6.12 所示。

🔊 **注意：**

for 循环的括号内有三个部分，它们可以写在其他地方，也可以不写。

图 6.12 输出 0～100 的所有偶数

1. 计数器初始化

在程序清单 6.16 中，计数器不是在 for 循环的括号内初始化的，而是在循环外初始化的。

程序清单 6.16

```c
#include <stdio.h>
int main()
{
    int i = 0;                      //  在此处初始化计数器
    for(; i <= 100; i = i + 2)
    {
        printf("%d ", i);
    }
    return 0;
}
```

2. 计数器更新

在程序清单 6.17 中，计数器不是在 for 循环的括号内更新的，而是在循环体内更新的。

程序清单 6.17

```c
#include <stdio.h>
int main()
{
    for(int i = 0; i <= 100; )
    {
        printf("%d ", i);
        i = i + 2;                  //  在此处更新计数器
    }
    return 0;
}
```

3. 循环条件

在程序清单 6.18 中，我们让循环条件为空，因为没有循环条件，所以循环会无限执行，导致死循环。

程序清单 6.18

```c
#include <stdio.h>
int main()
{
    for(int i = 0; ; i = i + 2)
    {
        printf("%d ", i);
    }
    return 0;
}
```

你如果只是想要一个死循环，那么可以对 for 循环括号中的所有三个部分都不进行编写，或者编写一个始终为真的表达式。以下三个例子都是死循环，但是 while 循环不能省略循环条件。

```
for(;;)
    循环行为
for(;100;)
    循环行为
while(1)
    循环行为
```

在使用循环时还需要注意一个问题，不要在 while 或 for 后面加分号。初学者很容易犯这样的错误，认为 while 的循环条件或 for 循环语句也需要以分号结尾，如以下代码所示。

```
for(int i = 0;i <= 100; i++);
    循环行为1
while(i <= 100);
    循环行为2
```

while 和 for 只对它们后面的第一条语句产生影响，而分号将构成一个空语句。这时，虽然可以编译成功，但是每次循环仅执行空语句。

6.2.3　do-while 循环

do-while 循环和 while 循环非常相似，不同之处在于，它们的执行顺序不同。在 while 循环中，程序会先判断循环条件是否满足，只有在循环条件满足时才会执行循环体；在 do-while 循环中，程序会先执行一次循环体，然后判断循环条件是否满足。while 与 do-while 循环的对比如图 6.13 所示。

do-while 循环的基本语法如下（注意：do-while 需要有分号结尾）。

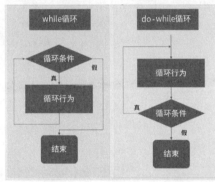

图 6.13　while 与 do-while 循环的对比

```
do {
    循环行为1
    循环行为2
    循环行为3
    ...
}while(循环条件);              //  注意 do-while 有分号结尾
```

在执行 do-while 循环时，程序会先执行一次循环体语句，然后判断循环条件是否满足。如果循环条件满足，程序会继续执行循环体语句，直到循环条件不满足。与 while 循环不同，do-while 循环中的循环体语句至少会被执行一次，即使循环条件一开始就不满足。

do-while 循环的一个常见应用是读取用户输入，例如程序清单 6.19。

程序清单 6.19

```
#include <stdio.h>
int main()
{
    int num;
    do {
        printf("请输入一个大于 0 的整数：");
        scanf("%d", &num);
    } while (num <= 0);
```

```
    return 0;
}
```

在这个例子中，程序要求用户输入一个大于 0 的整数，如果用户输入的整数不符合要求，程序会继续提示用户重新输入，直到用户输入一个满足条件的整数。由于 do-while 循环中的循环体语句至少会被执行一次，因此可以确保用户至少会输入一次数据，即使一开始输入的数据不符合要求。

6.2.4 循环嵌套

循环嵌套是指在一个循环结构内部再嵌套另一个循环结构的执行流程。这种嵌套可以是任意级别的，即在一个循环体内部嵌套另一个循环体，而在嵌套的循环体中又可以继续嵌套其他的循环体。

程序清单 6.20 是一个循环嵌套的示例。

程序清单 6.20

```
#include <stdio.h>
int main()
{
    for (char c = 'A'; c <= 'E'; c++)
    {
        for (int i = 0; i < 10; i++)
        {
            printf("%c%d ", c, i);
        }
        printf("\n");
    }
    return 0;
}
```

在这段代码中，使用了两层循环嵌套。首先从外层循环开始执行，变量 c 的初始值为字符'A'，每次循环结束后递增 1，直到 c 的值达到字符'E'。外层循环的作用是控制行数，一共执行 5 次，因为字符'A'到'E'一共有 5 个。

在外层循环的循环体内部，又使用了一个内层循环，变量 i 的初始值为 0，每次循环结束后递增 1，直到 i 的值达到 10。内层循环的作用是控制列数，每次循环都会输出一个字符和一个数字，例如第一次输出的是"A0"，第二次输出的是"A1"，以此类推。内层循环输出 10次后，它会通过一个换行符输出一个空行，然后进入下一轮外层循环。

因此，这段代码的运行结果是按照从上到下、从左到右的顺序输出了一个 5 行 10 列的矩阵。第一行输出的是"A0 A1 A2 A3 A4 A5 A6 A7 A8 A9"，第二行输出的是"B0 B1 B2 B3 B4 B5 B6 B7 B8 B9"，以此类推，直到最后一行输出的是"E0 E1 E2 E3 E4 E5 E6 E7 E8 E9"。

循环嵌套如图 6.14 所示。

对于嵌套循环，需要注意两点：一是循环变量的命名要有意义，方便理解和维护代码；二是要避免嵌套层数过多，否则会影响程序的执行效率。

```
A0 A1 A2 A3 A4 A5 A6 A7 A8 A9
B0 B1 B2 B3 B4 B5 B6 B7 B8 B9
C0 C1 C2 C3 C4 C5 C6 C7 C8 C9
D0 D1 D2 D3 D4 D5 D6 D7 D8 D9
E0 E1 E2 E3 E4 E5 E6 E7 E8 E9
```

图 6.14 循环嵌套

6.3 break 和 continue

在本节中，我们将继续介绍两个新的关键字，即 break 和 continue，用于编写更为复杂的循环流程。

程序清单 6.21 将陷入死循环，无限次地输出变量 i 的值。除非按 Ctrl＋C 快捷键结束程序。

程序清单 6.21

```c
#include <stdio.h>
int main()
{
    int i = 0;
    while(1)
    {
        printf("%d ", i);
        i++;
    }
    printf("\ni=%d ", i);
    return 0;
}
```

程序清单 6.21 中的代码将无限循环，如图 6.15 所示。

为了让程序在有限次数内执行循环，我们需要对程序进行修改。可以使用循环的三个要素来帮助我们解决这个问题。

（1）设置计数器的初始值。

（2）设置循环条件。

（3）更新计数器的值。

图 6.15　死循环

程序清单 6.21 中的代码已经满足了要素（1）和（3），但循环条件始终为真，导致循环无法结束。我们可以通过将循环条件改为 i＜10 来限制循环的次数，使循环只执行 10 次。此外，我们还可以使用 break 关键字来提前结束循环。

6.3.1　break 跳出循环

在 C 语言中，break 是一个关键字，用于跳出当前循环结构（for、while、do-while 循环），并继续执行循环后面的代码。当程序执行到 break 语句时，程序会立即跳出循环并执行下一条语句。也就是说，break 可以用于在循环内部提前结束循环，而不必等到循环条件不满足才退出循环。

现在我们可以修改程序清单 6.21 的代码，结合 break 关键字，以实现只循环 10 次的效果。具体代码见程序清单 6.22。

程序清单 6.22

```c
#include <stdio.h>
int main()
{
    int i = 0;
    while(1)
    {
        if (i == 10)
        {
            break;
        }
        printf("%d ", i);
        i++;
    }
    printf("\ni=%d ", i);
    return 0;
}
```

该代码中，while 的循环条件依然始终为真，因此不能期望从 while 处跳出循环。但是，我们把实际的循环条件放置到了 if 语句中。计数器 i 为 0～9 时，程序无法进入 if 内部。一旦计数器 i 为 10，程序就进入 if 内部，执行了 break 语句，并立即跳出了 while 循环。运行结果如图 6.16 所示。

break 语句被执行后，程序立刻从 break 处跳至循环结束，break 语句后的循环行为将均不执行。我们可以尝试修改代码，把 break 放到 printf 的后面，具体代码见程序清单 6.23。

```
0 1 2 3 4 5 6 7 8 9
i=10
```

图 6.16　使用 break 语句跳出循环

程序清单 6.23

```c
#include <stdio.h>
int main()
{
    int i = 0;
    while(1)
    {
        printf("%d ", i);
        if (i == 10)
        {
            break;
        }
        i++;
    }
    printf("\ni=%d ", i);
    return 0;
}
```

运行结果如图 6.17 所示。可以看出，这一次比上面多输出了数字 10。因为当 i 为 10 时，printf 函数将先被执行。然后，当程序遇到满足循环条件的 if 语句时，它进入 if 语句，执行 break，并跳出循环。

```
0 1 2 3 4 5 6 7 8 9 10
i=10
```

图 6.17　break 语句 11 次跳出循环

最后，我们尝试把 break 放到循环的最后，具体代码见程序清单 6.24。

程序清单 6.24

```c
#include <stdio.h>
int main()
{
    int i = 0;
    while(1)
    {
        printf("%d ", i);
        i++;
        if (i == 10)
        {
            break;
        }
    }
    printf("\ni=%d ", i);
    return 0;
}
```

运行结果如图 6.18 所示。这一次的结果和第一次结果一致，输出为 0～9。当 i 的值为 9 并被输出时，i 自增为 10，最后程序进入 if 语句，执行 break，并跳出循环。

图 6.18　break 10 次跳出循环

除了上述的用法，我们还可以在其他场景中使用 break。例如，我们可以编写一个密码验证程序，要求用户输入密码，如果用户输入的密码不正确，则程序将输出密码错误提示，并要求用户重新输入密码。具体代码见程序清单 6.25。

程序清单 6.25

```c
#include <stdio.h>
int main()
{
    int password;
    while(1)
    {
        scanf("%d", &password);
        if (password == 12345)
        {
            break;
        }
        printf("password error\n");
    }
    printf("welcome back\n");
    return 0;
}
```

当用户输入正确的密码时，程序将跳出循环，输出"welcome back"并结束运行。如果用户输入的密码错误，则程序会一直提示密码错误并要求用户重新输入，直到用户输入正确的密码。运行结果如图 6.19 所示。

图 6.19　验证密码

6.3.2 continue 开始新一轮循环

在 C 语言中，continue 是一个关键字，用于跳过循环结构（for、while、do-while 循环）中前循环的剩余部分并开始下一次循环。也就是说，当程序执行到 continue 语句时，它会立即跳过当前循环中后续的语句，直接进入下一次循环。

程序清单 6.26 是一个简单的示例。

程序清单 6.26

```c
#include <stdio.h>
int main()
{
    int i = 0;
    while(i < 20)
    {
        if (i == 6)
        {
            i = 15;
            continue;
        }
        printf("%d ", i);
        i++;
    }
    return 0;
}
```

该代码使用 while 循环输出 0~19 的数字，其中 0～5 是正常输出的。当变量 i 为 6 时，if 条件满足，i 被赋值为 15，接着执行 continue。continue 将跳过本次循环的内容，重新开始循环。因此，6~14 的值被跳过，从 15 开始继续循环直到 19。运行结果如图 6.20 所示。

0 1 2 3 4 5 15 16 17 18 19

图 6.20 continue 跳过区间

需要注意的是，在使用 continue 语句时，需要确保程序不会陷入无限循环，即需要保证循环条件最终能够得到满足或者在循环内部使用 break 语句。另外，过多使用 continue 语句也会影响程序的可读性和可维护性。

6.3.3 使用 break 和 continue

在 for 循环中，同样可以使用关键字 break 和 continue 来控制循环的执行流程。

1. 在 for 循环中使用 continue

关键字 continue 也可以用于 for 循环。具体代码见程序清单 6.27。

程序清单 6.27

```c
#include <stdio.h>
int main()
```

```
{
    for(int i = 0; i < 20; i++)
    {
        if (i == 6)
        {
            i = 15;
            continue;
        }
        printf("%d ", i);
    }
    return 0;
}
```

在这段代码中，当 i 等于 6 时，我们使用 continue 关键字跳过这次循环。值得注意的是，在 for 循环中使用 continue 关键字会产生不同于 while 循环的结果。因为 for 循环在每次循环结束后，将执行 for 语句括号内的第三个表达式，即更新计数器表达式。因此，当 for 循环遇到 continue 关键字时，它将先执行 i++ 语句，将 i 的值更新为 16，然后开始新一轮的循环，判断表达式 i < 20 是否成立。运行结果如图 6.21 所示。

0 1 2 3 4 5 16 17 18 19

图 6.21　在 for 循环中使用 continue

2. 在 for 循环中使用 break

除了关键字 continue，我们还可以在 for 循环中使用关键字 break。具体代码见程序清单 6.28。

程序清单 6.28

```
#include <stdio.h>
int main()
{
    int i = 0;
    for(i = 0; i < 20; i++)
    {
        if (i == 6)
        {
            break;
        }
    }
    printf("%d ", i);
    return 0;
}
```

在这段代码中，当 i 等于 6 时，使用 break 关键字跳出循环。与 continue 关键字不同，使用 break 关键字后，for 循环将直接跳出循环，而不更新计数器。运行结果如图 6.22 所示。

6

图 6.22　在 for 循环中使用 break

6.3.4　循环嵌套中使用 break 和 continue

在循环嵌套中，使用 break 和 continue 关键字时，会影响哪个循环呢？下面我们来看程序清单 6.29 的示例。

程序清单 6.29

```c
#include <stdio.h>
int main()
{
    for(;;)
    {
        for(;;)
        {
            break;              // 跳出内层循环
        }
        break;                  // 跳出外层循环
    }
    return 0;
}
```

在循环嵌套中，break 和 continue 会影响它们所处的直接上级循环。对于上面的代码，内层循环调用 break 跳出自身的循环进入外层循环，外层循环再次调用 break 结束外层循环。

6.4　多 重 选 择

在航空通信中，经常会出现信号失真和衰落的现象，再加上人们口音的不同，很容易发生误听差错。特别是在 26 个英文字母中，像 BD、PT、GJ、SX 等读音相似的字母最容易被听错。因此，在航空通信中，航空字母经常被用来替代字母，例如 B 会被读作 bravo，D 会被读作 delta。表 6.2 展示了字母 A～G 的航空字母读法。

表 6.2　航空字母

字　　母	读　　法	字　　母	读　　法
A	alpha	E	echo
B	bravo	F	foxtrot
C	charlie	G	golf
D	delta		

现在我们提出一个需求：编写一个程序，输入一个字母，输出对应的航空字母单词。
这个程序可以使用 if 语句嵌套来实现，具体代码见程序清单 6.30。

程序清单 6.30

```c
#include <stdio.h>
int main()
{
    char c;
    scanf("%c", &c);
    if(c == 'a')
        printf("alpha\n");
    else if (c == 'b')
        printf("bravo\n");
```

```
else if (c == 'c')
    printf("charlie\n");
else if (c == 'd')
    printf("delta\n");
else if (c == 'e')
    printf("echo\n");
else if (c == 'f')
    printf("foxtrot\n");
else if (c == 'g')
    printf("golf\n");
else
    printf("i don't know\n");
return 0;
}
```

6.4.1 switch 语句

在 C 语言中，switch 是一种多分支的选择结构，可以根据不同的条件执行不同的语句块。switch 通常用于替代多个 if 语句。我们之前的需求可以通过 switch 进行改写，具体代码见程序清单 6.31。

程序清单 6.31

```
#include <stdio.h>
int main()
{
    char c;
    scanf("%c", &c);
    switch(c)
    {
        case 'a':
            printf("alpha\n");
            break;
        case 'b':
            printf("bravo\n");
            break;
        case 'c':
            printf("charlie\n");
            break;
        case 'd':
            printf("delta\n");
            break;
        case 'e':
            printf("echo\n");
            break;
        case 'f':
            printf("foxtrot\n");
            break;
        case 'g':
            printf("golf\n");
            break;
```

```
        default:
            printf("i don't know\n");
    }
    return 0;
}
```

switch 语句的基本语法如下。

```
switch(整型表达式)
{
    case 整型常量1:
        语句1;
        break;
    case 整型常量2:
        语句2;
        break;
    ...
    default:
        语句n;
        break;
}
```

其中，整型表达式可以是确定值为整型的表达式，而整型常量可以是整数、字符或枚举类型（这将在后续章节中介绍）。每个 case 分支表示一种可能的情况，default 分支则表示当所有的 case 都不符合时需要执行的语句块。

当执行 switch 语句时，会将表达式的值和每个 case 分支的常量值进行比较。如果匹配成功，则执行该 case 分支的语句块；如果匹配不成功，则执行 default 分支的语句块（如果有的话）。每个 case 分支的语句块结束后，需要使用 break 语句来终止整个 switch 语句的执行，否则会继续执行下一个 case 分支的语句块。switch 示例如图 6.23 所示。

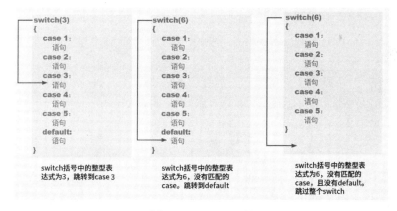

图 6.23　switch 示例

switch 语句的执行步骤如下。

（1）switch 会先计算括号内的整型表达式结果。

（2）依次对比 case 中的常量，是否等于整型表达式的结果。

（3）若不相等，对比下一个 case。

（4）若相等，跳转到这个 case。

（5）若没有相等的，跳转到 default。

switch 语句的几个注意事项。

（1）switch 后面的括号里面只能填一个整型表达式。

（2）case 后的常量不能有重复的。

（3）可以没有 default。

6.4.2 在 switch 中使用 break

在程序清单 6.32 中，每个 case 后面的 break 都被删除了。运行该代码并在控制台中输入'e'，看看会有什么结果。

程序清单 6.32

```c
#include <stdio.h>
int main()
{
    char c;
    scanf("%c", &c);
    switch(c)
    {
        case 'a':
            printf("alpha\n");
        case 'b':
            printf("bravo\n");
        case 'c':
            printf("charlie\n");
        case 'd':
            printf("delta\n");
        case 'e':
            printf("echo\n");
        case 'f':
            printf("foxtrot\n");
        case 'g':
            printf("golf\n");
        default:
            printf("i don't know\n");
    }
    return 0;
}
```

图 6.24 显示了 switch 中没有 break 的运行结果。我们可以看出，这个结果输出了从 e 开始其后的所有对应单词，同时执行了 default。实际上，switch 在找到对应的 case 后，会从对应的 case 处开始执行，并会执行完之后的所有 case，除非遇到 break 才会跳出整个 switch。

图 6.24　switch 中没有 break 的运行结果

为了使代码按照预期执行，需要在代码中加上 break。我们在代码的第 6 个 case 中，即'f'处加上 break，具体代码见程序清单 6.33。

程序清单 6.33

```c
#include <stdio.h>
int main()
{
    char c;
    scanf("%c", &c);
    switch(c)
    {
        case 'a':
            printf("alpha\n");
        case 'b':
            printf("bravo\n");
        case 'c':
            printf("charlie\n");
        case 'd':
            printf("delta\n");
        case 'e':
            printf("echo\n");
        case 'f':
            printf("foxtrot\n");
            break;
        case 'g':
            printf("golf\n");
        default:
            printf("i don't know\n");
    }
    return 0;
}
```

在加上了 break 后，程序在执行到'f'时跳出 switch。如果你不想执行后续的 case，一定要加上 break，以便跳出整个 switch。break 跳出 switch 的运行结果如图 6.25 所示。

图 6.25　break 跳出 switch 的运行结果

6.4.3　连续转换程序

前面的代码都是一次性的，这意味着输入一次之后，它就结束了。但是，我们希望这个程序能够持续地为我们提供转换服务，而不是每次转换完都退出。因此，这个程序需要添加循环。具体代码见程序清单 6.34。

程序清单 6.34

```c
#include <stdio.h>
int main()
{
    char c;
    while(1)
    {
        scanf("%c", &c);
        switch(c)
```

```
    {
        case 'a':
            printf("alpha\n");
            break;
        case 'b':
            printf("bravo\n");
            break;
        case 'c':
            printf("charlie\n");
            break;
        default:
            printf("i don't know\n");
        }
    }
    return 0;
}
```

图 6.26 展示了程序的连续转换功能。当我们输入 a 时，输出了转换结果 alpha，但是紧接着出现 i don't know。这是因为当我们输入时，首先输入了 a，之后输入了 Enter 键，即\n。scanf 函数首先吸收了 a，然后吸收了\n，所以输出了 i don't know。我们不需要这个额外的\n，可以使用 getchar()函数来清除未被吸收的输入。这个知识点将在 7.8 节中会详细展开，在本节中只需要加上 getchar()即可。

图 6.26 连续转换程序

我们将代码修改为程序清单 6.35。

程序清单 6.35

```
#include <stdio.h>
int main()
{
    char c;
    while(1)
    {
        scanf("%c", &c);
        switch(c)
        {
            case 'a':
                printf("alpha\n");
                break;
            case 'b':
                printf("bravo\n");
                break;
            case 'c':
                printf("charlie\n");
                break;
            default:
                printf("i don't know\n");
        }
        getchar();              // 吸收字符'\n'
    }
    return 0;
}
```

6.4.4 break 和 continue 的作用范围

我们知道，break 和 continue 都是可以作用于循环结构的，那么若把循环和 switch 相结合，它们究竟作用于谁呢？

1. break 的作用范围

在 C 语言中，break 关键字可以用于循环语句和 switch 语句中。但是，如果循环语句和 switch 语句同时存在，那么 break 关键字的作用范围是什么呢？

让我们以程序清单 6.35 为例，考虑 switch 中的 break 能否让 while(1)循环结束。

答案是不能。switch 中的 break 只能作用于 switch 语句内部，它的作用是跳出 switch 语句，而不能对 while 语句产生影响。

如果我们将 break 写在 switch 语句外部，那么它将对 while 语句产生影响。我们可以查看程序清单 6.36。

程序清单 6.36

```
#include <stdio.h>
int main()
{
    char c;
    while(1)
    {
        scanf("%c", &c);
        switch(c)
        {
            case 'a':
                printf("alpha\n");
                break;          // 这个break直属于switch
            case 'b':
                printf("bravo\n");
                break;          // 这个break直属于switch
            case 'c':
                printf("charlie\n");
                break;          // 这个break直属于switch
            default:
                printf("i don't know\n");
        }
        getchar();
        // 这个break直属于while
        break;
    }
    return 0;
}
```

注意：

你如果想要在 switch 语句中同时中断循环语句的执行，可以使用标签和 goto 语句。但是，我们不建议使用 goto 语句，因为它会使程序的逻辑变得复杂，难以维护。因此，在本书中，我们不会介绍 goto 语句，而是建议你尽可能避免使用它。

2. continue 的作用范围

和 break 类似，如果循环语句和 switch 语句同时存在，那么 continue 关键字的作用范围是什么呢？我们可以查看程序清单 6.37。

程序清单 6.37

```c
#include <stdio.h>
int main()
{
    char c;
    while(1)
    {
        scanf("%c", &c);
        switch(c)
        {
            case 'a':
                printf("alpha\n");
                break;
            case 'b':
                printf("continue\n");
                getchar();
                continue;                   // 这里有个 continue
                printf("bravo\n");          // 这句代码不会被执行
                break;
            case 'c':
                printf("charlie\n");
                break;
            default:
                printf("i don't know\n");
        }
        getchar();
    }
    return 0;
}
```

continue 关键字由于对 switch 语句没有影响，因此直接作用于 while 循环语句。当输入字符 b 时，在执行完 continue 前的两条语句后，程序会跳过 continue 后面的代码，重新开始下一次的循环。因此，输出的结果只会是字符 b 对应的字符串 continue。switch 中的 continue 如图 6.27 所示。

图 6.27　switch 中的 continue

第7章

数组

【本章导读】

在 C 语言中，数组是一种非常重要的数据类型，能够存储多个同类型数据。在本章，我们将带你深入学习数组的相关知识。

我们将从数组的基础开始，介绍如何声明和初始化数组，以及如何使用数组。同时，我们也会详细讲解多维数组的概念和使用方法，包括二维数组和三维数组等。此外，我们还将重点探讨字符数组和字符串之间的关系，包括如何声明和初始化字符数组，以及如何使用字符串常量和字符串库函数来操作字符串。最后，我们将介绍输入和输出缓存的知识，以及如何清除输入和输出缓存以避免不必要的错误。

本章将为你提供深入掌握 C 语言数组的技能，使你能够掌握数组的各种使用方法，为以后编程打下坚实的基础。

【知识要点】

通过对本章内容的学习，你可以掌握以下知识。

（1）数组。

（2）字符串。

（3）输入和输出缓存。

7.1 初 识 数 组

数组是由一系列相同类型的数据对象依次排列组成的。这些数据对象被称作数组的元素。例如，图 7.1 展示了一个由 int 类型组成的数组，用于存放多个 int 类型的数据。

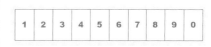

图 7.1 数组排布

数组有两个重要的特点。

① 数组元素依次排列，每个数组元素都是相邻的，从第一个数组元素到最后一个数组

元素依次排列。

② 数组的元素都是类型相同的数据对象，不同的数据对象不能组成数组。

在之前学习的知识中，我们可以用如下代码声明各种类型的单个变量。

```
char c;
int n;
long l;
float f;
double df;
```

既然数组是由一系列相同类型的数据对象依次排列组成的，那么声明数组至少要提供以下三个参数。

① 数组名。

② 元素类型。

③ 元素数量。

声明数组的公式如图 7.2 所示。

图 7.2　声明数组的公式

数组的声明由数组名、元素类型、元素数量组成。例如：

```
char c[5];
int n[10];
long l[3];
float f[2];
double df[1];
```

7.2　数组初始化

在声明变量时，我们讨论过初始化和赋值的区别。

```
int n = 100;            // 初始化为 100
n = 100;                // 赋值为 100
```

在上面的代码中：第一行声明了一个 int 类型的变量 n，并将其初始化为 100；第二行代码将值 100 赋予了变量 n。

初始化和赋值的区别在于：初始化时，等号左边为变量的声明，等号右边为初始值；而赋值时，等号左边为变量，等号右边为新值。

在初始化中，等号并不是赋值运算符，而只是作为赋值操作符的一种语法形式。

变量不能被多次初始化，否则会导致重复定义错误。例如，下面的代码会引发错误。

```
int n =100;
int n = 123;                    // 错误，变量已被重复定义
```

然而，对变量进行多次赋值是可以的。例如，下面的代码是正确的。

```
int n;
n = 123;
n = 456;
```

对于基本数据类型，赋值和初始化似乎没有明显的差别，二者都是将一个值装入变量中。然而，对于我们接下来要讨论的数组，赋值和初始化之间存在一些差异。

数组的初始化和基础数据类型的初始化类似，也是在声明变量时使用等号并在其右侧写入需要为数组初始化的值，如图 7.3 所示。

图 7.3　数组初始化公式

根据图 7.3 编写一个数组初始化示例。

```
int arr[10] = {1, 2 ,3 ,4 ,5 ,6, 7, 8, 9, 0};
```

上述代码声明了一个由 10 个 int 类型数据对象组成的数组，并将数组初始化为 1、2、3、4、5、6、7、8、9 和 0。具体的数组内容如图 7.4 所示。

在数组初始化时，等号右侧被称为初始化列表。初始化列表指定数组的元素应该被初始化为哪些值，并用逗号将它们分隔开，最后用花括号将它们括起来。

1. 初始化列表长度小于数组长度

如果初始化列表的长度小于数组长度，例如：

```
int arr[10] = {1, 2 ,3 ,4 ,5};
```

那么剩下的元素将会被填充为 0，如图 7.5 所示。

图 7.4　数组内容　　　　　　　　图 7.5　初始化列表长度小于数组长度

2. 初始化列表长度大于数组长度

如果初始化列表的长度大于数组长度，例如：

```
int arr[10] = {1, 2 ,3 ,4 ,5 ,6, 7, 8, 9, 10, 11};
```

那么最后一个值 11 将无法被初始化到任何一个元素上，因此代码将无法编译通过。

3. 让初始化列表决定数组长度

你如果需要初始化一个数组的多个值，但又懒得数清楚有多少个值，则可以在数组声明的方括号中不写任何数字。这样，数组的长度将由初始化列表确定，例如：

```
int arr[] = {1726, 838, 938, 138, 58, 82, 83, 343, 456, 534, 645, 8938,
9382, 83, 343};
```

7.3 访问数组元素

数组已经被初始化完成，现在我们需要访问这个数组中的各个元素。

要访问数组中的某个元素，可以使用如图 7.6 所示的公式。

通过使用"数组名[下标]"的形式，我们可以访问数组中的元素。

需要注意的是，数组下标是从 0 开始计数的。当使用 0 作为下标时，我们访问的是数组中的第一个元素。需将从 0 开始计数作为一条规则，如图 7.7 所示。

图 7.6 访问数组中元素的公式   图 7.7 数组下标

程序清单 7.1 展示了如何访问数组中的各个元素。

程序清单 7.1

```c
#include <stdio.h>
int main()
{
    int arr[10] = {1, 2 ,3 ,4 ,5 ,6, 7, 8, 9, 0};
    printf("%d", arr[0]); //  第 1 个元素
    printf("%d", arr[1]); //  第 2 个元素
    printf("%d", arr[2]); //  第 3 个元素
    printf("%d", arr[3]); //  第 4 个元素
    printf("%d", arr[4]); //  第 5 个元素
    printf("%d", arr[5]); //  第 6 个元素
    printf("%d", arr[6]); //  第 7 个元素
    printf("%d", arr[7]); //  第 8 个元素
    printf("%d", arr[8]); //  第 9 个元素
    printf("%d", arr[9]); //  第 10 个元素
}
```

图 7.8 显示了运行结果。

1234567890

图 7.8 访问数组中的元素

7.3.1 遍历数组的循环

由于数组下标是递增的，因此使用 for 循环可以更方便地访问每个元素，代码如下。

```c
for(int i = 0; i < 10; i++)
{
    printf("%d\n", arr[i]);                 //  访问下标为 i 的元素
}
```

在 for 循环中，i 从 0 递增到 9。使用 arr[i]可以访问下标从 0 到 9 的元素。

当然，while 循环也可以达到同样的效果，代码如下。

```
int i = 0;
while(i < 10)
{
    printf("%d\n", arr[i++]);              // 访问下标为 i 的元素
}
```

这里特别将 i++ 放在函数调用中。表达式 i++ 的结果为 i 当前的值，所以第一次求 i++ 的值的结果为 0，而后缀自增表达式会在稍后将 i 加 1。这样写同样能够访问下标为 0～9 的元素。

你如果愿意，也可以将 i++ 写在单独的一行上，代码如下。

```
int i = 0;
while(i < 10)
{
    printf("%d\n", arr[i]);               // 访问下标为 i 的元素
    i++;
}
```

由于数组中的元素是可以访问的，因此也可以修改数组中的元素。下面的代码展示了如何修改数组中的元素。

```
int arr[10] = {0};                  // 所有元素均被初始化为 0
printf("%d\n", arr[5]);             // 输出第 6 个元素的值
arr[5] = 123;                       // 为第 6 个元素赋值为 123
printf("%d\n", arr[5]);             // 输出第 6 个元素的值
```

图 7.9 显示了运行结果。

总结：使用赋值表达式可以为数组中的元素赋一个新值。

赋值公式为数组名[下标] = 表达式;。

图 7.9　修改数组中的元素

7.3.2　小心数组越界

如果数组只有 10 个元素，但我们访问或修改了这 10 个元素以外的元素，那么结果是未定义的。这意味着程序可能看上去可以运行，但是实际的运行结果却异常或奇怪。

警告：切勿越界访问或修改数组元素。

由于 C 语言编译器无法检查数组是否越界，因此编译时无法发现此类问题。例如，下面的代码是错误的。

```
int arr[10] = {0};       // 所有元素都被初始化为 0
printf("%d\n", arr[10]); // 应访问下标为 0～9 的元素，访问下标为 10 的元素则属于
                         // 越界访问
//如果使用循环遍历数组，则需要特别注意循环条件
for(int i = 0; i <= 10; i++)
{
    printf("%d\n", arr[i]); // 访问下标为 i 的元素
}
```

循环条件为 i <= 10，这意味着 i 可以为 10。这样也将导致数组越界访问。

7.3.3 不初始化数组会怎样

在程序清单 7.2 中，我们尝试访问一个未初始化的数组。

程序清单 7.2

```
#include <stdio.h>
int main()
{
    int arr[10];
    for(int i = 0; i < 10; i++)
    {
        printf("%d\n", arr[i]);
    }
    return 0;
}
```

图 7.10 展示了程序的运行结果。可以看出，结果是一些奇怪的值。这是因为未初始化的数组中包含一些无意义的数值。

数组不一定需要初始化，就像变量一样。但是，如果程序开始时不初始化数组，则通常在之后为其元素赋值，以避免使用无意义的数值。

程序清单 7.3 是一个例子。

```
-858993460
-858993460
-858993460
-858993460
-858993460
-858993460
-858993460
-858993460
-858993460
-858993460
```

图 7.10　访问未初始化的数组

程序清单 7.3

```
#include <stdio.h>
int main()
{
    int arr[10];
    int n = 0;
    for(int i = 0; i < 10; i++)
    {
        arr[i] = n;
        n = n + 2;
    }

    for(int i = 0; i < 10; i++)
    {
        printf("%d ", arr[i]);
    }
    return 0;
}
```

尽管程序清单 7.3 中的数组未被初始化，但随后使用循环将从 0 开始的偶数分别赋值给每个元素。运行结果如图 7.11 所示。

```
0 2 4 6 8 10 12 14 16 18
```

图 7.11　数组赋值为从 0 开始的偶数

7.4　数组占用空间大小

程序清单 7.4 是一个使用 sizeof 运算符计算不同类型数组的大小的例子。

程序清单 7.4

```
#include <stdio.h>
int main() {
    char arr1[10];
    short arr2[10];
    int arr3[10];
    long long arr4[10];
    float arr5[10];
    double arr6[10];

    printf("Size of arr1: %d\n", sizeof(arr1));
    printf("Size of arr2: %d\n", sizeof(arr2));
    printf("Size of arr3: %d\n", sizeof(arr3));
    printf("Size of arr4: %d\n", sizeof(arr4));
    printf("Size of arr5: %d\n", sizeof(arr5));
    printf("Size of arr6: %d\n", sizeof(arr6));
}
```

运行程序后，我们得到了如图 7.12 所示的输出结果。

通过观察图 7.12 中的输出结果，我们可以总结出一个规律：数组占用的空间大小等于单个元素占用的空间大小乘以数组元素个数。

```
Size of arr1: 10
Size of arr2: 20
Size of arr3: 40
Size of arr4: 80
Size of arr5: 40
Size of arr6: 80
```

图 7.12　数组所占空间大小

因此，我们可以得出以下计算结果。

```
sizeof(arr1) = sizeof(char) * 10 = 10
sizeof(arr2) = sizeof(short) * 10 = 20
sizeof(arr3) = sizeof(int) * 10 = 40
sizeof(arr4) = sizeof(long long) * 10 = 80
sizeof(arr5) = sizeof(float) * 10 = 40
sizeof(arr6) = sizeof(double) * 10 = 80
```

7.5　数 组 赋 值

让我们思考一下，是否能够整体为数组赋值呢？下面的代码能够正确运行吗？

```
int arr1[5] = {0};
int arr2[5] = {1, 2, 3, 4, 5};
arr1 = arr2;
```

在上面的代码中，第一个数组元素全部被初始化为 0，第二个数组元素被初始化为 1、2、3、4 和 5。我们想通过赋值运算符将 arr2 数组的值赋给 arr1 数组，但是这种写法无法通过编译。

那么，我们能否重新将数组初始化呢？例如，下面的代码。

```
arr1 = {1, 2, 3, 4, 5};
```

答案是否定的，初始化列表只能存在于初始化中。这也是赋值与初始化之间区别的一个体现：在数组初始化中，可以使用初始化列表，但在赋值操作中不可以。

虽然无法整体对数组进行赋值，但是可以使用其他方式将一个数组的值赋给另一个数组。

7.5.1　逐个元素赋值

虽然不能整体对数组进行赋值，但是可以通过循环逐个元素对数组进行赋值。具体代码见程序清单 7.5。

程序清单 7.5

```
#include <stdio.h>
int main()
{
    int arr1[5] = {0};
    int arr2[5] = {1, 2, 3, 4, 5};
    for (int i = 0; i < 5; i++)
    {
        arr1[i] = arr2[i];
        printf("%d ", arr1[i]);
    }
    return 0;
}
```

在上面的代码中，我们使用了一个循环将 arr2 数组的值逐个地赋给 arr1 数组，然后输出 arr1 数组的元素值。这种方式虽然比较麻烦，但却是一种可行的方案。

7.5.2　内存复制

除了使用循环单个为数组元素赋值的方式，我们还可以使用 memcpy()函数进行内存复制。具体代码见程序清单 7.6。

程序清单 7.6

```
#include <stdio.h>
#include <memory.h>
int main()
{
    int arr1[5] = {0};
    int arr2[5] = {1, 2, 3, 4, 5};
    memcpy(arr1, arr2, sizeof(arr1));
    for (int i = 0; i < 5; i++)
        printf("%d ", arr1[i]);
    return 0;
}
```

在程序清单 7.6 中，引入了头文件 memory.h 以便使用 memcpy()函数。memcpy()函数有三个参数，分别为目标数组名、源数组名和需要复制的字节数。该函数会将源数组的数据复制到目标数组中，复制的字节数取决于第三个参数。

需要注意第三个参数，假设复制的字节数为 N，那么有可能会出现如下两种情况。

① 数组 arr2 的字节大小不能小于 N，否则复制完 arr2 的数据后，将复制到无意义内容。

② 数组 arr1 的字节大小不能小于 N，否则将没有足够空间存放数据。

7.6　多 维 数 组

在 7.5 节中，我们讲解了如何使用基础数据类型作为数组的元素。那么，我们是否可以使用数组作为数组的元素呢？

7.6.1　使用数组作为数组的元素

假设有一个名为 A 的数组，它包含了 10 个 int 类型的元素。另外，还有一个名为 B 的数组，它包含了 5 个元素，每个元素都是一个包含 10 个 int 元素的数组，如图 7.13 所示。

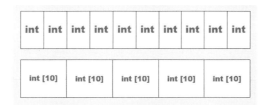

图 7.13　数组作为数组的元素

我们已经讲解了如何声明一个包含 10 个 int 元素的数组 A，即使用 int A[10]进行声明。那么，如何声明一个包含 5 个元素、每个元素都是一个包含 10 个 int 元素的数组 B 呢？

首先，让我们回顾数组的声明公式，如图 7.14 所示。

数组的声明包含了数组名、元素类型和元素数量三个要素。

现在，我们可以尝试声明一个名为 B 的数组，元素类型为 int[10]，元素数量为 5。根据上述公式，我们可以得出以下声明。

```
int[10] B[5];
```

但还需要将数组名左边的方括号都移到最右边。

```
int B[5][10];
```

这样，我们就成功地声明了一个名为 B 的数组，它包含了 5 个元素，每个元素都是一个包含 10 个 int 元素的数组，如图 7.15 所示。

图 7.14　数组的声明公式

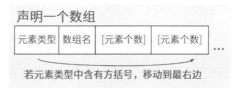

图 7.15　数组的声明公式

7.6.2　二维数组

通过使用数组名[下标]的形式，我们可以访问数组内的元素。例如，B[0]是数组 B 的第一个元素，而数组 B 的每个元素都是一个 int[10]类型的数组，如图 7.16 所示。

要进一步访问数组 B[0]中的 int 元素，我们需要使用 B[0][0]这样的形式。这将访问第一个元素中的第一个元素，如图 7.17 所示。

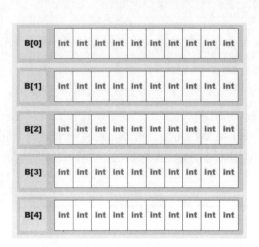

图 7.16　数组第一层　　　　　　　　　图 7.17　访问二维数组

我们可以看到，数组构成了一个二维的矩阵，并且可以通过下标轻松地访问它的每个元素。

1. 二维数组的初始化

我们已经学习了如何初始化一维数组，例如：

```
int A[10] = {0, 1, 2, 3, 4, 5 ,6 ,7 ,8 ,9};
```

对于一个二维数组，由于它的每个元素都是一个数组，因此我们可以使用以下方式对它进行初始化。

```
int B[5][10] = {
    {0, 1, 2, 3, 4, 5, 6, 7, 8, 9},
    {10, 11, 12, 13, 14, 15, 16, 17, 18, 19},
    {20, 21, 22, 23, 24, 25, 26, 27, 28, 29},
    {30, 31, 32, 33, 34, 35, 36, 37, 38, 39},
    {40, 41, 42, 43, 44, 45, 46, 47, 48, 49}
};
```

与一维数组相似，如果初始化列表中的常量个数少于元素个数，则剩余元素将使用 0 进行初始化。

```
int B[5][10] = {
    {0, 1, 2, 3, 4, 5},
    {10, 11, 12, 13, 14, 15},
    {20, 21, 22},
    {30},
```

```
    {0}
};
```

另外，我们也可以省略内层花括号，代码如下。

```
int B[5][10] = {
    0, 1, 2, 3, 4, 5, 6, 7, 8, 9,
    10, 11, 12, 13, 14, 15, 16, 17, 18, 19,
    20, 21, 22, 23, 24, 25, 26, 27, 28, 29,
    30, 31, 32, 33, 34, 35, 36, 37, 38, 39,
    40, 41, 42, 43, 44, 45, 46, 47, 48, 49
}
```

省略内层花括号时，如果元素的个数不足，那么后续的元素也将使用 0 进行初始化，代码如下。

```
int B[5][10] = {
    0, 1, 2, 3, 4, 5, 6, 7, 8, 9,
    10, 11, 12, 13, 14, 15, 16, 17, 18, 19
}
```

2. 访问二维数组元素

由于二维数组有两个下标，我们通常使用嵌套循环来遍历它。程序清单 7.7 是一个示例程序，它定义一个二维整型数组 B，其中包含 5 个一维数组，每个一维数组中有 10 个整数。

程序清单 7.7

```
#include <stdio.h>
int main()
{
  int B[5][10] = {
    {0, 1, 2, 3, 4, 5, 6, 7, 8, 9},
    {10, 11, 12, 13, 14, 15, 16, 17, 18, 19},
    {20, 21, 22, 23, 24, 25, 26, 27, 28, 29},
    {30, 31, 32, 33, 34, 35, 36, 37, 38, 39},
    {40, 41, 42, 43, 44, 45, 46, 47, 48, 49}
  };

  for(int i = 0; i < 5; i++)
  {
   for(int j = 0; j < 10; j++)
   {
     printf("%d ", B[i][j]);
   }
   printf("\n");
  }
  return 0;
}
```

在上述示例程序中，我们使用了两个 for 循环遍历整个二维数组 B——外层循环控制行，内层循环控制列。对于每个数组元素，我们使用了 B[i][j] 的形式对其进行访问。运行结果如图 7.18 所示。

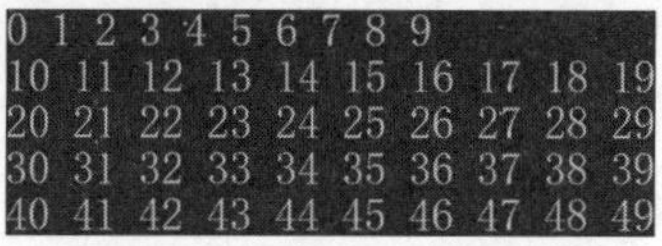

图 7.18　遍历二维数组

通过上述示例程序，我们可以看到如何遍历二维数组，并访问其中的每个元素。

3. 修改二维数组元素

修改二维数组元素同样使用赋值运算符，代码如下。

```
B[i][j] = B[i][j] * 2;                    //  修改二维数组值
```

程序清单 7.8 是一个修改二维数组元素的示例，它将二维数组中的每个元素都设置为原来的 2 倍。

程序清单 7.8

```
#include <stdio.h>
int main()
{
  int B[5][10] = {
    {0, 1, 2, 3, 4, 5, 6, 7, 8, 9},
    {10, 11, 12, 13, 14, 15, 16, 17, 18, 19},
    {20, 21, 22, 23, 24, 25, 26, 27, 28, 29},
    {30, 31, 32, 33, 34, 35, 36, 37, 38, 39},
    {40, 41, 42, 43, 44, 45, 46, 47, 48, 49}
  };

  for(int i = 0; i < 5; i++)
  {
   for(int j = 0; j < 10; j++)
    {
      B[i][j] = B[i][j] * 2;                 //  修改二维数组值
      printf("%d ", B[i][j]);                //  输出修改后的值
    }
    printf("\n");
  }
  return 0;
}
```

运行程序后，会得到如图 7.19 所示的结果。

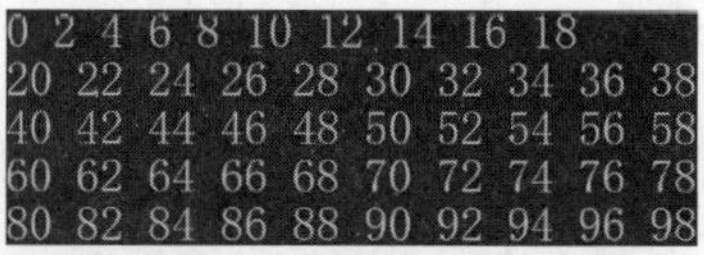

7.6.3　实现更高维度的数组

图 7.19　修改二维数组

如果将二维数组作为数组的元素，就可以实现三维数组。同理，我们可以通过类似的方法实现更高维度的数组。

例如，下面的代码定义一个三维数组 C，其中包含两个元素，每个元素是一个 int[5][10] 类型的二维数组。

```
int C[2][5][10];
```

要访问或修改三维数组的元素值，需要使用三重循环。程序清单 7.9 是一个示例，它展

示如何使用三重循环遍历三维整型数组 B，并输出其中每个元素的值。

程序清单 7.9

```c
#include <stdio.h>
int main()
{
  int B[2][5][10] = {
    {
      {0, 1, 2, 3, 4, 5, 6, 7, 8, 9},
      {10, 11, 12, 13, 14, 15, 16, 17, 18, 19},
      {20, 21, 22, 23, 24, 25, 26, 27, 28, 29},
      {30, 31, 32, 33, 34, 35, 36, 37, 38, 39},
      {40, 41, 42, 43, 44, 45, 46, 47, 48, 49}
    },
    {
      {-0, -1, -2, 3, -4, -5, -6, -7, -8, -9},
      {-10, -11, -12, -13, -14, -15, -16, -17, -18, -19},
      {-20, -21, -22, -23, -24, -25, -26, -27, -28, -29},
      {-30, -31, -32, -33, -34, -35, -36, -37, -38, -39},
      {-40, -41, -42, -43, -44, -45, -46, -47, -48, -49}
    }
  };

  for(int i = 0; i < 2; i++)
  {
    for(int j = 0; j < 5; j++)
    {
      for(int k = 0; k < 10; k++)
      {
        printf("%d ", B[i][j][k]);
      }
      printf("\n");
    }
    printf("\n");
  }
  return 0;
}
```

程序清单 7.9 中定义了一个大小为 $2 \times 5 \times 10$ 的三维整型数组 B，并初始化了其值。该数组包含两个二维数组，每个二维数组都有 5 行 10 列的元素，每个元素都是整数类型。然后，程序通过三个嵌套的循环遍历整个数组，并使用 printf()函数输出每个元素的值，在每行末尾输出一个换行符，在每个二维数组之间输出一个额外的空行。运行结果如图 7.20 所示。

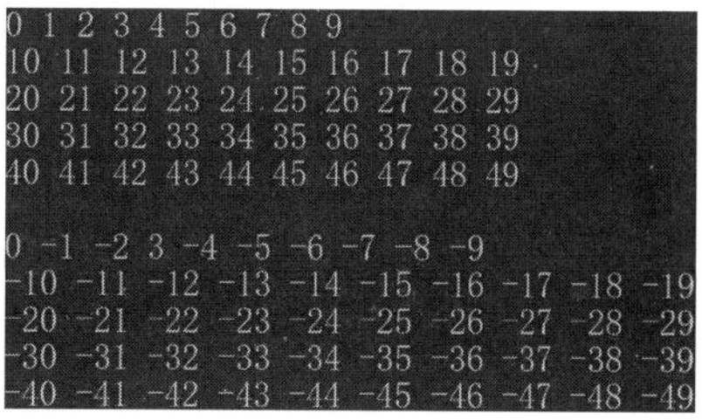

图 7.20　访问三维数组

7.7　字符串与字符数组

在众多的数组中，有一个特殊的数组，即字符数组，我们需要对其进行额外的讲解。在探究字符数组之前，我们来回顾与字符串相关的知识点，详见程序清单 7.10。

程序清单 7.10

```
#include <stdio.h>
int main()
{
    printf("sizeof HelloWorld = %d\n", sizeof("HelloWorld"));
    return 0;
}
```

程序清单 7.10 使用 sizeof 操作符测量字符串"HelloWorld"占用了 11 字节，结果如图 7.21 所示。

内存中的字符串常量由每个字符的 ASCII 码按照顺序排列构成，每个字符仅占 1 字节，并且末尾会附上一个数值 0，指示字符串结尾，如图 7.22 所示。

sizeof HelloWorld = 11

图 7.21　使用 sizeof 操作符测量字符串
"HelloWorld"

图 7.22　字符串"HelloWorld"内部存储

字符'0'对应的 ASCII 码为十进制 48。为了不与字符'0'冲突，将标记字符串结尾的数值 0，使用转义序列'\0'表示。

7.7.1　字符数组存储字符串

由于字符串满足数组的类型相同且按顺序排列的特点，元素为 char 的数组可以用于存储字符串。

1. 初始化字符数组

我们可以声明一个 char 类型的数组，并将其初始化为"HelloWorld"，代码如下。

```
char str[20] = {'H', 'e', 'l', 'l', 'o', 'W', 'o', 'r', 'l', 'd'};
```

在上述代码中，由于数组大小为 20，而初始化列表中仅有 10 个元素，数组中剩余的 10 个元素会被自动初始化为 0，即自动添加了字符串结尾标识符'\0'。

此外，我们还可以使用更简便的字符数组初始化方式，即将初始化列表直接写成一个字符串常量，代码如下。

```
char str[20] = "HelloWorld";
```

在上述代码中，字符串常量的末尾会被自动添加'\0'作为字符串结尾标识符，因此上述代码等价于：

```
char str[20] = {'H', 'e', 'l', 'l', 'o', 'W', 'o', 'r', 'l', 'd', '\0'};
```

2. 省略数组大小

有时候，我们希望一个数组被初始化为某个字符串，但是又不想数清楚到底有多少个字符。此时，我们可以在数组声明时省略数组大小，此时数组的大小就是初始化列表中元素的个数。

代码如下。

```
char str1[] = "HelloWorld";
char str2[] = {'H', 'e', 'l', 'l', 'o', 'W', 'o', 'r', 'l', 'd', '\0'};
```

上述两种写法是等价的，数组的大小为 11，即初始化列表中的元素个数。

3. 输出字符数组

接下来，我们可以使用 printf()函数将字符数组中存储的字符串输出到控制台中，由于 printf()函数的第一个参数可以接收一串字符串，因此我们可以直接将数组作为 printf()的第一个参数，如下所示。

```
printf("HelloWorld");
printf(str);                    //使用字符数组
```

在 C 语言中，字符数组和字符串常量是存储字符串的两种方式。字符串常量是一种特殊类型的字符数组。当我们在 C 语言中使用 printf()函数时，可以直接将字符数组作为参数传递给该函数，因为 printf()函数会将字符数组中的字符逐个输出到控制台中，直到遇到空字符。

此外，转换规范%s 也可以作为字符数组的占位符，代码如下。

```
printf("%s", str);
```

程序清单 7.11 是一个将字符数组输出到控制台中的示例。

程序清单 7.11

```
#include <stdio.h>
int main()
{
    char str[20] = {'H', 'e', 'l', 'l', 'o', 'W', 'o', 'r', 'l', 'd'};
    printf(str);
    printf("\n");
    printf("%s", str);
    printf("\n");
    return 0;
}
```

图 7.23 显示了运行结果。

7.7.2 字符串结尾标记'\0'

在使用字符串常量时，系统会自动为我们在字符串末尾添加'\0'标记字符串结束。但是在使用字符数组时，有些情况不能保证字符串末尾有'\0'，需要格外注意。

```
HelloWorld
HelloWorld
```

图 7.23 将 HelloWorld 装入数组中

1. 初始化列表长度小于数组长度

如果使用初始化列表初始化字符数组，并且初始化列表长度小于数组长度，则数组前面的元素将被初始化为字符串，后面的元素将被填充为 0。在这种情况下，字符数组中的字符串正常结尾，因为系统在初始化期间已经为字符串添加了结尾标记'\0'。

例如：

```
char str[20] = {'H', 'e', 'l', 'l', 'o', 'W', 'o', 'r', 'l', 'd'};
```

上面的代码将数组前 10 个元素初始化为字符串"HelloWorld"，后面的 10 个元素被填充为 0。

2. 初始化列表长度等于数组长度

如果使用初始化列表初始化字符数组，并且初始化列表长度等于数组长度，则数组中的元素都被初始化为字符串。但由于初始化列表已经占用了数组中的所有空间，因此没有空间可以保存结尾标记'\0'。在这种情况下，字符数组中的字符串无法结尾，这可能会导致数组越界访问。

例如：

```
char str[10] = {'H', 'e', 'l', 'l', 'o', 'W', 'o', 'r', 'l', 'd'};
```

上面的代码将数组中的所有 10 个元素都初始化为字符串"HelloWorld"。但由于缺少结尾标记'\0'，在使用 printf 等函数输出该字符数组时，程序将继续输出数组外的元素，直到遇到一个'\0'才停止。这可能导致数组被越界访问。例如，下面的代码将输出字符数组 str 中的所有元素，以及其后面的不确定值。

```
printf("%s", str);
```

运行结果如图 7.24 所示。

因此，在使用初始化列表初始化字符数组时，必须确保数组中有足够的空间保存结尾标记'\0'。

HelloWorld烫烫烫烫烫烫烫烫烫烫烫烫烫烫烫烫烫烫烫?]鳌

图 7.24　初始化列表长度等于数组长度

3. 初始化列表长度大于数组长度

如果使用初始化列表初始化字符数组，并且初始化列表长度大于数组长度，则将无法通过编译。这是因为初始化列表中的元素数量超过了数组的容量，无法被全部存储。

例如：

```
char str[5] = {'H', 'e', 'l', 'l', 'o', 'W', 'o', 'r', 'l', 'd'};
```

上面的代码将会导致编译错误，因为初始化列表中有 10 个元素，而数组只有 5 个元素的容量。

4. 省略数组大小的情况

在 C 语言中，我们有时会省略数组的大小并直接使用字符串常量来初始化数组。例如，下面的代码：

```
char str[] = "HelloWorld";
```

这段代码省略了数组的大小，直接使用字符串常量来初始化数组。由于系统会自动为字符串常量结尾添加'\0'，因此字符串常量大小为 11。使用该字符串初始化数组，数组大小也为

11，并且最后一个字符为'\0'，即字符串正常结尾。

我们还可以使用初始化列表来初始化数组，例如：

```
char str[] = {'H', 'e', 'l', 'l', 'o', 'W', 'o', 'r', 'l', 'd', '\0'};
```

在这段代码中，我们使用了初始化列表来初始化数组。该初始化列表包含了 11 个字符常量，其中最后一个字符常量为'\0'，表示字符串的结尾。使用该初始化列表初始化数组，数组大小为 11，并且最后一个字符为'\0'，即字符串正常结尾。

需要注意的是，如果我们使用以下代码初始化数组，则该数组中的字符将不会正常结尾。

```
char str[] = {'H', 'e', 'l', 'l', 'o', 'W', 'o', 'r', 'l', 'd'};
```

该初始化列表包含了 10 个字符常量，最后一个字符常量为'd'，因此使用该初始化列表初始化数组，数组大小为 10，并且最后一个字符为'd'。这意味着该字符数组中的字符串无法正常结尾。在实际编程中，我们应该避免出现这种情况，以确保程序的正确性和稳定性。

7.7.3　字符数组的大小及长度

在下面的代码中，我们声明一个长度为 20 的字符数组 str，并使用字符串常量 "HelloWorld"对它进行初始化。这样，字符数组的前 10 个元素为 HelloWorld，第 11 个元素为'\0'。

```
char str[20] = "HelloWorld";
```

为了测试 str 的大小，我们可以使用 sizeof 关键字，结果如图 7.25 所示。

图 7.25　字符数组的长度

从结果可以看出，str 的大小为 20 字节，和我们声明的数组大小一致。因此，我们无法直接用 sizeof 关键字测量字符串的长度。接下来，我们将提供两种方法来测量字符串的长度。

1. 使用循环测量字符串长度

一个字符串用'\0'标记结尾，只要知道在'\0'之前，有多少个字符，就能知道字符数组中的字符串的长度了。具体的代码可参考程序清单 7.12。

程序清单 7.12

```
#include <stdio.h>
int main()
{
    char str[20] = "HelloWorld";
    int len = 0;
    while(str[len] != '\0')
    {
        len++;
    }
    printf("%d", len);
    return 0;
}
```

在程序清单 7.12 中，我们声明了一个 len 变量，用于统计字符串长度。while 循环从第一个元素开始，检查元素是否为'\0'，如果不是，则将 len 加 1，直到元素为'\0'。循环结束时，

len 的值即为字符串的长度。运行结果如图 7.26 所示。

2. 使用 strlen 测量字符串长度

图 7.26 循环测量字符串长度

我们还可以使用 strlen 函数来计算字符串的长度。strlen 是由 string（字符串）和 length（长度）两个单词组合而成。

strlen 函数的使用方法如下。

① strlen 函数可以接收一个字符串作为参数。

② strlen 函数的返回值是这个字符串的长度。

③ 在使用 strlen 函数之前，需要包含头文件 string.h。

程序清单 7.13 展示了一个使用 strlen 函数的例子。

程序清单 7.13

```
#include <stdio.h>
#include <string.h>
int main()
{
    char str[20] = "HelloWorld";
    int len1;
    len1 = strlen(str);
    printf("len1 = %d\n", len1);

    int len2;
    len2 = strlen("HelloWorld");
    printf("len2 = %d\n", len2);

    printf("sizeof str %d\n", sizeof(str));
    printf("sizeof helloworld %d\n", sizeof("HelloWorld"));
    return 0;
}
```

在这个例子中，len1 是由 strlen 函数测量的字符数组 str 内字符串的长度，len2 是由 strlen 函数测量的字符串常量"HelloWorld"的长度。后续，用 sizeof 分别测量字符数组 str 和字符串常量"HelloWorld"占用的空间大小。

图 7.27 显示的是这个程序的运行结果。因为 HelloWorld 有 10 个字符，所以字符串长度为 10，len1 和 len2 都是 10。字符数组有 20 个元素，所以它占用 20 字节的空间。字符串常量为字符串长度加上结尾标记，所以它占用 11 字节的空间。

图 7.27 使用 strlen 函数测量字符串长度

3. strlen 与 sizeof 的区别

总的来说：strlen(str)测量从第一个元素开始直到元素值为'\0'的字符串的长度，而 sizeof(str)测量数组本身占用的空间大小。

7.7.4 修改字符数组

字符串常量是不可变的，但字符数组却可以被修改。程序清单 7.14 展示了一个修改字符数组的例子。

程序清单 7.14

```c
#include <stdio.h>
#include <string.h>
int main()
{
    char str[20] = "abcde";

    // 修改前
    printf(str);
    printf("\n");

    // 每个元素减 32
    for(int i = 0; i < strlen(str); i++)
    {
        str[i] = str[i] - 32;
    }

    // 修改后
    printf(str);
    return 0;
}
```

在程序清单 7.14 中，数组被初始化为"abcde"，然后
我们将其中的小写字符转换为大写字符。根据 ASCII 码，
将小写字符的 ASCII 码减去 32 即可得到对应的大写字
符。运行结果如图 7.28 所示。

图 7.28　将小写字符转换为大写字符

7.7.5　从键盘输入字符串到字符数组中

可以使用 scanf 函数将从键盘中输入的一串字符串存储到字符数组中，其转换规范为
"%s"。例如：

```c
char str[20];
scanf("%s", str);   // 将从键盘中输入的一串字符串存储到字符数组 str 中
```

程序清单 7.15 使用 scanf 函数将一串字符串存储到字符数组中，并将其中的小写字符转
换为大写字符后再进行输出。

程序清单 7.15

```c
#include <stdio.h>
#include <string.h>
int main()
{
    char str[20];

    // 输入一串字符到 str 中
    scanf("%s", str);

    // 修改前
```

```
    printf(str);
    printf("\n");

    // 每个元素减 32
    for(int i = 0; i < strlen(str); i++)
    {
        str[i] = str[i] - 32;
    }

    // 修改后
    printf(str);
    return 0;
}
```

scanf 函数会自动在输入的字符串后面加上'\0'，因此输入的字符串可以正常结束。运行结果如图 7.29 所示。

图 7.29　将输入的小写字符
转换为大写字符

7.7.6　其他的输入和输出函数

我们已经学习了 printf 函数和 scanf 函数，它们用于输出和输入字符或字符串数据。然而，C 语言还提供了其他函数用于输入和输出字符或字符串。

1. putchar 函数和 getchar 函数

putchar 函数和 getchar 函数可以分别输出或输入单个字符。
使用 putchar 函数输出单个字符的写法如下。

```
putchar('A');
```

使用 getchar 函数输入单个字符的写法如下。

```
char c;
c = getchar();
```

下面是一个使用 getchar 函数和 putchar 函数的示例，见程序清单 7.16。

程序清单 7.16

```
#include <stdio.h>
int main()
{
    char c;
    c = getchar();
    c = c - 32;
    putchar(c);
    return 0;
}
```

程序清单 7.16 的作用是输入一个小写字符，将其转换为大写字符并输出结果。使用 getchar 函数输入小写字符'a'，将其转换为大写字符后，使用 putchar 函数进行输出。运行结果如图 7.30 所示。

结合循环，使用 putchar 函数还可以输出一串

图 7.30　将输入的小写字符转换为大写字符

字符串，具体代码见程序清单 7.17。

程序清单 7.17

```c
#include <stdio.h>
int main()
{
    char str[] = "HelloWorld";
    int i = 0;
    while(str[i] != '\0')
    {
        putchar(str[i++]);
    }
    return 0;
}
```

运行结果如图 7.31 所示。

2. puts 函数和 gets 函数

puts 和 gets 是 C 语言中分别用于输出和输入字符串的
两个函数。

HelloWorld

图 7.31   putchar 函数与循环结合输
出字符串

puts 函数的参数是一个字符串，它可以用于向控制台中输出这个字符串。程序清单 7.18
是一个使用 puts 函数输出字符串的示例。

程序清单 7.18

```c
#include <stdio.h>
int main() {
    puts("HelloWorld");
    return 0;
}
```

上述代码中，使用 puts 函数输出了一个字符串"HelloWorld"。

gets 函数的参数是一个字符数组，用于存储输入的字符串。函数会读取一行字符，直到
遇到换行符（换行符不会被存储到字符数组中），然后将读取的字符串存储到字符数组中。
程序清单 7.19 是一个使用 gets 函数输入字符串的示例。

程序清单 7.19

```c
#include <stdio.h>
int main() {
    char str[100];
    printf("请输入一个字符串: ");
    gets(str);
    printf("你输入的字符串是: %s\n", str);
    return 0;
}
```

上述代码使用 gets 函数从键盘上输入了一个字符串，并
使用 printf 函数将它输出到了屏幕上。图 7.32 显示了该示例
的运行结果。

图 7.32   使用 gets 函数输入字符串

7.8 输入和输出缓存

探究 printf 函数的一个现象：在 Windows 和 Linux 系统上使用相同的代码，分别输出 "HelloWorld"10 次，并在每次输出后暂停 500 毫秒。

程序清单 7.20 展示了在 Windows 系统上的代码实现。在 Windows 系统中，使用 windows.h 头文件中的 Sleep 函数，该函数能够让程序休眠指定的时间。在每次调用 printf 函数后，使用 Sleep 函数让程序休眠 500 毫秒。Sleep 函数的单位是毫秒。

程序清单 7.20

```
#include <stdio.h>
#include <windows.h>
int main()
{
    for (int i = 0; i < 10; i++)
    {
        printf("Hello World %d", i);
        Sleep(500);                 // 使用 Sleep 函数让程序休眠 500 毫秒
    }
    return 0;
}
```

程序清单 7.21 展示了在 Linux 系统上的代码实现。在 Linux 系统中，使用 unistd.h 头文件中的 usleep 函数，该函数能够让程序休眠指定的时间。在每次调用 printf 函数后，使用 usleep 函数让程序休眠 500 毫秒。usleep 函数的单位是微秒，因此在代码中将 1000 * 500 传递给了 usleep 函数，表示 500 毫秒。

程序清单 7.21

```
#include <stdio.h>
#include <unistd.h>
int main()
{
    for(int i = 0; i < 10; i++)
    {
        printf("Hello World %d", i);
        usleep(1000 * 500); // 使用 usleep 函数让程序休眠 500 毫秒
    }
    return 0;
}
```

两段代码除了休眠使用的函数不同，其他都是一致的，按理说它们的效果也应当一致。然而，在运行时，它们表现出了不同的行为。这是因为运行效果需要使用 GIF 动图。

在 Windows 系统中，程序在输出一个 HelloWorld 后，休眠 500 毫秒，再输出下一个 HelloWorld。你可以扫描如图 7.33 所示的二维码进行查看。

在 Linux 系统中，程序在休眠 5000 毫秒后，一次性输出了所有 HelloWorld。你可以扫描如图 7.34 所示的二维码进行查看。

图 7.33 在 Windows 系统中的 printf 函数 　　图 7.34 Linux 系统中的 printf 函数

想要解释这个现象，我们需要了解输入和输出缓存的相关知识。

7.8.1 输出缓存区

在日常生活中，我们通常会等到衣服集满一桶后再一起清洗，而不是只有一两件脏衣服就启动洗衣机，因为这样会浪费水和电资源。

同样的道理，在计算机编程中也有类似的思想，即减少不必要的操作开销。在向控制台输出字符时，程序会先将需要输出的字符串放在输出缓存区中，直到特定时刻才一起显示到控制台中，如图 7.35 所示。

图 7.35 输出缓存区

我们可以将缓存区想象成存放脏衣服的桶，里面存放了一定量的数据，等待批量处理。在计算机中，需要将要显示在屏幕上的数据先发送至显卡，再由显卡进行显示。显然，累积一串字符再批量处理发送，比起单个发送更有效率。

1. 输出缓存的刷新时机

当我们将缓存中的数据发送至目的地并清空缓存时，这一行为被称为刷新缓存。

在 Windows 系统中，使用 printf 函数后，数据会被写入输出缓存区中。随后，立即刷新缓存区。

在 Linux 系统中，使用 printf 函数后，数据会被写入输出缓存区中。后续的 printf 函数会在缓存区中累积数据，直到程序结束时才会刷新缓存区。

2. 行缓存的刷新时机

输入和输出缓存属于行缓存，即一行字符结束后必须刷新缓存。

对于行缓存，如果想要刷新缓存，只需要将一行字符结束即可。为了表示一行字符的结束，需要使用换行符\n。为了演示该行为，我们对之前在 Linux 系统中运行的代码进行修改，具体代码见程序清单 7.22。

程序清单 7.22

```
#include <stdio.h>
#include <unistd.h>
int main()
{
    for(int i = 0; i < 10; i++)
```

```
    {
        printf("Hello World %d\n", i);    //在字符串末尾加上\n
        usleep(1000 * 500);               //使用usleep函数让程序休眠500毫秒
    }
    return 0;
}
```

我们在 printf 函数输出的字符串末尾加上了\n，然后在 Linux 系统上运行程序，并观察程序执行的行为，如图 7.36 所示。从结果来看，程序的运行效果是每一行 HelloWorld 都逐行显示。

需要注意的是：在 Windows 系统中，程序似乎不那么在乎一行字符是否结束，但是在 Linux 系统中，程序严格遵循一行字符结束才刷新缓存；输出缓存是一个系统特性，而不是函数特性；所有输出函数，包括 printf、putchar 等，均存在输出缓存。

图 7.36　Linux 系统使用换行符清空缓存

7.8.2　输入缓存区

和输出函数（如 printf、putchar 等）有输出缓存区一样，输入函数（如 scanf、getchar 等）也有输入缓存区，如图 7.37 所示。

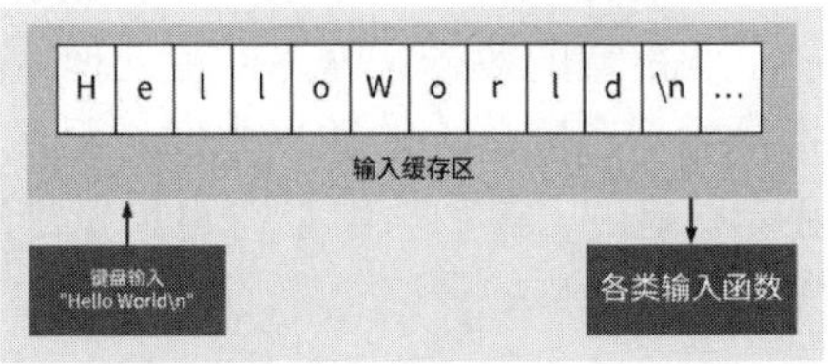

这些输入函数都是阻塞函数。当输入缓存区为空时，程序将被阻塞在输入函数中，等待用户从键盘中输入字符并按 Enter 键确认。

当我们按下 Enter 键（即换行符，存储为\n）时，输入的字符串就会进入输入缓存区中。

图 7.37　输入缓存区

接下来，输入函数将从输入缓存区中获取字符，删除获取的字符，并解除程序的阻塞状态，然后程序将继续运行。

下面，我们来了解输入缓存区的几种情况。

1. 输入缓存区仍有数据时 getchar 函数不会阻塞

在程序清单 7.23 中，我们期望输入一个字符时，程序输出该字符，输入第二个字符时，程序再输出第二个字符。

程序清单 7.23

```
#include <stdio.h>
int main()
{
    char c1, c2;
    c1 = getchar();
    putchar(c1);
    c2 = getchar();
    putchar(c2);
    return 0;
}
```

图 7.38 展示了程序的运行结果。

当程序执行到第一个 getchar 函数时，由于输入缓存区中没有数据，getchar 函数会进入阻塞状态，等待用户输入。在用户输入字符'A'并按 Enter 键后，"A\n"进入输入缓存区。第一个 getchar 函数获取了字符'A'，解除了阻塞状态，并继续执行。然后，我们使用 putchar 函数输出 c1。当程序执行到第二个 getchar 函数时，由于输入缓存区中仍有字符'\n'，getchar 函数无须进入阻塞状态等待输入，直接获取了字符'\n'，接着使用 putchar 函数输出 c2。这时，换行符'\n'被当作第二个 getchar 函数的输入，因此输出结果如图 7.38 所示，即输出了字符'A'之后还输出了一个换行符。

图 7.38　换行被后面的函数吸收

显然，我们不希望得到这样的输出结果。因此，我们可以在程序中加入一个 getchar 函数来吸收第一次输入的字符'\n'，具体代码见程序清单 7.24。

程序清单 7.24

```
#include <stdio.h>
int main()
{
    char c1, c2;
    c1 = getchar();
    putchar(c1);
    getchar();  // 用于吸收'\n'
    c2 = getchar();
    putchar(c2);
    return 0;
}
```

图 7.39 展示了程序的运行结果。

由于输入缓存区中仍有字符'\n'，第二个 getchar 函数将不会进入阻塞状态，直接读取输入缓存区中的字符'\n'，并继续执行。当程序执行到第三个 getchar 函数时，输入缓存区中已经没有数据，因此第三个 getchar 函数将进入阻塞状态。当我们输入字符'B'并按 Enter 键后，字符'B'被第三个 getchar 函数获取，并由其后的 putchar 函数输出。

图 7.39　getchar 函数吸收换行符

2. 使用 getchar 函数读取输入的字符串

除了使用 scanf 函数读取输入的行字符串，getchar 函数也能够实现相同的功能，并且更加灵活。具体代码见程序清单 7.25。

程序清单 7.25

```
#include <stdio.h>
int main()
{
    char str[20];
    int i = 0;
    while(i < 20 - 1)
    {
        char c;
```

```
        c = getchar();
        str[i++] = c;
        if (c == '\n')
        {
            break;
        }
    }
    str[i] = '\0';
    printf(str);
    return 0;
}
```

图 7.40 展示了程序的运行结果。

在这段代码中，我们声明了一个长度为 20 的字符数组。该数组可以存储 19 个字符加上一个结束标记符'\0'。然后，我们使用 while 循环结合 getchar 函数从输入缓存区中逐个读取字符，并将它们存储到字符数组中。由于第 20 个元素需要存储结束标记符'\0'，因此我们将循环条件设置为 i < 20-1。当然，将其设置为 i < 19 也是可以的。此外，如果遇到'\n'，则说明当前行的字符已经输入完成，可以停止循环了。在循环结束后，我们需要将字符串末尾的'\0'存储到字符数组中，以表示这个字符串的结束。

但是，如果我们输入超过 19 个字符，那么会发生什么呢？图 7.41 展示了程序清单 7.25 处理输入超过 19 个字符的结果。

HelloWorld
HelloWorld

HelloWorldHelloWorld
HelloWorldHelloWorl

图 7.40　使用 getchar 函数获取输入的字符串　　　　图 7.41　输入超过 19 个字符

当输入超过 19 个字符时，循环将退出，但输入缓存区中仍然剩余"d\n"两个字符未被读取。因此，输出的结果少了"d\n"。

由于这两个字符仍然留在输入缓存区中，因此我们可以使用 scanf 函数来读取它们。具体代码见程序清单 7.26。

程序清单 7.26

```
#include <stdio.h>
int main()
{
    char str[20];
    int i = 0;
    while(i < 20 - 1)
    {
        char c;
        c = getchar();
        str[i++] = c;
        if (c == '\n')
        {
            break;
        }
    }
    str[i] = '\0';
```

```
    printf(str);

    // 分隔线
    printf("\n--------------\n");

    // 继续读取循环中未读取完的字符
    scanf("%s", str);
    printf(str);
    return 0;
}
```

图 7.42 展示了程序清单 7.26 的运行结果。

在程序执行过程中，输入缓存区内仍然存在数据，因此观察到 scanf 函数并没有进入阻塞状态，而是直接从缓存区中读取数据到字符数组 str 中。首先，scanf 函数将字符'd'存储到 str 数组中，然后遇到了换行符'\n'，scanf 函数因为默认将换行符作为输入的结束符，所以会在字符数组 str 的末尾附加一个空字符'\0'。最后，printf 函数将字符数组 str 输出到控制台上，输出的内容为"d\n"。

需要注意的是，有些人可能会有疑问：为什么最后一次调用 scanf 函数并输出 str 的结果不是完整的"HelloWorldHelloWorld\n"，而只是输出了字符数组中的"d\n"呢？这是因为每次调用 scanf 函数时，字符数组 str 会被重新赋值，原来的内容会被覆盖。因此，当再次调用 scanf 函数时，它只能从缓存区中获取到字符'd'和换行符'\n'，直接覆盖并保存在了字符数组 str 中。

图 7.42 scanf 函数吸收剩下两个字符

7.8.3 非标准的输入函数

在前面，我们介绍了几个输入函数，它们都是 C 语言标准库中的函数，如 scanf 和 getchar。这些函数会等待用户在控制台中输入字符串，并且只有在用户按下 Enter 键后，输入的字符串才会进入输入缓存区中，等待程序进行读取。

但是，我们将在下面介绍的输入函数是非标准函数。这些函数不属于 C 语言标准库，并且通常在 Windows 平台上使用。与标准函数不同的是，这些函数可以实现在用户按下键盘的按键时立即获取输入的字符，无须等待用户按下 Enter 键。此外，这些函数不会从输入缓存区中获取数据。

现在，我们将详细介绍两个非标准的输入函数：getch 函数和 getche 函数。

注意:

使用 getch 函数和 getche 函数需要包含头文件 conio.h。然而，conio.h 不是一个标准头文件，但它在 Windows 系统中可以默认使用。

在最近几年中，为了区别平台实现函数与 C 语言标准函数，平台实现函数的名称前都加了下画线。例如，诸如 getch 和 getche 之类的平台实现函数被重命名为_getch 和_getche。在 Visual Studio 中，如果使用 getch 函数，编译器会报错并提示改为_getch 函数。

因此，在接下来的代码示例中，我们都将使用_getch 和_getche 函数进行演示。

1. _getch 函数

程序清单 7.27 展示了如何使用_getch 函数。

程序清单 7.27

```c
#include <stdio.h>
#include <conio.h>
int main()
{
    while(1)
    {
        char c;
        c = _getch();
        // 输入字符后，putchar 函数将字符输出到控制台上
        putchar(c);
        if (c == 'q')
        {
            break;
        }
    }
    return 0;
}
```

该代码使用了 conio.h 头文件中的非标准函数_getch()。当程序运行到_getch()函数时，它将进入阻塞状态，并等待用户从键盘上输入一个字符。输入字符之后，该函数将立即接收到对应的字符，而无须等待用户按 Enter 键，随后 putchar 函数将字符输出到控制台上。

图 7.43 展示了该程序的运行结果。输入"123456789q"后，程序立即将"123456789q"输出到控制台上并退出。

有的读者可能会疑惑，为什么控制台上只有一行"123456789q"呢？按照之前学习的，第一行应该是输入的字符，而第二行应该是输出的内容。

这是非标准输入函数的特点，即输入的字符不会在控制台上显示，因为该函数在输入字符时可以直接获取到字符，并且无须等待用户按 Enter 键。因此，在控制台上显示的所有内容都是由 putchar 函数输出的字符。

123456789q

图 7.43　使用 getch 函数运行的结果

2. _getche 函数

程序清单 7.28 展示了如何使用_getche 函数。

程序清单 7.28

```c
#include <stdio.h>
#include <conio.h>
int main()
{
    while(1)
    {
        char c;
        c = _getche();
        // 输入字符后，_getche 自己会将字符输出到控制台上
```

```
            if (c == 'q')
            {
                break;
            }
        }
        return 0;
    }
```

_getche 函数与_getch 函数类似，但它会自动将输入的字符输出到控制台上，因此不需要使用像 putchar 这样的函数进行输出。

图 7.44 展示了该程序的运行结果。在控制台上输入 "123456789q"后，程序立即在控制台上显示"123456789q" 并退出。

图 7.44 使用 getche 函数运行的结果

有了_getche 函数，我们无须再使用 putchar 函数来输出输入的字符，而是直接在控制台上显示输入的字符。这使得输入和输出更加直观和简单。

3. 直接从键盘上获取输入的非标准输入函数

前面我们介绍了 scanf 和 getchar 等函数，它们会从输入缓存区中获取数据。然而，_getch 函数和_getche 函数并不会从输入缓存区中获取数据，它们直接等待用户从键盘上输入。程序清单 7.29 是一个例子。

程序清单 7.29

```
#include <stdio.h>
#include <conio.h>
int main()
{
    char c = getchar();
    putchar(c);
    c = _getch();
    putchar(c);
    c = getchar();
    putchar(c);
    return 0;
}
```

图 7.45 展示了程序清单 7.29 的运行结果。

在第一个 getchar 函数调用期间，程序会被该函数阻塞，等待用户输入并按 Enter 键将数据送到缓存区。在这个例子中，我们输入了字符串"123\n"，第一个 getchar 函数获取到字符'1'，然后使用 putchar 函数将字符'1'输出到控制台中，此时缓冲区中的数据为"23\n"。接下来，程序运行到_getch 函数，该函数会阻塞程序并等待用户直接从键盘上输入一个字符。我们输入字符'A'，_getch 函数会获取字符'A'，putchar 函数随后将字符'A'输出到控制台中。因为缓冲区中还有数据，所以第二个 getchar 函数不会阻塞程序，而是直接从缓存区中获取字符'2'。最后，putchar 函数将字符'2'输出到控制台中。

图 7.45 直接从键盘上获取输入

第 8 章

函数

【本章导读】

欢迎来到 C 语言函数的世界！函数是 C 语言中非常重要的一部分，因为它们可以让你编写更加模块化、易于维护的代码。在本章中，你将学习如何定义函数、如何调用函数以及如何使用函数来提高代码的复用性和可读性。

此外，你还将了解函数的递归调用，它可以让你编写更加简洁和优雅的代码，但也需要注意递归深度过大会导致栈溢出的问题。

最后，你还将学习使用 Visual Studio 调试代码的方法，这是一个非常重要的工具，可以帮助你快速定位和修复代码中的错误。现在让我们一起开始探索 C 语言函数的奥秘吧！

【知识要点】

通过对本章内容的学习，你可以掌握以下知识。

（1）函数。

（2）函数递归。

（3）调试代码。

8.1 函数的定义

在编程语言中，函数就像一个工具箱，具有以下三个特性。

① 在开始执行任务之前，函数可以接收一些输入值。

② 在执行任务的过程中，函数可以执行一些操作。

③ 在完成任务后，函数可以返回一些值。

举例来说，我们如果想要计算 a 和 b 两个数的和，则可以写一个函数来实现它。

① 输入参数为 a 和 b。

② 函数返回值为 a + b 的和。

下面是一个名为 add 的函数的定义，其中的代码实现了上述功能。

```
int add(int a, int b)
{
    return a + b;
}
```

因此，可以总结出函数的书写格式。

```
函数返回值类型 函数名(函数输入参数)
{
    做一些事情
    return 函数返回值;
}
```

上述格式中，用花括号括起来的部分被称为函数体，函数体必须用花括号明确地界定。由函数名、函数输入参数及函数返回值类型组成的部分被称为函数头，如图 8.1 所示。

图 8.2 对 add 函数进行了详细的解析。该函数的输入参数为 int a 和 int b，并通过 return 语句返回了它们的和。

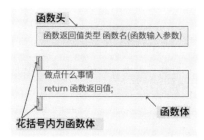

图 8.1　函数头与函数体

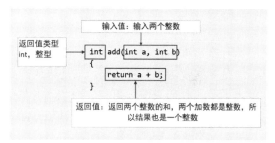

图 8.2　add 函数的解析

需要注意的是，每个输入参数都必须指明其变量类型，不能省略变量类型。例如：

```
int add(int a, int b)          //  正确
int add(int a, b)              //  错误
```

自定义函数的函数名可以按照个人喜好来选择，甚至可以使用 aaaaa 这样的名字。但是，为了使函数名具有语义化，便于人们阅读和理解代码，通常建议使用有意义的英文来命名函数。

8.2　函数的调用

函数定义完成后，需要在另一个函数中进行调用才能执行。例如，在程序清单 8.1 中，我们使用 main 函数来调用 add 函数。

程序清单 8.1

```
#include <stdio.h>
int add(int a, int b)
{
    return a + b;
}
int main()
{
```

```
    int result;
    result = add(2, 3);      // 调用 add 函数
    printf("%d", result);
    return 0;
}
```

在上述代码中，main 函数被称为主调函数，而 add 函数被称为被调函数。

在 main 函数中，我们将 2 和 3 两个参数传递给 add 函数，并调用它。在 add 函数头中，定义了函数的返回值类型为 int，这表明该函数被调用后将返回一个 int 类型的结果。因此，我们使用一个 int 类型的变量 result 来存储 add 函数的返回值。整个调用过程的具体解析如图 8.3 所示。

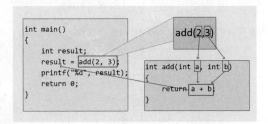

图 8.3　add 函数的调用过程解析

8.3　使用函数的意义

为什么需要将代码封装为函数呢？如果程序需要多次完成某项任务，你可以选择两个方案：一是多次复制相同的代码，二是将代码封装为一个函数，并在需要的地方调用它。本节演示如何使用代码求解三角形的面积，并探讨将其封装为函数的优点。

假设在平面内有一个三角形，其三条边的长度分别为 a、b、c，三角形的面积 S 可以通过图 8.4 中的海伦公式计算得出。

$$p = \frac{a+b+c}{2} \quad S = \sqrt{p(p-a)(p-b)(p-c)}$$

图 8.4　海伦公式

此外，三角形中任意两边的长度之和必须大于第三边，否则无法构成三角形。也就是说，三角形的三条边必须满足以下不等式：

① $a + b > c$

② $a + c > b$

③ $b + c > a$

例如：当 a = 1，b = 1，c = 1 时，可以构成一个三角形；但当 a = 1，b = 1，c = 3 时，无法构成三角形。

接下来，我们将使用代码计算三角形的面积。

8.3.1　计算三角形面积

首先，我们需要判断三条边是否能够构成一个合法的三角形。为了实现这一点，我们可以使用下面的代码来判断。

```
if (a + b > c && a + c > b && b + c > a)
{
    printf("It's a triangle\n");
```

```
}
else
{
    printf("Not a triangle\n");
}
```

接下来，我们可以使用海伦公式来计算三角形的面积 s。其中，a、b、c 分别表示三角形的三条边长度，p 为三角形半周长。我们可以写出如下代码。

```
p = (a + b + c) / 2;
s = sqrt(p * (p - a) * (p - b) * (p - c));
```

sqrt 是平方根函数，使用它需要包含头文件 math.h。

完整的代码见程序清单 8.2。

程序清单 8.2

```
#include <stdio.h>
#include <math.h>    // 需要包含头文件 math.h
int main()
{
    // 输入 a、b、c
    double a, b, c, p, s;
    scanf("%lf %lf %lf", &a, &b, &c);
    // 是否能构成三角形
    if (a + b > c && a + c > b && b + c > a)
    {
        printf("It's a triangle\n");
    }
    else
    {
        // 无法构成三角形，程序结束
        printf("Not a triangle\n");
        // 这里 return 0 表示 main 函数结束
        return 0;
    }
    // 求三角形的面积
    p = (a + b + c) / 2;
    s = sqrt(p * (p - a) * (p - b) * (p - c));
    // 输出结果
    printf("s=%f", s);
    return 0;
}
```

需要注意的是，上述代码中的 scanf 函数用于获取从键盘中输入的三个 double 类型的变量。我们可以在程序运行时依次输入三个数字，并用空格或 Enter 键将它们分隔开。此外，我们使用 printf 函数输出结果。

运行上述代码，输入三条边的长度，例如 3、4、5，将得到如图 8.5 所示的结果。

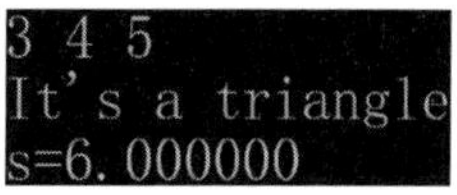

```
3 4 5
It's a triangle
s=6.000000
```

图 8.5 求三角形面积

8.3.2 复用代码

在计算三角形面积的程序中，可以将其分解为两个可复用的部分：

① 判断给定的三条边是否能构成一个三角形。

② 求三角形的面积。

有时候我们只需要知道给定的三条边能否构成三角形，而不需要计算其面积。因此，我们可以将这部分代码提取为一个独立的函数，以提高代码的可复用性。具体代码如下。

```c
int isTriangle(double a, double b, double c)
{
    //  是否能构成三角形
    if (a + b > c && a + c > b && b + c > a)
    {
        return 1;
    }
    return 0;
}
```

函数 isTriangle 接收三个参数：三角形的三条边长 a、b、c。该函数的返回值为一个整型，其中 1 表示可以构成三角形，0 表示不能构成三角形。

接下来，我们将计算三角形面积的代码也提取为一个函数，具体代码如下。

```c
double areaOfTriangle(double a, double b, double c)
{
    double p, s;
    p = (a + b + c) / 2;
    s = sqrt(p * (p - a) * (p - b) * (p - c));
    return s;
}
```

函数 areaOfTriangle 同样接收三个参数：三角形的三条边长 a、b、c。该函数的返回值为三角形的面积。使用者无须关心函数内部的实现细节，只需正确地传入参数即可获得计算结果。

最后，我们将程序清单 8.2 改写为使用函数的形式，具体的代码见程序清单 8.3。

程序清单 8.3

```c
#include <stdio.h>
#include <math.h>    // 需要包含 math.h
double areaOfTriangle(double a, double b, double c)
{
    double p, s;
    //  求三角形的面积
    p = (a + b + c) / 2;
    s = sqrt(p * (p - a) * (p - b) * (p - c));
    return s;
}
int isTriangle(double a, double b, double c)
{
    //  是否能构成三角形
```

```
    if (a + b > c && a + c > b && b + c > a)
    {
        return 1;
    }
    return 0;
}
int main()
{
    //  输入 a、b、c
    double a, b, c;
    scanf("%lf %lf %lf", &a, &b, &c);
    //  是否能构成三角形
    if(isTriangle(a, b, c) == 0)
    {
        printf("Not a triangle\n");
        return 0;
    }
    //  求三角形的面积
    double s;
    s = areaOfTriangle(a, b, c);
    printf("area of triangle is %f", s);
    return 0;
}
```

8.4 函数返回值

程序清单 8.4 是一个用函数绘制正三角形的示例。

程序清单 8.4

```
#include <stdio.h>
void showStarts()
{
    printf("    *\n");
    printf("   * *\n");
    printf("  * * *\n");
    printf(" * * * *\n");
    printf("* * * * *\n");
    return;
}
int main()
{
    showStarts();
    return 0;
}
```

showStarts 函数将会输出一个由星号组成的正三角形，如图 8.6 所示。请注意，这个函数不需要输入参数，也不需要返回值。

在 C 语言中，void 是一个关键字，用于表示"无类型"。函数可以有返回值，也可以没有返回值。如果一个函数没有返回值，则可以使用 void 作为返回类型。例如，程序清单 8.4 中的 showStarts 函数。

图 8.6 正三角形

我们之前用 return 将函数返回主调函数，并带回一个返回值。没有返回值的函数可以省略 return。当函数执行完花括号内的语句后，它会自动结束并继续执行主调函数之后的代码。例如，showStarts 函数可以省略 return。

```c
void showStarts()
{
    printf("    *\n");
    printf("   * *\n");
    printf("  * * *\n");
    printf(" * * * *\n");
    printf("* * * * *\n");
}
```

如果函数需要返回值，则必须使用 return 带回一个返回值才能正常通过编译。例如，下面的代码就是错误的。

```c
int add(int a, int b)
{
    printf("%d",a + b);
}
```

最后不要忘记，return 可以出现在函数的任意位置。程序一旦执行到 return，就会停止函数的执行，返回主调函数。例如，下面的代码。

```c
void showStarts()
{
    printf("    *\n");
    printf("   * *\n");
    printf("  * * *\n");
    return;
    printf(" * * * *\n");
    printf("* * * * *\n");
}
```

在上述代码中，程序由于在输出 3 行星号后遇到了 return，因此将不会执行后面的语句，而是直接返回主调函数。运行结果如图 8.7 所示。

图 8.7   return 提前返回

8.5   函 数 声 明

基于程序清单 8.3 的代码，我们对代码进行修改，并将 isTriangle 和 areaOfTriangle 的函数定义放到 main 函数调用后。具体代码见程序清单 8.5。

程序清单 8.5

```c
#include <stdio.h>
#include <math.h>
int main()
```

```
{
    double a, b, c;
    scanf("%lf %lf %lf", &a, &b, &c);
    if(isTriangle(a, b, c) == 0)
    {
        printf("Not a triangle\n");
        return 0;
    }
    double s;
    s = areaOfTriangle(a, b, c);
    printf("area of triangle is %f", s);
    return 0;
}

// 函数定义被放到了函数调用后
double areaOfTriangle(double a, double b, double c)
{
    double p, s;
    p = (a + b + c) / 2;
    s = sqrt(p * (p - a) * (p - b) * (p - c));
    return s;
}

int isTriangle(double a, double b, double c)
{
    if (a + b > c && a + c > b && b + c > a)
    {
        return 1;
    }
    return 0;
}
```

然而，我们在编译代码时发现编译器无法识别 areaOfTriangle 和 isTriangle 两个函数，如图 8.8 所示。原因是编译器在调用这两个函数前没有读到任何有关它们的声明。因此，我们需要在函数被调用前进行函数声明。

```
warning C4013: "isTriangle" 未定义；假设外部返回 int
warning C4013: "areaOfTriangle" 未定义；假设外部返回 int
```

图 8.8   找不到标识符

在 C 语言中，函数声明的作用是提供函数的返回类型、函数名和参数类型，以便编译器在编译时知道如何调用这个函数。函数声明的写法非常简单：函数头+分号。例如，我们可以在程序开头添加如下函数声明。

```
double areaOfTriangle(double a, double b, double c);
int isTriangle(double a, double b, double c);
```

这样，编译器在编译代码时就能够识别这两个函数，并且知道它们是什么类型的函数以及如何调用它们。

总结：函数声明是在函数被调用之前提供函数接口信息的方式。在一个源文件中，如果在调用函数前没有函数定义，则可以使用函数声明通知编译器该函数存在。函数声明的写法是函数头+分号。

我们对程序清单 8.5 进行修改，加上函数声明，具体代码见程序清单 8.6。

程序清单 8.6

```c
#include <stdio.h>
#include <math.h>
// 函数调用前加上了函数声明，告诉编译器该函数存在
double areaOfTriangle(double a, double b, double c);
int isTriangle(double a, double b, double c);
int main()
{
    double a, b, c;
    scanf("%lf %lf %lf", &a, &b, &c);
    if(isTriangle(a, b, c) == 0)
    {
        printf("Not a triangle\n");
        return 0;
    }
    double s;
    s = areaOfTriangle(a, b, c);
    printf("area of triangle is %f", s);
    return 0;
}
// 函数定义放到了函数调用后
double areaOfTriangle(double a, double b, double c)
{
    double p, s;
    p = (a + b + c) / 2;
    s = sqrt(p * (p - a) * (p - b) * (p - c));
    return s;
}
int isTriangle(double a, double b, double c)
{
    if (a + b > c && a + c > b && b + c > a)
    {
        return 1;
    }
    return 0;
}
```

在程序清单 8.6 中，我们添加了函数声明，这样编译器在调用函数时就可以知道函数的参数类型和返回值类型。当调用函数时，编译器还会检查参数类型和数量是否正确，并检查返回值是否被正确处理。

值得注意的是，函数声明可以省略参数变量名。这是因为在声明函数时，参数的名字并不重要，重要的是参数的类型和数量。因此，即使函数声明和定义中的参数变量名不同也是可以的。例如，下面的写法都是正确的。

```c
// 省略参数变量名
double areaOfTriangle(double, double, double);
int isTriangle(double, double, double);
```

```
//  乱写参数变量名
double areaOfTriangle(double xsie, double sgrb, double xvdc);
int isTriangle(double aooj, double bngb, double vfhfc);
```

8.6 形参与实参

在 C 语言中，函数的参数分为形式参数（也称为形参）和实际参数（也称为实参）。

形式参数是函数声明或定义中定义的参数，用于描述函数所需的输入。形式参数只存在于函数内部，对于函数外部是不可见的。当函数被调用时，实参将被传递给形参，然后函数使用形参进行计算。

例如，下面是一个函数原型。

```
int add(int a, int b);
```

这个函数的原型包含两个形参，分别是 a 和 b。这个函数的功能是将 a 和 b 相加并返回结果。

当函数被调用时，需要提供实参。实参是调用函数时提供给函数的具体参数值。实参可以是常量、变量、表达式等。当调用函数时，实参被传递给函数的形参，函数使用这些值进行计算。

例如，下面是一个函数调用的示例。

```
int result = add(2, 3);
```

在对这个函数的调用中，2 和 3 是实参，它们被传递给函数 add 的形参 a 和 b。函数 add 使用这些值进行计算，然后返回结果。在这个例子中，函数的返回值是 5，它被赋值给变量 result。

总之，形参是函数定义中声明的参数，实参是在函数调用中传递给函数的具体参数值。函数使用形参进行计算，然后返回结果。在函数的定义和调用中，正确使用形参和实参非常重要，它们对函数的正确性和效率起着至关重要的作用。因此，我们应该尽可能地明确和清晰地定义和使用它们。

8.6.1 自动类型转换

一般情况下，形式参数与实际参数的类型应该一致，但是 C 语言允许不同类型的参数进行传递，这种情况下会发生自动类型的转换，如程序清单 8.7 所示。

程序清单 8.7

```
#include <stdio.h>
int add(int a, int b)
{
    return a + b;
}

int main()
{
    int result;
```

```
result = add(2.2, 3.3);        // 调用 add 函数
printf("%d", result);
return 0;
}
```

在上面的示例中，我们将实参 2.2 和 3.3 分别传递给形式参数 int a 和 int b。编译并运行后，会显示如图 8.9 所示的警告信息，同时运行结果如图 8.10 所示。

```
warning C4244: "函数"：从"double"转换到"int"，可能丢失数据
warning C4244: "函数"：从"double"转换到"int"，可能丢失数据
```

图 8.9　形式参数与实际参数类型不匹配的警告

图 8.10　程序清单 8.7 的运行结果

从图 8.9 中可以看到，编译器会提示我们从 double 类型到 int 类型的转换会导致数据丢失。最终运行结果为 5。

当实参被传递给形参时，编译器会尝试将实参转换为形参的类型。如果可以转换，则编译器会通过；如果在转换过程中可能出现数据丢失，则编译器会发出警告。在这个示例中，2.2 和 3.3 分别被转换为整型 2 和 3，小数部分丢失。

如果无法转换，则编译器会报错，编译失败。

同样，返回值也可能会发生自动类型的转换，如程序清单 8.8 所示。

程序清单 8.8

```
#include <stdio.h>
double add(int a, int b)
{
    return a + b;
}

int main()
{
    double result;
    result = add(2, 3);             // 调用 add 函数
    printf("%f", result);
    return 0;
}
```

在程序清单 8.8 中，我们将 add 函数的返回类型改为 double。然而，函数的参数仍然是 int 类型，因此 a 和 b 相加的结果仍然是 int 类型。但是，当返回值时，编译器会尝试将 int 类型的值转换为 double 类型。因为 int 类型可以被转换为 double 类型，所以编译器不会报错。

8.6.2　形参与实参相互独立

程序清单 8.9 展示了一段交换两个变量值的代码。

程序清单 8.9

```
#include <stdio.h>
```

```
int main()
{
    int a, b;
    int temp;
    a = 1;
    b = 2;
    printf("a=%d b=%d\n", a, b);

    // 交换 a、b 变量
    temp = a;
    a = b;
    b = temp;

    printf("a=%d b=%d\n", a, b);
    return 0;
}
```

在主函数中声明了两个整型变量 a 和 b，其中 a 被赋值为 1，
b 被赋值为 2。然后，交换了 a 和 b 的值，使得 a 为 2，b 为 1。
运行结果如图 8.11 所示。

图 8.11　交换 a 和 b 的变量值

现在，我们尝试将交换变量值的代码封装到函数中，具体代
码见程序清单 8.10。

程序清单 8.10

```
#include <stdio.h>
void swap(int a, int b)
{
    int temp = a;
    a = b;
    b = temp;
}
int main()
{
    int a, b;
    a = 1;
    b = 2;
    printf("a=%d b=%d\n", a, b);
    // 交换变量 a 和 b
    swap(a, b);
    printf("a=%d b=%d\n", a, b);
    return 0;
}
```

图 8.12 显示了运行结果。我们发现交换竟然失败了。

这是因为，在 C 语言中，函数的形参和实参是相互独立的。
这意味着在函数中对形参的修改不会影响到实参。

图 8.12　实参形参相互独立

虽然在主函数中的变量 a 和 b 与 swap 函数中的形参 a 和 b 的
名字相同，但是它们是相互独立的变量。当在主函数中调用 swap 函数时，swap 函数的形参
a 和 b 会被初始化为传入 main 函数中的实参 a 和 b 的值。这里需要注意的是，在函数的调用

过程中，实参的值会被复制到形参中。这意味着，形参和实参是两个不同的变量，它们互不干扰。

举一个生活中的例子，同学 A 有一份学习笔记 NoteA，同学 B 也想要一份，因此同学 A 将学习笔记 NoteA 复制了一份，并命名为 NoteB，然后把它给了同学 B。此时，同学 B 发现笔记中的一些错误，想对 NoteB 进行修改，但无论如何修改 NoteB，都不会影响同学 A 手中的 NoteA。

所以，swap 函数无论在 main 函数中被调用多少次，都不会影响 main 函数中的变量 a 和 b 的值。当然，还有其他方式可以使用函数来交换两个变量的值，我们将在第 9 章重新解析这个例子。

8.6.3　不同函数的变量相互独立

程序清单 8.11 展示了不同函数的变量是如何相互独立的。

程序清单 8.11

```c
#include <stdio.h>
void func()
{
    int a;
    a = 100;
    printf("a in func %d\n", a);
}

int main()
{
    int a = 0;
    printf("a in main %d\n", a);
    func();
    printf("a in main %d\n", a);
    return 0;
}
```

在 main 函数中声明了一个变量 a，并将其初始化为 0。在 func 函数中也声明了一个变量 a，并将其赋值为 100。尽管这两个变量的名称相同，但它们是两个相互独立的变量。程序清单 8.11 的运行结果如图 8.13 所示。我们可以看出，不同函数中的变量是互相独立的。

图 8.13　不同函数内的变量相互独立

在 C 语言中，函数局部变量是指在函数内部定义的变量，只能在函数内部访问，无法在函数外部使用。函数局部变量的作用域仅限于函数内部，在函数执行结束后，变量的内存空间也会被释放。

函数局部变量的一个重要特点是，在每次函数被调用时都会重新创建它们。这意味着，每次执行函数时，函数局部变量的值都会被初始化，而不是保留上一次执行结束时的值。

8.6.4　数组作为函数参数

在 C 语言中，可以将数组作为参数传递给函数。在函数定义中，我们需要指定数组的大小，以便正确地访问数组中的元素。

程序清单 8.12 是一个具体的示例。

程序清单 8.12

```c
#include <stdio.h>
void printArray(int arr[], int size) {
    for(int i = 0; i < size; i++) {
        printf("%d ", arr[i]);
    }
    printf("\n");
}
int main() {
    int arr[] = {1, 2, 3, 4, 5};
    //计算数组的大小
    int size = sizeof(arr)/sizeof(int);
    printArray(arr, size);
    return 0;
}
```

在这个示例中，printArray 函数接收一个 int 类型的数组 arr 和数组大小 size，并通过 for 循环遍历数组中的每个元素，以对它们进行输出。

在 main 函数中，我们创建了一个整数数组 arr，并使用 sizeof 运算符计算数组的大小。然后，将数组和大小作为参数传递给 printArray 函数。

需要注意的是，这种传递方式并不是常用的，第 9 章将会对更常用的方式进行讲解。

8.7 函 数 递 归

函数递归是一种常用的编程技术，能够帮助解决一些复杂问题，如计算阶乘、生成斐波那契数列等。本节将讲解函数递归调用的原理和使用方法。

8.7.1 函数递归调用的示例

程序清单 8.13 是一个函数递归的示例。

程序清单 8.13

```c
#include <stdio.h>
void func(int n)
{
    printf("%d\n", n);
    func(n + 1);
}

int main()
{
    func(0);
    return 0;
}
```

运行上述代码会发现，程序会不断输出数字，如 0、1、2、3 等，一直持续下去。这是因为在函数 func 的实现中，它在自身内部调用了自身，这种调用被称为函数递归。

具体来说，在主函数 main 中调用了 func 函数，并将参数 0 传递给了 func 函数。程序进入 func 函数后，输出参数 n 的值为 0。接着，将 n + 1 作为 func 函数的参数，该函数开始了一次自调用。由于 func 函数中又调用了 func 函数，因此函数将不断地自调用，形成了一个死循环。这类似于一条蛇咬住了自己的尾巴，将形成一个环形。调用过程如图 8.14 所示。

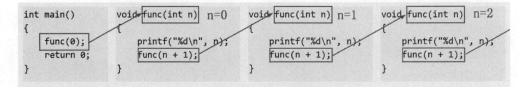

图 8.14　func 函数递归

然而，由于没有设定任何终止递归的条件，函数将无限地递归下去，最终导致程序崩溃。如果程序陷入了循环，可使用快捷键 Ctrl + C 来终止程序。

8.7.2　正确的递归实现

在 C 语言中，递归分为递推和回归两个阶段。

递推阶段是指递归函数从调用者开始不断地调用自身，处理子问题，直到达到基本情况，然后开始回归。回归阶段是指递归函数在处理完基本情况后开始回溯，将每个子问题的结果合并以得出最终结果，并返回调用者。

因此，正确的递归实现必须处理好递推和回归两个阶段。很显然，程序清单 8.13 并不是一个正确的递归实现，我们需要让程序能够正常结束并返回结果。

程序清单 8.13 中只有一个递推规则，即每次将 n 加 1，但缺少一个递推结束条件。

递归函数必须满足两个要素：递推规则和递推结束条件。只有同时满足这两个条件，递推阶段才是正确的。

现在我们给程序加上递推结束条件，当 n 为 5 时，结束递推。具体代码见程序清单 8.14。

程序清单 8.14

```c
#include <stdio.h>
void func(int n)
{
    if (n == 5)          //  n 为 5 时，结束递推
        return;
    printf("%d\n", n);
    func(n + 1);
}
int main()
{
    func(0);
    return 0;
}
```

图 8.15 显示了程序清单 8.14 的运行结果，当 n 为 5 时结束递归。

图 8.16 用实线箭头展示了递推进入下级函数的流程，虚线箭头展示了从下级回归的流程。箭头方向和标号数字代表执行顺序。在 n 小于 5 之前，程序不断递推至下级函数；当 n 等于 5 时，程序开始回归。

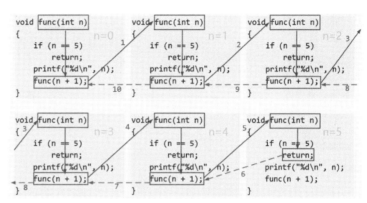

图 8.15　n 为 5 时结束递推　　　　　　图 8.16　递归函数调用过程

通过添加递推结束条件，我们得到了一个正确的递归实现，能够正常结束并返回结果。

8.7.3　递推和回归

为了探究函数递归调用时的递推和回归过程，我们可以在 func 函数前后分别加入 printf 语句，具体代码见程序清单 8.15。

程序清单 8.15

```
#include <stdio.h>
void func(int n)
{
    if (n == 5)
        return;
    printf("after %d\n", n);        //  递推时执行
    func(n + 1);
    printf("before %d\n", n);       //  回归时执行
}

int main()
{
    func(0);
    return 0;
}
```

程序输出的结果如图 8.17 所示。我们可以看到，程序先输出 5 个 after，值分别为 0、1、2、3、4。然后，程序输出 5 个 before，值分别为 4、3、2、1、0。

接下来，我们来仔细分析递推和回归的过程，如图 8.18 所示。

在图 8.18 中，实线箭头表示递推，虚线箭头表示回归。printf 函数前的数字标号表示其执行的先后顺序。标号为 1、2、3、4、5 的 printf 语句在递推过程中被依次执行，而标号为 6、7、8、9、10 的 printf 语句则必须等到回归过程才会被执行。由于回归过程和递推过程是逆序的，因此输出的 n 值也是逆序的。

图 8.17　递推与回归　　　　　　　　图 8.18　递推与回归流程分析

我们可以看出，在递归调用之前的语句将在递推过程中被执行，而在递归调用之后的语句则将在回归过程中被执行。

8.7.4　用递归计算阶乘

在本节中，我们将探讨如何使用递归来计算一个正整数的阶乘 n!。阶乘是指所有小于或等于该数的正整数的乘积。对于 0，它的阶乘定义为 1，而对于负数，它没有阶乘。

例如：

```
4! = 4 * 3 * 2 * 1
3! = 3 * 2 * 1
2! = 2 * 1
1! = 1
0! = 1
```

根据这个规律，我们还能将阶乘这样计算：

```
4! = 4 * 3!
3! = 3 * 2!
2! = 2 * 1!
1! = 1
0! = 1
```

可以使用以下递归规则来计算阶乘：

① 如果 n 为 1 或 0，则 n 的阶乘为 1。

② 如果 n 大于 1，则 n 的阶乘为 n * (n−1)!。

假设有一个函数 f(n)，它接收一个整数 n 并返回 n 的阶乘 n!，那么该函数需要满足以下两个条件：

① 当 n 为 1 或 0 时，f(n)返回 1。

② 当 n 大于 1 时，f(n) = n * f(n−1)。

下面是程序清单 8.16 的代码实现。

程序清单 8.16

```
#include <stdio.h>
int f(int n)
```

```
{
    if (n == 0 || n == 1)
    {
        return 1;
    }
    return n * f(n - 1);
}

int main()
{
    int result = f(4);
    printf("%d\n", result);
    return 0;
}
```

在递归的过程中，函数每次调用时传入的参数 n 分别为 4、3、2、1。当 n 为 1 时，函数开始回归；回归到 n 为 2 时，计算 2 * 1；回归到 n 为 3 时，计算 3 * (2 * 1)；回归到 n 为 4 时，计算 4 * (3 * 2 * 1)，如图 8.19 所示。

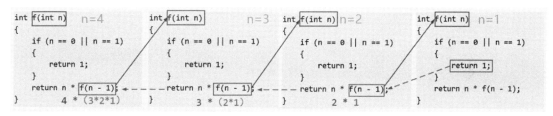

图 8.19　阶乘递归流程

8.7.5　递归计算斐波那契数列

斐波那契数列是一种数学序列，其中前两项为 1，之后的每一项是前两项的和。例如：

第 1 项：1

第 2 项：1

第 3 项：1 + 1 = 2

第 4 项：1 + 2 = 3

第 5 项：2 + 3 = 5

第 6 项：3 + 5 = 8

对于斐波那契数列，我们可以很容易地得出它的递推关系。如果有一个函数 f(n)，它的参数是一个整数 n，返回斐波那契数列的第 n 项，那么需要满足以下两个条件：

① 当 n 为 1 或 2 时，f(n)返回 1。

② 当 n 大于 2 时，f(n) = f(n - 1) + f(n - 2)。

根据上述规律，我们可以编写程序清单 8.17 的代码，如下所示。

程序清单 8.17

```
#include <stdio.h>
int f(int n)
{
    if (n == 1 || n == 2)
```

```
    {
        return 1;
    }
    return f(n - 1) + f(n - 2);
}

int main()
{
    int result = f(4);
    printf("%d\n", result);
    return 0;
}
```

图 8.20 显示了斐波那契数列的流程。其中，实线箭头表示递归过程，虚线箭头表示回归过程。

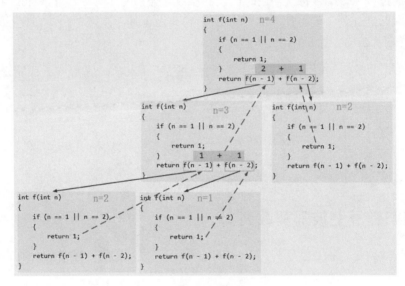

图 8.20　斐波那契数列的流程

当表达式 f(n - 1) + f(n - 2) 中的两个函数均回归结果时，可以计算和，再回归上级。

8.8　调　试　代　码

在计算机编程中，调试是指排除程序错误和缺陷的过程。调试程序的方式有很多种，包括交互式调试、控制流分析、单元测试、集成测试、日志文件分析和内存分析。许多编程语言或软件开发工具都提供用于调试代码的程序，这些程序被称为调试器。

本节将重点介绍 Visual Studio 中的调试功能，其他开发环境的调试方法也是大同小异的。

8.8.1　调试模式与发布模式

在 Visual Studio 界面中，工具栏有一个下拉选项，其中包含可供选择的 Debug 与 Release 选项，如图 8.21 所示。

Debug 被翻译成中文为"调试"，而 Release 被翻译成中文为"发布"。

使用不同的配置进行编译，将生成两个不同的可执行文件。编译完成后，Visual Studio 将在项目目录的同级目录下创建 Debug 或 Release 文件夹，并将不同配置的编译结果放入其中，如图 8.22 所示。

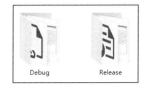

图 8.21　Debug 与 Release 选项　　　图 8.22　项目同目录下的 Debug 与 Release 文件夹

默认情况下，Debug 配置编译的可执行文件不进行任何优化，同时包含调试信息，链接的运行库为调试版本。Debug 配置的目标用户是程序员，他们主要关心软件是否存在错误或缺陷，而对于软件的大小和速度并不是非常在意。在调试配置下生成的可执行文件具有更强的调试能力。

相比之下，Release 配置编译的可执行文件经过优化，某些流程和变量可能被编译器优化，与代码中略有不同，不包含调试信息，链接的运行库为发布版本。Release 配置的目标用户是最终使用者，他们不关心软件的开发，但是对软件的大小和速度非常在意。在发布配置下生成的可执行文件具有更小的体积和更快的速度。

在解决方案管理器中右击项目名称，然后选择"属性"（见图 8.23），即可进入工程配置面板。

在工程配置面板中，我们可以查看 Debug 与 Release 的详细配置，如图 8.24 所示。

图 8.23　选择"属性"　　　　　　　　图 8.24　工程配置面板

8.8.2 调试功能在 Visual Studio 中的运用

作为一个集成开发环境，Visual Studio 已经将调试器内置到了软件中，并且通过图形化界面为我们提供了程序调试的功能。

本节将以程序清单 8.18 为例，演示在 Visual Studio 中如何进行交互式调试。

程序清单 8.18

```c
#include <stdio.h>
int functionC()
{
    char str[] = "HelloWorld";
    for (int i = 0; i < sizeof(str) / sizeof(str[0]); i++)
    {
        putchar(str[i]);
    }
    putchar('\n');
    return 456;
}
void functionB()
{
    int resultFromC = functionC();
    printf("resultFromC=%d\n", resultFromC);
}
void functionA(int nInA)
{
    printf("nInA = %d\n", nInA);
    functionB();
}
int main()
{
    int nInMain = 123;
    functionA(nInMain);
    return 0;
}
```

为了获得更好的调试能力，我们需要在 Debug 模式下进行调试。

1. 断点

要在指定的代码行上打断点，只需单击行号前的灰色区域即可。例如，在代码行 27 前的灰色区域上单击，即可在此行上设置一个断点，如图 8.25 所示。

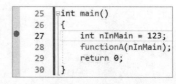

图 8.25 打断点

断点的作用是在程序执行到该行代码时，使程序暂停执行，以便程序员分析代码的当前状态。

启动调试方法如下。

① 选择工具栏中的"本地 Windows 调试器"，如图 8.26 所示。

② 在"调试"菜单中选择"开始调试"或按 F5 键，如图 8.27 所示。

图 8.26　本地 Windows 调试器

图 8.27　开始调试

启动调试后，程序将开始运行，直到遇到第一个断点，才会暂停执行，如图 8.28 所示。

图 8.28　程序停在了断点处

2. Visual Studio 调试模式

一旦程序触发断点，Visual Studio 就会切换到调试模式，此时窗口布局将与之前略有不同，如图 8.29 所示。

在默认布局下，会有以下几个窗口。

① 代码窗口。

② 变量查看窗口。

③ 调用堆栈。

④ 诊断工具。

如果你的窗口布局略有不同，可以将其恢复为默认布局，如图 8.30 所示。

图 8.29　调试模式下的窗口布局　　　　图 8.30　重置窗口布局

3. 变量查看窗口

查看图 8.31，在调试模式下，"自动窗口"或"局部变量"窗口可以显示变量及其值。

"自动窗口"显示当前断点附近的变量。"局部变量"窗口显示定义在局部作用域内的变量，通常是函数或方法内的变量。

在第 28 行处，可以看到变量名 nInMain 及其值。变量由于尚未被初始化，因此是一个随机值。

"监视"窗口允许你输入变量名，它将尝试查找该变量并显示其值。如果当前未定义该变量，则无法正常显示变量，如图 8.32 所示。

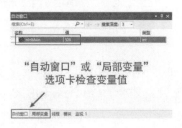

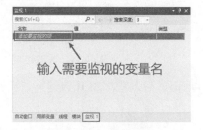

输入需要监视的变量名

图 8.31　"自动窗口"或"局部变量"选项卡检查变量值

图 8.32　"监视"窗口

除了查看变量值，我们还可以在这些窗口中修改窗口中的变量值。方法是双击变量值即可编辑它。

4. 单步调试

当我们需要让程序继续执行并查看变量的变化时，可以使用单步调试功能。在"调试"窗口中，有四个按钮（见图 8.33），从左往右对应的功能如下。

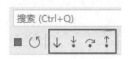

① 显示下一条语句。

图 8.33　下一步或跳出

② 逐语句（执行下一条语句,如果遇函数调用,则进入函数内部）。

③ 逐过程（执行下一条语句，如果遇函数调用，则执行完整个函数）。

④ 跳出（在函数内部时，跳出函数）。

如果我们选择逐语句或逐过程，程序将会运行到下一条语句并停止，同时我们可以查看变量的值变化。例如，查看图 8.34，我们使用逐语句或逐过程功能，程序会执行到第 28 行，此时变量 nInMain 被初始化，调试窗口中，变量 nInMain 的值变红表示该变量刚刚被修改过，现在的值为 123。

需要注意的是，逐语句与逐过程之间的区别在于，如果遇到函数调用，它们的执行方式不同，如下所示。

① 逐语句：执行下一条语句，如果遇函数调用，则进入函数内部。

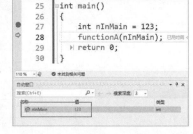

图 8.34　nInMain 被初始化

② 逐过程：执行下一条语句，如果遇函数调用，则执行完整个函数。

例如，如果我们选择逐过程，那么程序将会直接执行完函数 functionA 到第 29 行，如图 8.35 所示。

如果我们选择逐语句，那么程序将会进入函数 functionA 内部，执行到第 20 行，如图 8.36 所示。

图 8.35　逐过程

图 8.36　逐语句

我们如果不想继续单步执行函数内部的语句，则可以使用跳出功能，执行完函数 functionA 的剩余语句并返回 main 函数。

5. 停止和重新开始调试

图 8.37 中用框标注的两个按钮分别是"停止"和"重新开始"按钮，它们都位于工具栏中。

如果需要终止调试过程，则单击正方形的"停止"按钮。单击"重新开始"按钮将会重新开始调试。

6. 继续执行程序

图 8.38 中用框线标注的按钮为"继续"按钮。

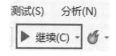

图 8.37 "停止"与"重新开始"按钮   图 8.38 "继续"按钮

我们可以在每个函数的第一条语句上打上断点，然后开始调试，如图 8.39 所示。

```c
1   #include <stdio.h>
2   int functionC()
3   {
4       char str[] = "HelloWorld";
5       for (int i = 0; i < sizeof(str) / sizeof(str[0]); i++)
6       {
7           putchar(str[i]);
8       }
9       putchar('\n');
10      return 456;
11  }
12
13  void functionB()
14  {
15      int resultFromC = functionC();
16      printf("resultFromC=%d\n", resultFromC);
17  }
18
19  void functionA(int nInA)
20  {
21      printf("nInA = %d\n", nInA);
22      functionB();
23  }
24
25  int main()
26  {
27      int nInMain = 123;
28      functionA(nInMain);
29      return 0;
30  }
```

图 8.39 在每个函数的第一条语句上打上断点

当程序在第 27 行的断点处停止时，单击"继续"按钮，程序将会继续执行，直到遇到下一个断点。下一个断点在第 15 行的函数 functionB 中，再次单击"继续"按钮，程序将在第 4 行的函数 functionC 中暂停。

7. 查看调用堆栈

当程序执行到第 4 行时，函数已经经历了以下调用过程。

① 函数 main 调用函数 functionA。

② 函数 functionA 调用函数 functionB。

③ 函数 functionB 调用函数 functionC。

"调用堆栈"窗口如图 8.40 所示，从中我们可以清晰地看到调用的层级关系。

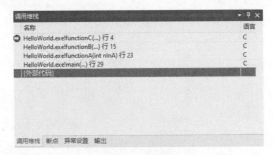

图 8.40　调用堆栈

① vs_demo.exe!C()行 4。

② vs_demo.exe!B()行 15。

③ vs_demo.exe!A(int nInA)行 23。

④ vs_demo.exe!main()行 29。

函数 main 在第 29 行调用函数 functionA。

① 函数 functionA 在第 23 行调用函数 functionB。

② 函数 functionB 在第 15 行调用函数 functionC。

③ 函数 functionC 当前在第 4 行执行。

双击调用堆栈中的代码行数，可以查看对应行数的代码及附近变量。

8. 查看数组元素

在查看变量时，可以展开数组，分别查看各个元素的值，如图 8.41 所示。

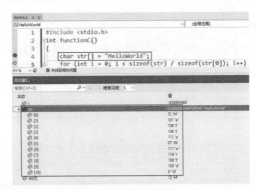

图 8.41　查看数组元素

第 *9* 章

指针

【本章导读】

本章将以一种轻松、有趣的方式深入探讨 C 语言中的指针！在这里，我们将揭示指针的神秘面纱，让你真正理解它的本质。我们会用直观的例子来阐述指针的各种应用场景，如数组、函数指针等，让你在编程过程中变得游刃有余。还等什么呢？跟随我们共同探索指针的奇妙世界，成为指针大师！通过学习指针，我们相信你会成为 C 语言编程的高手，更好地理解程序的运行原理，编写出更加优雅、高效的代码！

【知识要点】

通过对本章内容的学习，你可以掌握以下知识。

（1）指针。

（2）指针和数组。

（3）多级指针。

（4）声明器。

9.1 指 针 基 础

9.1.1 内存和内存地址

内存可以被视作计算机中的庞大存储空间，用于存储程序和数据。正如我们将书籍放置在书架上一样，计算机将程序和数据都存储在内存中。因此，我们之前学习的数据类型，如 int、double 等，都是存储在内存中的。

1. 访问内存中的"房间"

由于数据存储在内存中，计算机必须在内存中准确地找到并访问数据。

我们知道，内存是由许多字节单元组成的，每个单元都具有唯一的地址。

可以举一个通俗的例子，我们将这些字节单元视为数据的"房间"，为了方便查找这些"房间"，每个"房间"都有一个编号，第一个"房间"编号为0，然后依次递增，如图9.1所示。

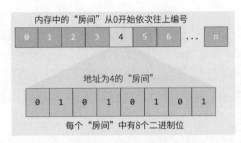

图 9.1　内存"房间"

我们将"房间号"称为内存地址。就像我们生活中所说的"AA 大街、BB 公寓、123 房间"一样。只是在内存中没有大街和公寓，仅需要编号便可表示地址了。

内存地址是内存中每个数据单元的唯一标识符，因此计算机系统可以通过内存地址来访问内存中的数据。

2. 基本数据类型如何居住在"房间"中

接下来，让我们探讨之前学过的基本数据类型是如何"居住"在这些"房间"中的，即数据是如何存储在内存中的。表 9.1 列出了基本数据类型及其大小。

表 9.1　基本数据类型及其大小

数 据 类 型	大　小	数 据 类 型	大　小
char	1	long long	8
short	2	float	4
int	4	double	8
long	4		

观察表 9.1，除了 char 占用 1 字节的数据可以存储在 1 个"房间"内，其他数据类型都需要多个"房间"。各数据类型所需的"房间"数量如图9.2所示。既然如此，我们应该如何表示一个数据类型当前位于哪些"房间"内呢？

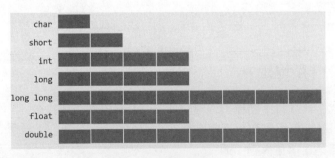

图 9.2　住几个"房间"

查看图 9.3，以 int 为例，我们有以下两种表示方式。

① 列举所有的"房间号"：301，302，303，304。

② "首房间号"及"房间数"：从 301 开始的 4 个"房间"。

图 9.3 int 居住 "房间" 的表示方式

int 类型仅需要四个 "房间"。如果数据需要很多 "房间"，则第一种方式需要保存更多的 "房间号"。显然，第二种方式更为灵活。

因此，计算机实际上使用第二种方式来记录一个数据对象在内存中的存储位置。我们将第一个 "房间" 的 "房间号" 称为该数据对象的首地址。数据对象所需的 "房间" 数量就是它占用的存储空间大小。

因此，记录一个数据对象在内存中的存储位置需要以下两个信息。

① 数据对象的首地址。

② 数据对象占用的存储空间大小。

9.1.2 指针类型

现在，我们介绍一个新的运算符——取地址运算符&。

取地址运算符是一个一元运算符（写在一个数据对象的左边），它可以获取一个数据对象的首地址和所需的存储空间大小。例如：

```
int n;
pn = &n;                    // 获取数据对象 n 的首地址和存储空间大小
```

这里，变量 pn 存储了变量 n 的首地址和存储空间大小。因此，我们可以通过变量 pn 来访问内存中的变量 n。

然而，现在我们还不知道 pn 到底是什么类型？接下来，我们将学习指针类型，它是 C 语言中非常重要的概念之一。指针类型是一个变量，它存储了另一个变量的地址。换言之，指针类型保存了某个数据的首地址和存储空间大小，因此我们可以通过指针来访问该数据。

在 C 语言中，声明指针类型的变量需要使用星号（*）来指示该变量是指针类型。例如，以下代码声明了一个指向整数的指针类型变量。

```
int n;
int* pn = &n;
```

这里的 int*告诉编译器，pn 是一个指向整数的指针类型变量。同样的方法也可以用于其他数据类型。例如，以下代码声明一个指向字符的指针类型变量。

```
char c;
char* pc = &c;
```

因此，在上述两个例子中：int* pn 声明了一个保存了 int 类型的首地址和存储空间大小的指针变量；char* pc 声明了一个保存了 char 类型的首地址和存储空间大小的指针变量。通过这两个指针变量，我们可以在内存中找到变量 n 和 c 的值。

定义：设一个数据对象为 x，设另一个数据对象为 p。p 保存了 x 的首地址和存储空间大小。那么，我们称 p 为 x 的指针，或者说 p 指向 x。

对于上面的代码，pn 被称作 n 的指针，或者说 pn 指向 n。pc 被称作 c 的指针，或者说 pc 指向 c。

另外，当声明指针变量时，可以将空格放在变量旁或者将空格放在类型旁，甚至不用空格。以下 3 种写法都是可以的。

```
int* pn;                // 将空格放在变量旁
int *pn;                // 将空格放在类型旁
int*pn;                 // 不用空格
```

注意：

在这些声明语句中，*和指针变量名之间的空格是可选的，但建议始终使用空格以提高代码的可读性。

9.1.3　使用指针

由于指针存储了一个数据对象的首地址和存储空间大小，并且可以通过这两条信息在内存中找到该数据对象，因此我们可以使用指针来访问所指向的数据对象。

现在，我们再介绍一个新的运算符——取值运算符*。

取值运算符是一个一元运算符（写在一个指针的左边），它可以根据指针中存储的首地址和空间大小找到目标数据对象。

取值运算符尽管类似于乘法运算符，却是一个一元运算符，仅需要一个操作对象。例如：

```
int n = 123;
int* pn = &n;
printf("%u\n", pn);             // 输出 n 的首地址
printf("%d\n", *pn);            // 根据 pn 中的首地址与大小，找到的数据对象的值
```

这段代码首先定义了一个整型变量 n 并初始化为 123，接着定义了一个指向 n 的整型指针 pn，并将 n 的地址赋值给 pn，然后使用 printf 函数分别输出了指针 pn 所指向的地址和该地址中存储的数据值。

具体来说：第一个 printf 函数输出了指针 pn 所指向的地址，并且该函数使用了%u 格式化输出指针的地址值；第二个 printf 函数输出使用了*pn 来访问指针所指向地址中的内容，并且该函数使用了%d 格式化输出该内容值。因为 n 的值为 123，所以程序的输出结果如图 9.4所示。

总结：变量 pn 内存储的值是变量 n 的首地址；*pn 表达式的结果是根据 pn 中的首地址与大小所找到的数据对象的值，也就是n 的值。

```
1035466804
123
```

图 9.4　取值运算符示例 1

除了通过指针访问所指向的数据对象，我们还可以通过指针修改所指向的数据对象，具体代码见程序清单 9.1。

程序清单 9.1

```
#include <stdio.h>
int main()
{
    int n = 0;
    int* pn = &n;
    char c = 0;
    char* pc = &c;
```

```
    //  使用指针修改所指向数据对象
    *pn = 123;
    *pc = 'A';
    printf("n = %d\n", n);
    printf("c = %c\n", c);
    //  使用指针访问所指向数据对象
    printf("n = %d\n", *pn);
    printf("c = %c\n", *pc);
    return 0;
}
```

这段代码使用指针分别为 pn 和 pc 修改了变量 n 和 c 的值。其中，*pn = 123 用于将指针 pn 所指向地址中的数据值修改为 123，*pc = 'A'用于将指针 pc 所指向地址中的数据值修改为字符 'A'。

最后，使用 printf 函数分别输出了变量 n 和 c 的值，以及指针 pn 和 pc 所指向地址中的数据值。

因为*pn =123 和*pc = 'A' 修改了变量 n 和 c 的值，所以程序的输出结果如图 9.5 所示。

图 9.5　取值运算符示例 2

9.1.4　指针类型的大小

程序清单 9.2 是一个使用 sizeof 关键字来测量指针类型的大小的示例。

程序清单 9.2

```
#include <stdio.h>
int main()
{
    int n = 0;
    int* pn = &n;

    char c = 0;
    char* pc = &c;

    printf("sizeof pn = %d\n", sizeof(pn));
    printf("sizeof pc = %d\n", sizeof(pc));
    return 0;
}
```

运行结果如图 9.6 所示。可以看出，int 类型指针和 char 类型指针的大小均为 8 字节。此时，有些同学可能会产生疑问：我们之前学过 char 占用 1 字节的内存空间，而 int 占用 4 字节的内存空间，但为何它们的指针变量大小都是 8 字节呢？

```
sizeof pn = 8
sizeof pc = 8
```

图 9.6　指针类型的大小

这个问题源于对指针和指针指向的数据两个概念的混淆。

仍然以"房间"和"房间号"为例，指针相当于"房间号"，而数据则居住在"房间"里。那么，"房间"里住着什么类型的数据和"房间号"有关系吗？实际上，指针仅用来表示"房间号"，它的大小与可以表示的"房间号"的大小有关，而与"房间"里的数据类型无关。

因此，指针指向的数据类型的大小不会影响指针变量的大小。

指针类型的大小取决于所在计算机体系结构和编译器。通常情况下，指针类型的大小等于所在计算机体系结构的地址大小，也就是操作系统位数。例如：在 32 位体系结构中，指针大小通常为 4 字节；在 64 位体系结构中，指针大小通常为 8 字节。程序清单 9.2 中的代码编译成了 64 位程序，因此指针类型的大小为 8 字节。

Visual Studio 允许编译器生成 32 位或 64 位程序，有时也称为 x86 或 x64。在 Visual Studio 中，你可以通过下拉列表切换编译生成的程序为 32 位或 64 位，如图 9.7 所示。

文件(F)
编辑(E)
视图(V)
Git(G)
项目(P)
生成(B)
调试(D)
测试(S)
分析(N)
工具(T)
Debug
x64
本地 Windows 调试器
x64
x86
配置管理器...

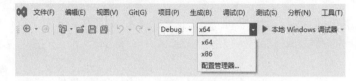

图 9.7　在 Visual Studio 中切换 x86 或 x64

若指针类型的大小为 4 字节，使用%u 作为 printf 的占位符是合适的。然而，当指针类型的大小为 8 字节时，使用%u 可能无法完整地输出地址。在这种情况下，你可以使用长度指示符将长度扩展到 8 字节，如%llu。

占位符%p 专为指针类型设计，无论是 32 位还是 64 位程序，都可以使用它来确保输出结果的正确性。不过，它通常以十六进制形式显示。

程序清单 9.3 展示了正确输出指针存储的内存地址的方法。

程序清单 9.3

```
#include <stdio.h>
int main()
{
    int n = 0;
    int* pn = &n;
    char c = 0;
    char* pc = &c;
    printf("pn = %llu\n", pn);
    printf("pc = %llu\n", pc);
    printf("pn = %p\n", pn);
    printf("pc = %p\n", pc);
    return 0;
}
```

运行结果如图 9.8 所示。

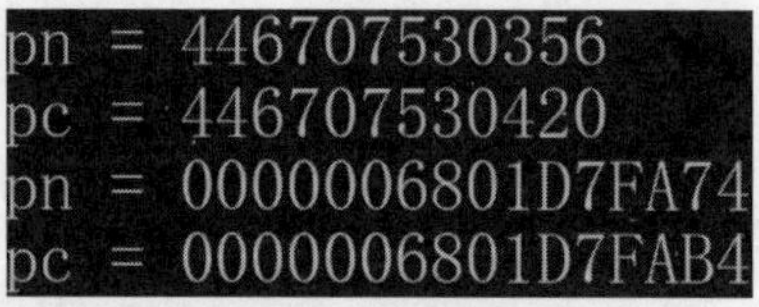

pn = 446707530356
pc = 446707530420
pn = 0000006801D7FA74
pc = 0000006801D7FAB4

图 9.8　输出指针

9.1.5　指针类型转换

程序清单 9.4 是一个指针类型转换的示例。

程序清单 9.4

```c
#include <stdio.h>
int main()
{
    int n = 50000;
    int* pn = &n;
    char* pc = pn;
    printf("pn = %llu\n", pn);
    printf("pc = %llu\n", pc);
    printf("n = %d\n", n);
    printf("*pn = %d\n", *pn);
    printf("*pc = %d\n", *pc);
    return 0;
}
```

在此示例中，变量 pn 是指向 int 类型的指针，变量 pc 是指向 char 类型的指针。pn 被赋值给 pc，即 pc 指向 pn 指向的地址，因此 pn 和 pc 都存储了 n 的首地址，并输出相同的首地址。运行结果如图 9.9 所示。

```
pn = 2221931188
pc = 2221931188
n = 50000
*pn = 50000
*pc = 80
```

图 9.9　强制修改指针类型

pn 和 pc 尽管都存储了 n 的首地址并输出了相同的首地址，但指向的数据是不一样的。

pn 是 int*类型，*pn 表达式会从首地址开始取 4 字节的数据，并将其转换为 int 类型作为表达式结果。因此，结果为 50000。

pc 是 char*类型，*pc 表达式会从首地址开始取 1 字节的数据，并将其转换为 char 类型作为表达式结果。因此，结果为 80。

图 9.10 清晰地展示了转换的结果，4 字节的二进制数据转换为十进制结果为 50000，而 1 字节的二进制数据转换为十进制结果为 80。

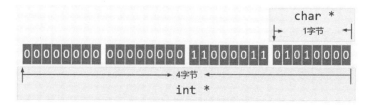

图 9.10　强制转换解析

9.1.6　指针基础例题

题目：编写一个程序，该程序首先声明两个整型变量 a 和 b，并将 a 的值设为 10；然后声明一个指向整型变量的指针 p，并将 p 指向 a；接着通过指针 p 来修改变量 a 的值为 20，并将指针 p 指向变量 b；最后通过指针 p 来修改变量 b 的值为 30，并输出变量 a 和 b 的值。

以上的题目，请同学们独立思考并完成，答案在程序清单 9.5 中。

程序清单 9.5

```c
#include <stdio.h>
int main() {
  int a = 10, b;
  int *p = &a;
  *p = 20;
  p = &b;
  *p = 30;
  printf("a = %d, b = %d\n", a, b);
  return 0;
}
```

这个例题比较简单，但它涵盖了指针的声明、指针取值和指针的赋值等基础知识。

9.2 指针运算

在 9.1 节中，我们了解到指针类型的值存储的是内存地址，而内存地址是从 0 开始依次加 1 的整数。因此，我们可能会好奇，指针的值既然是整数，那么是否可以进行运算？

9.2.1 指针与整型进行加减

我们尝试让指针变量从地址 100 开始加 1，看看是否能成功。具体代码见程序清单 9.6。

程序清单 9.6

```c
#include <stdio.h>
int main()
{
    char* pc;
    short* ps;
    int* pn;
    long* pl;
    long long *pll;
    float* pf;
    double* pd;
    // 将值100赋予指针指向的地址
    pc = 100;
    ps = 100;
    pn = 100;
    pl = 100;
    pll = 100;
    pf = 100;
    pd = 100;
    // 每个指针变量均加1
    pc = pc + 1;
    ps = ps + 1;
    pn = pn + 1;
```

```
    pl = pl + 1;
    pll = pll + 1;
    pf = pf + 1;
    pd = pd + 1;
    //  查看值
    printf("pc=%llu\n", pc);
    printf("ps=%llu\n", ps);
    printf("pn=%llu\n", pn);
    printf("pl=%llu\n", pl);
    printf("pll=%llu\n", pll);
    printf("pf=%llu\n", pf);
    printf("pd=%llu\n", pd);
    return 0;
}
```

这段代码首先定义了 7 个不同类型的指针变量，它们分别指向 char、short、int、long、long long、float 和 double 类型的数据。接着，这些指针变量被赋值，即整数 100。这里的 100 实际上是将整数类型的 100 转换为指针类型的值，这样赋值实际上是将指针指向内存地址为 100 的位置。

然后，每个指针变量都加 1。最后，printf 函数输出每个指针变量的值。图 9.11 显示了程序清单 9.6 的运行结果，可以看到，char 类型的指针加 1 后向后移动 1 字节，short 类型的指针加 1 后向后移动 2 字节，int 类型的指针加 1 后向后移动 4 字节，long 类型的指针加 1 后向后移动 4 字节，long long 类型的指针加 1 后向后移动 8 字节，float 类型的指针加 1 后向后移动 4 字节，double 类型的指针加 1 后向后移动 8 字节。

图 9.11　指针加 1

我们如果对数值稍微敏感一些，则可以看出这些数值分别是对应的目标数据对象的空间大小。

```
sizeof(char) = 1
sizeof(short) = 2
sizeof(int) = 4
sizeof(long) = 4
sizeof(long long) = 8
sizeof(float) = 4
sizeof(double) = 8
```

指针类型加 1 后，首地址向后移动了 sizeof(目标数据对象)字节。我们可以再给指针加 2，看看结果。

```
pc = pc + 2;
ps = ps + 2;
pn = pn + 2;
pl = pl + 2;
pll = pll + 2;
pf = pf + 2;
pd = pd + 2;
```

图 9.12 显示了运行结果，与初始值相比，首地址分别向后移动了 2 字节、4 字节、8 字节、8 字节、16 字节、8 字节、16 字节。指针类型加 2 后，将首地址向后移动了两个 sizeof(目标数据对象)字节。

我们再试试对指针做减法。例如，下面的代码将指针减1。

```
pc = pc - 1;
ps = ps - 1;
pn = pn - 1;
pl = pl - 1;
pll = pll - 1;
pf = pf - 1;
pd = pd - 1;
```

图 9.13 显示了运行结果。与初始值相比，首地址分别向前移动了 1 字节、2 字节、4 字节、4 字节、8 字节、4 字节、8 字节。因此，指针类型与整型也可以进行减法运算。指针类型减1后，将首地址向前移动了 sizeof(目标数据对象)字节。

pc=102
ps=104
pn=108
pl=108
pll=116
pf=108
pd=116

图 9.12　指针加 2

pc=99
ps=98
pn=96
pl=96
pll=92
pf=96
pd=92

图 9.13　指针减 1

总结：sizeof(目标数据对象)被称作步长。指针类型加 n 后，其首地址向后移动(n×步长)字节。指针类型减 n 后，其首地址向前移动(n×步长)字节。

9.2.2　指针运算的应用

指针的加法和减法运算可以用于计算内存地址，从而实现对数据的灵活访问。具体来说，指针的加法和减法可以使指针指向的内存地址向前或向后移动，从而访问相邻的内存单元。在 C 语言中，内存中能够紧密排列的数据结构非数组莫属。

因此，我们用一个关于数组的简单例子来说明，见程序清单 9.7。

程序清单 9.7

```
#include <stdio.h>
int main() {
    int arr[] = { 1, 2, 3, 4, 5 };
    int* ptr = &arr[0];

    // 指针的加法
    ptr = ptr + 2;
    // 取值操作
    int value = *ptr;
    printf("第三个元素的值为：%d\n", value);

    // 指针的减法
    ptr = ptr - 2;
    // 取值操作
    value = *ptr;
```

```
    printf("第一个元素的值为: %d\n", value);

    return 0;
}
```

上述程序定义了一个包含 5 个整数的数组 arr，并定义了一个指向该数组的指针 ptr，初始时指向第一个元素。然后，程序将指针向后移动两个元素，指向了数组的第三个元素，使用*操作符取出该元素的值，并将其输出。接着，程序将指针向前移动两个元素，指向了数组的第一个元素，再次使用*操作符取出该元素的值，并将其输出。运行该程序，输出结果如图 9.14 所示。

该例子展示了指针加法、减法和取值操作的基本用法。通过这些操作，我们可以方便地访问数组中的任意元素。指针与整数进行加法和减法运算的特性在数组、字符串等数据结构的操作中具有重要意义。

第三个元素的值为: 3
第一个元素的值为: 1

图 9.14 指针运算示例

9.2.3 同类型指针间的减法运算

同类型指针间的减法运算将返回它们之间的距离，即它们相差的元素个数。具体来说，如果指针 p 指向一个元素，指针 q 指向另一个元素，那么表达式 p-q 的结果将是一个整数，该整数等于 p 和 q 之间相差的元素个数。

程序清单 9.8 展示了一个同类型指针进行减法的例子。

程序清单 9.8

```
#include <stdio.h>
int main()
{
    int arr[] = {10, 20, 30, 40, 50};
    int *p = &arr[1];
    int *q = &arr[4];
    printf("&arr[1] = %d\n", p);
    printf("&arr[4] = %d\n", q);
    printf("&arr[4] - &arr[1] = %d\n", q - p);
    return 0;
}
```

在这个例子中：指针 p 指向 arr 数组的第二个元素，即 20；指针 q 指向 arr 数组的最后一个元素，即 50。

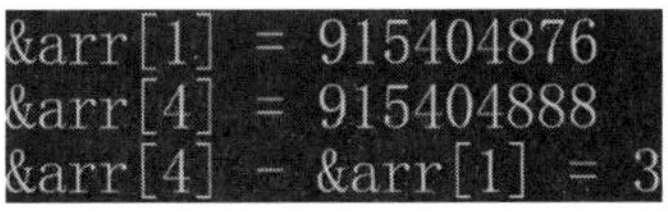

图 9.15 显示了程序清单 9.8 的运行结果。我们可以看到，指针 p 指向的地址为 915404876，指针 q 指向的地址为 915404888，q-p 的结果是 3。

&arr[1] = 915404876
&arr[4] = 915404888
&arr[4] - &arr[1] = 3

图 9.15 同类型指针间的减法运算

类比于指针类型与整型加减，这里肯定也受到了步长影响。arr[4]的首地址减 arr[1]的首地址为 915404888-915404876 = 12。两个首地址差值除以步长 sizeof(int)刚好为 3。

因此，这里的 3 实际表示的是第二个元素与第五个元素之间相隔了 3 个元素。

9.2.4　其他类型的指针运算

前面内容介绍了两种涉及指针类型参数的运算，如下所示。

① 指针类型与整型进行加减运算。

② 同类型指针间的减法运算。

这些运算结果在内存中具有实际意义。

然而，还有其他几种运算，如下所示。

① 指针类型与整型进行乘除运算。

② 同类型指针间的加法运算。

③ 同类型指针间的乘除运算。

这些运算结果因为在内存中没有实际意义，所以在 C 语言中无法通过编译。这些运算在实际编程中是不被推荐的，因为它们可能导致指针指向无效的内存地址或引发未定义行为。在实际编程过程中，程序开发人员需要遵循正确的指针运算规则，以确保程序的正确性和稳定性。

9.2.5　指针运算例题

题目：给定一个整数数组 nums 和一个整数目标值 target（可自己在代码中设定），请在数组中找出两个数，它们的和等于目标值，并返回它们的数组下标。

要求：只能使用指针进行操作，不允许使用数组下标。

以上的题目，请同学们独立思考并完成，答案在程序清单 9.9 中。

程序清单 9.9

```c
#include <stdio.h>
int main() {
    int nums[] = { 2, 7, 11, 15 };
    int target = 22;
    int* p1, * p2;
    for (p1 = &nums[0]; p1 <= &nums[2]; ++p1) {
        for (p2 = p1 + 1; p2 <= &nums[3]; ++p2) {
            if (*p1 + *p2 == target) {
                printf("找到了两个数的下标为:[%ld, %ld]\n", p1 - nums, p2 - nums);
                return 0;
            }
        }
    }
    printf("没有找到符合条件的两个数! \n");
    return 0;
}
```

上述代码首先定义了两个指针变量 p1 和 p2，它们分别指向数组的第一个元素和第二个元素。然后，程序通过两层 for 循环遍历数组，分别取出两个元素，并判断它们的和是否等于目标值。如果找到了符合条件的两个数，则输出它们的下标并返回；否则继续循环，直到遍历完整个数组。

9.3 指针和数组

在 9.2 节中，我们了解了指针加法和减法运算对于访问内存中连续排列的数据对象（如数组）非常方便。本节将详细探讨如何使用指针访问数组。

9.3.1 通过首元素获取数组首地址

在之前的数组章节中，我们学习了使用下标来访问数组元素。程序清单 9.10 是一个使用下标访问数组元素的示例。

程序清单 9.10

```
#include <stdio.h>
int main()
{
    int arr[5] = {111, 222, 333, 444, 555};
    printf("%d\n", arr[0]);        // 第 1 个元素
    printf("%d\n", arr[1]);        // 第 2 个元素
    printf("%d\n", arr[2]);        // 第 3 个元素
    printf("%d\n", arr[3]);        // 第 4 个元素
    printf("%d\n", arr[4]);        // 第 5 个元素
    return 0;
}
```

由于数组元素在内存中的存储是连续的，因此第一个元素的首地址就是整个数组的首地址。

我们可以使用取地址运算符&来获取第一个元素的首地址以及空间大小，从而获得一个 int *类型的指针。例如：

```
int *p = &arr[0];              // 从第 1 个元素获取数组首地址
p;                             // 指向第 1 个元素
p + 1;                         // 指向第 2 个元素
p + 2;                         // 指向第 3 个元素
p + 3;                         // 指向第 4 个元素
p + 4;                         // 指向第 5 个元素
```

通过取值运算符*，我们可以使用指针中的首地址和空间大小来访问或修改数组元素。具体代码参见程序清单 9.11。

程序清单 9.11

```
#include <stdio.h>
int main()
{
    int arr[5] = {111, 222, 333, 444, 555};
    int *p = &arr[0];
    printf("%d\n", *p);            // 第 1 个元素
    printf("%d\n", *(p + 1));      // 第 2 个元素
    printf("%d\n", *(p + 2));      // 第 3 个元素
```

```
    printf("%d\n", *(p + 3));          //  第 4 个元素
    printf("%d\n", *(p + 4));          //  第 5 个元素
    return 0;
}
```

这段代码的主要目的是通过指针操作来访问和输出数组中的元素。它首先定义了一个整数数组 arr 并初始化了 5 个整数值，然后创建了一个整型指针 p 并将其指向数组的首地址（即第一个元素的地址），最后使用了指针运算访问并输出了数组中的每个元素。

在 printf 函数中，通过对指针 p 进行加法操作，指针会根据数组元素的步长进行移动。例如，*(p + 1)将访问数组中的第二个元素，*(p + 2)将访问第三个元素，以此类推。最后，该程序输出数组中的所有元素。运行结果如图 9.16 所示。

注意：

注意，表达式 p + 1 必须先被括号包括，再使用取值运算符*。这是因为取值运算符*的优先级高于算术运算符。我们需要先让首地址移动，再进行取值操作。若不使用括号，*p 会先被取值，之后值再被加 1。

不使用括号：*p 的值为 111，*p + 1 的结果为 112。

使用括号：(p + 1)使得首地址移动到第二个元素，*(p + 1)得到结果为 222。

```
111
222
333
444
555
```

图 9.16　指针访问数组

9.3.2　通过数组名获取数组首地址

C 语言有一种更加简便的方法来获取数组的首地址，那就是直接使用数组的名字表示数组的首地址。所以当你使用数组名时，实际上就是获取了数组的首地址。

程序清单 9.12 是一个使用数组名获取数组首地址的示例。

程序清单 9.12

```
#include <stdio.h>
int main()
{
    int arr[5] = {111, 222, 333, 444, 555};
    printf("arr = %llu\n", arr);
    printf("&arr[0] = %llu", &arr[0]);
}
```

图 9.17 为运行结果，&arr[0]的结果为一个指向数组第一个元素的指针，其值 3258316904 为第一个元素的首地址，而数组名 arr 的值同样也是首地址。

```
arr = 3258316904
&arr[0] = 3258316904
```

图 9.17　数组名和第一个元素的首地址一致

由于值是相同的，因此我们可以尝试将数组名赋值给一个指针类型，具体代码见程序清单 9.13。

程序清单 9.13

```
#include <stdio.h>
int main()
{
```

```
    int arr[5] = {111, 222, 333, 444, 555};
    //使用数组名初始化 int*指针
    int *p = arr;
    printf("%d\n", *p);
    printf("%d\n", *(p + 1));
    printf("%d\n", *(p + 2));
    printf("%d\n", *(p + 3));
    printf("%d\n", *(p + 4));
    return 0;
}
```

程序清单 9.13 在 Visual Studio 中可以成功编译，并且能够访问数组中各个元素的值。

那么，有的同学可能会认为数组名的类型就是一个指向元素的指针。为了验证这个猜想，我们使用 sizeof 测量数组名的大小。如果数组名是一个指针，那么它的大小在 32 位系统中为 4 字节，在 64 位系统中为 8 字节。具体代码见程序清单 9.14。

程序清单 9.14

```
#include <stdio.h>
int main()
{
    int arr[5] = {111, 222, 333, 444, 555};
    int *p = arr;
    printf("sizeof arr = %d\n", sizeof(arr));
    printf("sizeof p = %d\n", sizeof(p));
    printf("sizeof arr + 1 = %d\n", sizeof(arr + 1));
    return 0;
}
```

示例使用 64 位系统进行编译。运行结果如图 9.18 所示。可以看出 arr 的大小为 20，p 的大小为 8，arr + 1 的大小为 8。

这段代码演示了 C 语言中指针和数组的一些概念，接下来我们对其进行详细分析。

```
sizeof arr = 20
sizeof p = 8
sizeof arr + 1 = 8
```

图 9.18　数组名与指针的 sizeof

首先，p 是一个指针，通过前面的学习我们知道了 64 位系统的指针大小是 8 字节，这个结果是毫无疑问的。

其次，arr 的大小为 20，因为它是一个包含 5 个整数的数组。整数（int 类型）占用 4 字节。因此，arr 的大小是 5 个整数，每个整数占用 4 字节，总共是 5×4 = 20 字节。

最后，arr + 1 的大小是 8，因为这里涉及一个指针运算。arr 是一个数组，在表达式中被解释为指向数组第一个元素的指针。当你对数组名执行加法操作时，结果是一个指针。在 64 位系统上，指针占用 8 字节。因此，在这种情况下，sizeof(arr + 1) 计算的是一个指针的大小，而不是数组本身的大小。这就是为什么 sizeof(arr + 1) 的值为 8。

这里有一个重要的知识点要强调一下，当数组名 arr 出现在一个表达式当中，数组名 arr 将会被转换为指向数组第一个元素的指针。但是，这个规则有两个例外。

（1）对数组名 arr 使用 sizeof 时。

（2）对数组名 arr 使用&时。

也就是说，数组名 arr 的类型其实是 int [5]，因此 sizeof(arr)的结果是 20。数组名 arr 出现在表达式 int *p = arr 中，会被转换为指向数组第一个元素的指针，即 int [5]被转为 int *类型，之后将转化后的指针赋值给指针变量 p。arr + 1 也是一个表达式，数组名 arr 被转换为 int *类型，并进行加法运算后，仍然为 int *类型。

9.3.3 指针和数组的关系

通过前面的学习，我们知道了指针和数组之间存在密切的关系，接下来我们对其进行总结。

1. 数组名会被转换为指针

当你声明数组时，数组名在表达式中会被转换为一个指向数组第一个元素的指针，这意味着数组名的值是数组第一个元素的地址。

2. 指针运算

我们可以对指针进行算术运算，如加法和减法。这可以用来遍历数组。例如，pArr + 1 将指向数组中的下一个元素，而 pArr - 1 将指向上一个元素。指针运算会考虑所指向的数据类型的大小，以确保正确地进行遍历。

3. 数组和指针的互换

在 C 语言中，数组和指针可以在很多情况下互换使用。下面用实际的例子来说明它们之间的关系和相互调用的方式。

假设我们有如下整数数组。

```
int arr[] = {1, 2, 3, 4, 5};
```

数组名 arr 在表达式中可以被转换为一个指向数组第一个元素的指针。因此，我们可以声明一个指针 p，让它指向数组的第一个元素。

```
int *p = arr;
```

现在，我们可以使用指针 p 来访问和操作数组元素。以下是一些使用指针和数组名访问数组元素的例子。

（1）使用数组名和下标访问元素。

```
printf("arr[2] = %d\n", arr[2]);            // 输出：arr[2] = 3
```

（2）使用指针和偏移访问元素。

```
printf("*(p + 2) = %d\n", *(p + 2));        // 输出：*(p + 2) = 3
```

（3）使用数组名和偏移访问元素。

```
printf("*(arr + 2) = %d\n", *(arr + 2));    // 输出：*(arr + 2) = 3
```

（4）使用数组表示法访问指针所指向的连续内存空间。

```
printf("p[2] = %d\n", p[2]);                // 输出：p[2] = 3
```

在上面的例子中，我们使用了数组名 arr 和指针 p 以不同的方式访问数组元素。需要注意的是，数组名和指针虽然在很多情况下可以互换使用，但在本质上是不同的。

现在我们学会了访问数组元素的两种办法：数组名[下标]和*(数组名 + 偏移量)。其中，偏移量就是指针指向的地址与数组首地址之间相差几个元素。

例如：要访问第 2 个元素，可以使用数组名[1]或*(数组名+1)；要访问指针指向的数据，可以使用*(指针名 + 偏移量)或指针名[偏移量]；要访问指针移动后 2 字节的数据，可以使用*(指针名 +2)或指针名[2]。

通过这些例子，我们可以看到指针和数组在很多情况下可以相互替换。但是，我们应该明确它们之间的区别，以避免在编程时产生错误。总结如下。

（1）数组名在表达式中会被转换为一个指针常量，但它的值不能改变；指针是一个变量，它的值可以改变。

（2）数组在内存中是一段连续的内存空间，用于存储多个相同类型的元素；指针是一个变量，它存储一个地址，通常用于指向数组或其他变量。

（3）使用数组名和指针访问数组元素时，要注意数组下标和偏移量的使用。

理解这些概念后，你将能够灵活地运用指针和数组来编写高效且易于理解的代码。在实际编程中，合理地运用指针和数组有助于简化代码结构，提高程序的执行效率。

9.3.4 指针与数组例题

题目：编写一个 C 程序，接收一个包含 n 个整数的数组，使用指针技巧实现以下功能。
（1）计算数组中所有元素的和。
（2）计算数组中所有偶数元素的和。
（3）反转数组中的元素。
要求：
（1）使用指针而非数组下标来访问和操作数组元素。
（2）不要使用额外的数组或数据结构来存储反转的结果。
示例：
假设输入如下所示的数组。

```
int arr[] = {1, 2, 3, 4, 5};
int n = 5;
```

输出：

```
所有元素和：15
所有偶数元素和：6
反转数组的元素：5 4 3 2 1
```

以上的题目，请同学们独立思考并完成，答案在程序清单 9.15 中。

程序清单 9.15

```
#include <stdio.h>
int main() {
    int arr[] = {1, 2, 3, 4, 5};
    int n = 5;

    int total_sum = 0;
    int even_sum = 0;

    // 计算数组中所有元素的和以及所有偶数元素的和
    for (int *p = arr; p < arr + n; p++) {
        total_sum += *p;
```

```
        if (*p % 2 == 0) {
            even_sum += *p;
        }
    }

    printf("所有元素和: %d\n", total_sum);
    printf("所有偶数元素和: %d\n", even_sum);

    // 反转数组中的元素
    for (int *start = arr, *end = arr + n - 1; start < end; start++, end-
-) {
        int temp = *start;
        *start = *end;
        *end = temp;
    }

    printf("反转数组的元素: ");
    for (int *p = arr; p < arr + n; p++) {
        printf("%d ", *p);
    }
    printf("\n");

    return 0;
}
```

9.4   指针作为函数参数传递

程序清单 9.16 是 8.6 节中讨论过的代码，它使用 swap 函数交换两个变量的值。

程序清单 9.16

```
#include <stdio.h>
void swap(int x, int y)
{
    int temp = x;
    x = y;
    y = temp;
}
int main()
{
    int a, b;
    a = 1;
    b = 2;
    printf("a=%d b=%d\n", a, b);
    //  交换变量 a 和 b
    swap(a, b);
    printf("a=%d b=%d\n", a, b);
    return 0;
}
```

在 8.6 节中，我们已经讲解了主调函数的变量 a 和 b 与被调函数的形参 x 和 y 之间的独立性。因此，函数 swap 无论如何修改变量 x 和 y 的值，都不会影响主调函数中的变量 a 和 b。

现在，我们使用取地址运算符（&）来获取变量的地址，并分别输出 swap 函数和 main

函数中变量的地址，从内存的角度来分析无法使用 swap 函数交换的原因。具体代码见程序清单 9.17。

程序清单 9.17

```c
#include <stdio.h>
void swap(int x, int y)
{
    // 输出 x、y 的首地址
    printf("&x= %llu\n", &x);
    printf("&y= %llu\n", &y);
    int temp = x;
    x = y;
    y = temp;
}
int main()
{
    int a, b;
    a = 1;
    b = 2;
    // 输出 a、b 的首地址
    printf("&a= %llu\n", &a);
    printf("&b= %llu\n", &b);
    // 交换变量 a、b
    swap(a, b);
    return 0;
}
```

运行结果如图 9.19 所示。可以看出，变量 a 在内存中的地址为 3462396260，变量 b 在内存中的地址为 3462396292，变量 x 在内存中的地址为 3462396224，变量 y 在内存中的地址为 3462396232。

很明显，这四个变量在内存中的地址是完全不同的。当我们调用 swap(a, b) 时，我们只是将 a 和 b 的值复制到 swap 函数的变量 x 和 y 中，它们在内存中的地址不会发生任何变化。

因此，无论如何交换 swap 函数中 x 和 y 的值，实际上并不会影响 main 函数中的变量 a 和 b 的值。

图 9.20 形象地展示了 swap 函数无法交换变量 a 和 b 的值的原因。图片中有四个盒子，标签分别为 a、b、x 和 y。

图 9.19　实参与形参首地址不同

图 9.20　盒子举例

在这个例子中，a 和 b 盒子代表 main 函数中的变量，x 和 y 盒子代表 swap 函数中的变量。当我们尝试使用 swap 函数交换变量 a 和 b 的值时，这个过程可以想象成将 a 和 b 盒子中的物品复制到 x 和 y 盒子中。

在 swap 函数内部，我们尝试交换 x 和 y 盒子中的物品。然而，这并不会影响原始的 a 和 b 盒子中的物品，因为这两组盒子是独立的，它们之间并没有直接的联系。因此，尽管我们在 swap 函数中交换了 x 和 y 盒子中的物品，但 main 函数中 a 和 b 盒子中的物品仍然保持不变。

9.4.1　将指针作为函数参数进行传递

前面解释了变量 a 和 b 与变量 x 和 y 的内存地址不同，因此它们相互独立，互不影响。那么我们可否采用迂回战术，让变量 x 的内存地址变成变量 a 的内存地址，让变量 y 的内存地址变成变量 b 的内存地址，这样修改变量 x 和 y 就相当于直接修改了变量 a 和 b。

因此，我们可以在函数 main 中获取变量 a 和 b 的指针，并将这两个指针传递给函数 swap。在函数 swap 内部，根据这两个指针间接修改变量 a 和 b 的值，实现了交换变量的值。

根据上述的方法，我们修改了代码，见程序清单 9.18。

程序清单 9.18

```
#include <stdio.h>
void swap(int *x, int *y)
{
    int temp = *x;
    *x = *y;
    *y = temp;
}
int main()
{
    int a, b;
    a = 1;
    b = 2;

    printf("a=%d b=%d\n", a, b);
    // 交换变量 a 和 b
    swap(&a, &b);

    printf("a=%d b=%d\n", a, b);
    return 0;
}
```

在这段代码中，将函数 swap 的参数 x 和 y 改为指针类型，并在主调函数 main 中对变量 a 和 b 进行取地址获取指针，并将这两个指针传递给函数 swap。在函数 swap 内部，通过这两个指针间接修改变量 a 和 b 的值，实现了交换变量的值。

🔊 **注意：**

不是交换指针 x 和 y 的值，而是交换指针 x 和 y 所指向的目标数据对象 a 和 b 的值。因此，需要在指针前使用取值运算符（*）。

图 9.21 显示了程序清单 9.18 的运行结果。可以看出，变量 a 和 b 的值被成功地交换了。与前面的例子相比，这个版本的 swap 函数使用了指针参数，而不是基础类型参数。这

使得我们能够直接访问并修改原始变量 a 和 b 的值，从而实现了正确的值交换。在前面的例子中，由于使用了基础类型参数，swap 函数只能交换局部变量 x 和 y 的值，而不影响原始变量 a 和 b 的值。这是这两个例子之间的主要区别。

图 9.21　使用指针更改变量 a 和 b 的值

现在，我们终于能解释为什么在使用 scanf 函数时，需要对变量先取地址再传入参数了。

```
int n;
scanf("%d", &n);
```

这是因为被调函数 scanf 无法直接修改在主调函数中的变量 n。因此，我们将变量 n 的指针传递给 scanf 函数，并通过指针间接地修改主调函数中的变量，从而实现了修改变量的值。

9.4.2　通用指针 void *

程序清单 9.18 中的函数 swap 用于交换两个 int 类型的变量，必须向该函数中传入指向这两个 int 类型变量的指针，但是这样使得函数 swap 只能交换 int 类型的变量了。

我们如果想让函数 swap 更加通用，能够交换不同类型的变量，那么该怎么办呢？

为了使 swap 函数更加通用，我们可以使用 void 指针。void 指针是一种通用指针类型，可以指向任何类型的数据。修改后的 swap 函数如下。

```
void swap(void *x, void *y, int size)
```

上述代码中的参数 x 和 y 都是 void 指针类型。void 指针是一种特殊的指针类型，可以指向任何数据类型的对象。与其他类型的指针不同，void 指针不能直接对其指向的对象进行操作，因为编译器无法确定其指向的数据类型及其大小。例如：

```
int n;
void *p = &n;      //  int *赋值给 void *，仅保存首地址，丢失了数据类型
*p;                //  错误，无法确定数据类型和大小，因此无法取值
p + 1;             //  错误，无法确定数据类型和大小，因此无法进行加减运算
```

同时，上面的代码还增加了一个参数 size，这个参数表示要交换的内存块的大小，单位是字节。例如：如果需要交换 char 类型的数据，那么将 size 参数传递给 sizeof(char)，也就是 1 字节；如果需要交换 double 类型的数据，那么将 size 参数传递给 sizeof(double)，也就是 8 字节。

根据上述的内容，我们可以对 swap 函数进行修改，使其能够交换不同类型的变量。具体代码见程序清单 9.19。

程序清单 9.19

```
#include <stdio.h>
void swap(void* x, void* y, int size)
{
    //  将指针转换为 char *，单个字节操作内存
    char* pX = x;
    char* pY = y;
    char temp;
    for (int i = 0; i < size; i++)
    {
```

```
        temp = pX[i];
        pX[i] = pY[i];
        pY[i] = temp;
    }
}
int main()
{
    double a = 3.0, b = 5.0;
    printf("a=%f b=%f\n", a, b);
    //  交换变量 a 和 b
    swap(&a, &b, sizeof(double));
    printf("a=%f b=%f\n", a, b);
    return 0;
}
```

首先，swap 函数将两个 void* 类型的指针 x 和 y 转换为 char* 类型的指针 pX 和 pY。这样做的原因是，char 类型的大小为 1 字节，这允许我们在后面的循环中逐字节地操作内存。

然后，我们定义了一个 char 类型的变量 temp，用于在交换过程中存储临时数据。

接着，我们使用一个 for 循环，从 0 到 size - 1，循环地交换两个内存块中的内容。循环的每次迭代都会执行以下操作。

（1）将 pX 指针指向的内存块中的第 i 个字节保存到 temp 中。

（2）将 pY 指针指向的内存块中的第 i 个字节复制到 pX 指向的内存块的第 i 个字节。

（3）将 temp 中的值复制到 pY 指向的内存块的第 i 个字节。

这样，在循环结束后，两个内存块中的内容就被完全交换了。只要提供了正确的内存块大小，这个函数就可以用于交换任意类型的数据。

需要注意的是，在使用 swap 函数时，需要保证传入的内存块大小和实际数据类型的大小一致，否则可能会导致数据出错。

9.4.3　将数组作为函数参数进行传递

当把数组作为函数参数进行传递时，实际上传递的是数组的指针。

在 C 语言中，数组名代表数组第一个元素的地址。因此，当我们使用数组名作为函数参数时，实际上是将数组第一个元素的地址（也就是指针）传递给函数。

程序清单 9.20 是一个计算整数数组总和的示例，演示了如何将数组作为函数参数传递。

程序清单 9.20

```
#include <stdio.h>
int sumOfArray(int* arr, int length) {
    int sum = 0;
    for (int i = 0; i < length; i++) {
        sum += arr[i];                          // 使用指针访问数组元素
    }
    return sum;
}
int main() {
    int arr[] = { 1, 2, 3, 4, 5 };
    int length = sizeof(arr) / sizeof(arr[0]);  // 计算数组长度
```

```
    int sum = sumOfArray(arr, length);              // 调用函数，传递数组名和长度
    printf("数组总和为: %d\n", sum);
    return 0;
}
```

在这个示例中，我们定义了一个名为 sumOfArray 的函数，用于计算整数数组的总和。这个函数接收两个参数：指向整数数组的指针 int *arr 和数组的长度 int length。

在 main 函数中，我们创建了一个整数数组 arr，并使用 sizeof 运算符计算数组的长度。然后，我们调用 sumOfArray 函数并将 arr 和 length 作为参数进行传递。注意，我们只需要提供数组名（也就是指向数组第一个元素的指针）作为参数。

sumOfArray 函数内部使用一个循环遍历数组，并累加每个元素的值。在循环中，我们可以直接使用指针 arr 访问数组的元素，就像操作普通数组一样。函数返回数组的总和。

9.4.4　将指针作为函数参数传递的例题

题目：编写一个函数 copyArray，该函数接收两个数组、数组元素的个数和元素大小作为参数；将第一个数组的内容复制到第二个数组中；使用指针作为函数参数。

函数原型：

```
void copyArray(void *src, void *dest, int count, int size);
```

参数说明：

● void *src：指向待复制的源数组的指针。
● void *dest：指向目标数组的指针。
● int count：数组中元素的个数。
● int size：每个元素的大小，以字节为单位。

要求在 copyArray 函数中使用指针操作数组元素，逐个复制源数组中的元素到目标数组中。这个函数应该能够处理不同类型的数组，如 int、float、char 等。在编写完成 copyArray 函数后，在 main 函数中测试复制操作是否正确。

以上的题目，请同学们独立思考并完成，答案在程序清单 9.21 中。

程序清单 9.21

```
#include <stdio.h>
void copyArray(void* src, void* dest, int count, int size) {
    char* src_ptr = src;
    char* dest_ptr = dest;

    for (int i = 0; i < count * size; i++) {
        dest_ptr[i] = src_ptr[i];
    }
}

int main() {
    int src_int[] = { 1, 2, 3, 4, 5 };
    int dest_int[5];
    int count_int = sizeof(src_int) / sizeof(src_int[0]);

    copyArray(src_int, dest_int, count_int, sizeof(int));
```

```
    printf("复制后的数组为: ");
    for (int i = 0; i < count_int; i++) {
        printf("%d ", dest_int[i]);
    }
    printf("\n");
    return 0;
}
```

9.5 多级指针

我们知道指针用于存储目标数据对象的首地址和数据类型。那么，这个目标数据对象能否也是一个指针，即一个指针变量存储的是另一个指针变量的地址？我们可以尝试对一个指针再次取地址，看看是否能够编译通过。具体代码见程序清单 9.22。

程序清单 9.22

```
#include <stdio.h>
int main()
{
    int n = 123;
    int *pn = &n;
    printf("pn = %llu\n", pn);
    printf("&pn = %llu\n", &pn);
    return 0;
}
```

编译成功后，运行结果如图 9.22 所示。我们对整型变量 n 取地址，获得一个 int *类型的指针，并将指针存储到指针变量 pn 中。然后，我们对 pn 取地址。从图 9.22 的结果中可以看到，对 pn 取地址确实还可以获得一个指针。

```
pn = 3212703956
&pn = 3212703992
```

图 9.22　对指针取地址

这个示例证明了指针变量也可以有自己的地址，因此可以用一个指针变量来存储另一个指针变量的地址。

9.5.1　指针的指针

在前面的内容中，我们学习了一级指针，即指向一个变量的指针。例如，int *p 指向一个整型变量。

指针的指针也称为二级指针，是一个指向另一个指针的指针。例如，int **pp 指向一个整型指针变量。

以此类推，还可以有三级指针、四级指针等，统称为多级指针。

声明多级指针时，需要在变量名前添加相应数量的星号。例如：

```
int **pp;              // 二级指针声明
int ***ppp;            // 三级指针声明
```

初始化多级指针时，需要确保指针的级别与目标地址的级别一致。例如：

```
int a = 10;
int *p = &a;              // 一级指针初始化
int **pp = &p;            // 二级指针初始化
int ***ppp = &pp;         // 三级指针初始化
```

和一级指针一样，多级指针也可以使用取值运算符*来获取目标数据对象。具体代码见程序清单 9.23。

程序清单 9.23

```
#include <stdio.h>
int main()
{
    int n = 123;
    int *pn = &n;
    int **pnn = &pn;
    printf("**pnn = %d\n", **pnn);
    return 0;
}
```

上述代码首先使用取地址运算符获得变量 n 的指针 pn，类型为 int *，然后使用取地址运算符获得 pn 的指针 pnn，类型为 int **。

取值过程：pnn 使用取值运算符将 int ** 还原为 int *；*pnn 使用取值运算符将 int * 还原为 int，即还原为 n。

因此，程序清单 9.23 能够通过二级指针获取变量 n 的值，结果如图 9.23 所示。

我们将问题复杂化一点，具体代码见程序清单 9.24。

**pnn = 123

图 9.23　将 int ** 还原为 int

程序清单 9.24

```
#include <stdio.h>
int main()
{
    int n = 123;
    int *oneStar = &n;
    int **twoStar = &oneStar;
    int ***threeStar = &twoStar;
    int ****fourStar = &threeStar;
    int *****fiveStar = &fourStar;
    // 五次取值，还原为 int
    printf("n = %d\n", *****fiveStar);
    return 0;
}
```

这段代码首先创建了一个整型变量 n，然后依次创建了一级到五级的指针，每个指针都指向上一级指针。最后，这段代码使用五个*运算符来访问原始整型值 n，并使用 printf 函数输出该值。运行结果如图 9.24 所示。

n = 123

图 9.24　五级指针

9.5.2　多级指针的应用

多级指针在 C 语言中的应用非常广泛。下面我们讲解几个常见的多级指针的实际应用场景，并用具体的例子加以说明。

1. 修改指针的值

当需要在函数内修改指针的值时，可以使用多级指针作为函数参数。例如，程序清单 9.25 的代码演示了如何使用二级指针在函数内修改一级指针的值。

程序清单 9.25

```c
#include <stdio.h>
void changePointer(int **p) {
    int b = 20;
    *p = &b;
}


int main() {
    int a = 10;
    int *p = &a;
    changePointer(&p);
    printf("%d\n", *p); // 输出 20
    return 0;
}
```

注意：

这个例子中的 changePointer 函数将局部变量 b 的地址赋给了 p，这是不安全的做法，因为在函数返回后，局部变量会被销毁，导致 p 指向无效内存。这里仅为了演示多级指针的用法。

2. 函数返回多个值

通过使用二级指针作为函数参数，我们可以在函数内部交换两个指针所指向的内容。程序清单 9.26 是一个使用二级指针实现的交换两个整数的示例。

程序清单 9.26

```c
#include <stdio.h>
void swap(int **a, int **b) {
    int *temp = *a;
    *a = *b;
    *b = temp;
}


int main() {
    int x = 5;
    int y = 10;
    int *px = &x;
    int *py = &y;
    printf("交换前: x = %d, y = %d\n", *px, *py);
```

```
    swap(&px, &py);
    printf("交换后: x = %d, y = %d\n", *px, *py);
    return 0;
}
```

3. 动态分配内存

多级指针常用于动态分配内存，尤其是当需要分配多维数组时。动态分配内存的知识将在 15.2 节中进行详细分析。

9.5.3　多级指针例题

题目：实现一个函数，用于计算两个整数的和与差，并在 main 函数中调用该函数。要求使用二级指针。

要求：

（1）编写一个函数 sumAndDifference，接收两个整数的值和两个整数的二级指针作为参数。函数通过二级指针计算这两个整数的和与差，并将结果分别存储在对应的指针中。

（2）在 main 函数中，定义两个整数变量和两个用于存储结果的整数变量。调用 sumAndDifference 函数计算这两个整数的和与差，并输出结果。

以上的题目，请同学们独立思考并完成，答案在程序清单 9.27 中。

程序清单 9.27

```
#include <stdio.h>
void sumAndDifference(int a, int b, int **sum, int **diff) {
    **sum = a + b;
    **diff = a - b;
}

int main() {
    int a = 5;
    int b = 3;
    int sum, diff;
    int *pSum = &sum;
    int *pDiff = &diff;

    sumAndDifference(a, b, &pSum, &pDiff);

    printf("和: %d, 差: %d\n", sum, diff);

    return 0;
}
```

9.6　指 针 数 组

在 C 语言中，指针数组是一个数组，它的每个元素都是指针。指针数组可以存储多个指针，并按照数组的方式进行索引和访问。

9.6.1　定义、初始化和访问指针数组

指针数组的定义类似于其他数组的定义，但数组的元素类型是指针类型。例如，定义一个整型指针数组，可以使用以下语法。

```
int *array[10];
```

这里，array 是一个包含 10 个整型指针的数组。

对于初始化指针数组也是如此，我们可以在定义指针数组时对其进行初始化。例如，定义并初始化一个指向整数的指针数组。

```
int a = 1, b = 2, c = 3;
int *array[] = {&a, &b, &c};
```

这里，array 是一个整型指针数组，包含了三个指针，分别指向变量 a、b 和 c。

与访问其他类型的数组一样，我们可以使用下标操作符 [] 访问指针数组中的元素。例如，访问上面定义的整型指针数组 array 中的元素。

```
int x = *array[0];          // x 的值为 1
int y = *array[1];          // y 的值为 2
int z = *array[2];          // z 的值为 3
```

这里，我们使用下标操作符 [] 访问指针数组中的指针，并使用 * 运算符获取指针所指向的值。

9.6.2　更复杂的例子

我们从普通的元素为 int 类型的数组开始，arr1、arr2 和 arr3 均为元素类型为 int 的数组。

```
int arr1[5] = {1, 2, 3, 4, 5};
int arr2[5] = {11, 22, 33, 44, 55};
int arr3[5] = {111, 222, 333, 444, 555};
```

在 9.3 节中，我们已经学习了，当数组名出现在表达式中时，它被转换为指向首元素的指针，即 int *类型。

现在，我们可以使用指针数组的知识将这几个数组的首元素指针存储到指针数组中。

```
int *pToArr[3];
pToArr[0] = arr1;
pToArr[1] = arr2;
pToArr[2] = arr3;
```

在上述代码中，我们定义了一个整型指针数组 pToArr，它包含了 3 个整型指针。然后，我们将 arr1、arr2 和 arr3 的地址分别赋给了 pToArr 中的指针。其中：pToArr[0]的类型为 int*，指向 arr1 的第 1 个元素；pToArr[1]的类型为 int*，指向 arr2 的第 1 个元素；pToArr[2] 的类型为 int*，指向 arr3 的第 1 个元素。图 9.25 更为直观地展示了上述内容。

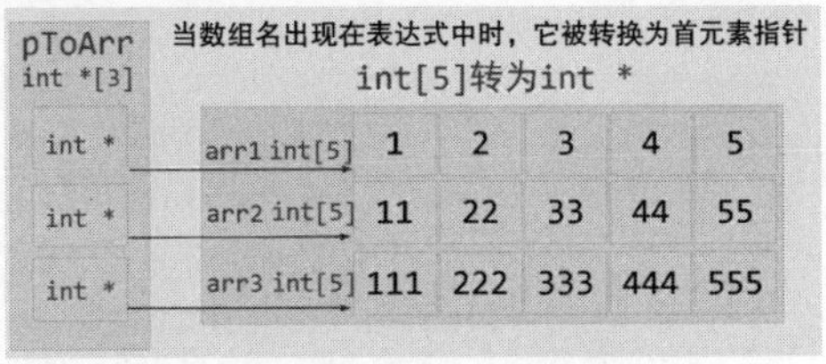

图 9.25　pToArr 的指向

定义和赋值完数组后，我们使用这个指针数组来访问所有元素。

```c
for(int i = 0 ; i < 3; i ++)
{
    int **p = pToArr + i;
    for(int j = 0; j < 5; j++)
    {
        printf("%d ", *(*p + j));
    }
    printf("\n");
}
```

运行结果如图 9.26 所示。这段代码成功遍历了三个数组的元素。

但是，这段程序的类型转换和运算稍显复杂，下面来详细分析它。

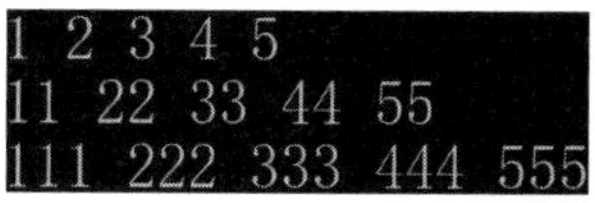

```
1 2 3 4 5
11 22 33 44 55
111 222 333 444 555
```

图 9.26　指针数组

pToArr 是一个元素类型为 int* 的指针数组，数组大小为 3。我们知道，数组若出现在表达式中将会被转换为指向首元素的指针。因此，在 p = pToArr + i 中，pToArr 被转换为指向首元素的指针，即 int *[3] 被转换为 int **，并且会指向 pToArr 数组中第 i 个元素的地址。

查看图 9.27，pToArr + 0 类型为 int**，指向 pToArr 的第一个元素；pToArr + 1 类型为 int**，指向 pToArr 的第二个元素；pToArr + 2 类型为 int**，指向 pToArr 的第三个元素。

接着，我们分析表达式 *(*p + j)。

假设在 int **p = pToArr + i 中，i 的值为 0，那么 p 指向 pToArr 的第一个元素，如图 9.28 所示。

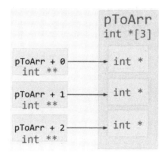

图 9.27　p 的指向

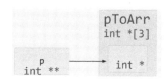

图 9.28　p 指向 pToArr 的第一个元素

*p 表达式结果为 pToArr[0]，指向 arr1 的第一个元素，如图 9.29 所示。

表达式 *p + j，分别指向 arr1 中各个元素，如图 9.30 所示。

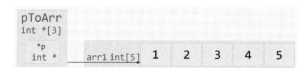

图 9.29　*p 指向 arr1 的第一个元素

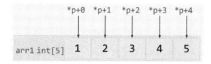

图 9.30　指向 arr1 中各个元素

最后，表达式 *(*p + j) 取得 arr1 数组内各个元素的值，如图 9.31 所示。

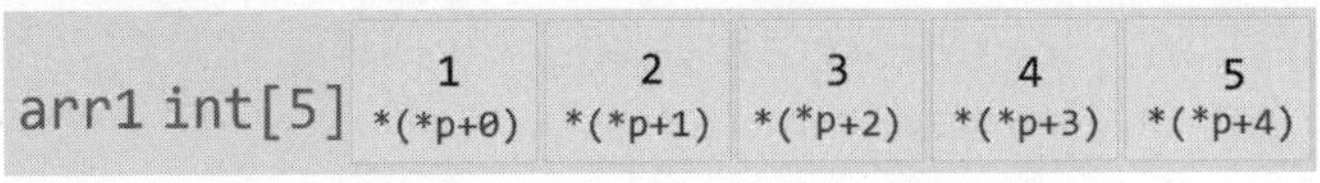

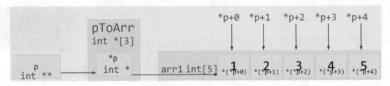

图 9.31   arr1 数组内各个元素的值

我们再来顺一遍整个流程，如图 9.32 所示。

① p，指向 pToArr 的第一个元素，类型为 int **。

② *p，指向 arr1 的第一个元素，类型为 int *。

③ *p + j，指向 arr1 中的第 j 个元素，类型为 int *。

④ *(*p + j)，为 arr1 中的第 j 个元素。

图 9.32   整个流程

这样即可完成对 arr1 的访问。随着循环的继续，i 会变为 1 和 2。p 会指向 pToArr 中的第二和第三个元素，按照上面的处理，会继续访问 arr2、arr3 中的元素。通过这种方式，我们可以使用指针数组方便地访问多个数组。

9.6.3   指针数组例题

题目：编写一个 C 程序，使用指针数组存储三个一维整型数组（自定义），然后计算每个数组的元素之和。

以上的题目，请同学们独立思考并完成，答案在程序清单 9.28 中。

程序清单 9.28

```c
#include <stdio.h>
int main() {
    // 定义三个整型数组
    int arr1[] = {1, 2, 3};
    int arr2[] = {4, 5, 6};
    int arr3[] = {7, 8, 9};

    // 定义数组长度
    int arrLengths[] = {sizeof(arr1) / sizeof(arr1[0]), sizeof(arr2) /
sizeof(arr2[0]), sizeof(arr3) / sizeof(arr3[0])};

    // 定义一个指针数组，存储整型数组的地址
    int *pArr[3] = {arr1, arr2, arr3};

    // 计算每个整型数组的元素之和
    for (int i = 0; i < 3; i++) {
        int sum = 0;
        for (int j = 0; j < arrLengths[i]; j++) {
            sum += pArr[i][j];
        }
```

```
        printf("arr%d 的和: %d\n", i + 1, sum);
    }

    return 0;
}
```

9.7　函数返回指针

在 C 语言中，函数可以返回一个指针。当函数需要返回指针时，需要在函数声明和定义时将返回类型定义为相应的指针类型。例如，如果要返回整数指针，则可以将函数定义为如下形式。

```
int* func(参数列表);
```

return 关键字可以从被调函数中返回一个值到主调函数中。现在我们尝试让它返回一个指针到主调函数中，例如程序清单 9.29。

程序清单 9.29

```
#include <stdio.h>
int* func()
{
    int n = 100;
    return &n;
}
int main()
{
    int* p = func();
    printf("%d\n", *p);
    return 0;
}
```

上述代码在函数 func 中定义了变量 n。接着，return &n 取得变量 n 的指针，并返回 main 函数。main 函数收到返回值后赋值给 p，并使用指针 p 来访问变量 n。

这段程序虽然看起来是正确的，并且可以通过编译，但是存在潜在问题。这是因为在函数内定义的局部变量在函数执行完毕后会被销毁。因此，当函数执行完毕时，局部变量 n 的内存空间将被释放。再次访问它有可能正常，也有可能得到一些无意义的值或者引发错误。

这样设计的原因是函数与函数之间的变量是独立的，即使是同一个函数多次运行，这些变量也是独立的。在函数返回后，函数内的变量没有继续存在的意义。因此，函数内的变量将被回收，回收后的内存空间将给接下来运行的函数使用。

你如果不想让变量被回收，那么可以在变量前加上关键字 static，用于返回静态局部变量的指针，例如程序清单 9.30。

程序清单 9.30

```
#include <stdio.h>
int* func()
{
    static int n = 100;        // 关键字 static 让变量 n 不被回收
```

```
        n++;                            // 变量 n 自增
        return &n;
    }
    int main()
    {
        int* p = func();
        printf("%d\n", *p);
        func();
        printf("%d\n", *p);
        func();
        printf("%d\n", *p);
        func();
        printf("%d\n", *p);
        func();
        printf("%d\n", *p);
        return 0;
    }
```

静态变量只会在程序运行期间初始化一次，其内存不会在函数退出时释放。

现在函数 func 结束后，变量 n 不会被回收，并且使用同一个地址的变量 n 重复调用 func 函数。

因此，我们只需获取一次变量 n 的地址，即可观察到每次调用函数时，变量 n 都会自增。运行结果如图 9.33 所示。

图 9.33　静态变量

9.7.1　从函数中返回多个变量

当我们需要从函数中返回一个值时，可以使用返回值。但是，我们如果要返回多个值，那么可以采用让被调函数修改主调函数内变量的方法，即将指针作为参数传递到被调函数中，类似于 scanf 函数的用法。

```
scanf("%d%d%d", &a, &b, &c);      // scanf 函数读取从键盘中输入的 3 个整型并将其存
                                  // 储到变量 a、b、c 中
```

函数如果需要返回多个指针变量，那么可以接收指针的指针，即在之前章节中讨论过的将二级指针作为参数传入被调函数中。通过这种方式，被调函数可以"返回"多个指针，如程序清单 9.31 所示。

程序清单 9.31

```
#include <stdio.h>
void func(int **a, int **b)
{
    static int x = 100;
    static int y = 200;
    *a = &x;
    *b = &y;
}
int main()
{
```

```
    //  两个指针，初始化为空
    int *a = NULL;
    int *b = NULL;
    func(&a, &b);    //  将指针的指针传入被调函数中
    if (a != NULL && b != NULL)
        printf("a=%d b=%d\n", *a, *b);
    return 0;
}
```

在 main 函数中，我们声明了两个指针并将它们初始化为 NULL。在 C 语言中，NULL 是一个特殊的宏定义，表示一个空指针。空指针是一个不指向任何内存地址的指针。通常，NULL 的值被定义为整数常量 0，但它会被转换为指针类型。在实际编程中，我们使用 NULL 来表示一个指针当前没有指向任何有效的内存地址。

将指针初始化为空指针是一种非常好的编码习惯。通常结合指针判空（如 if(a != NULL && b != NULL)）来判断指针是否已指向一个有效地址。

运行结果如图 9.34 所示。

a=100 b=200

调用 func 函数后，两个指针均被修改为有效指针，即非零。我们通过判断指针是否为非零来确定函数 func 是否已

图 9.34　程序清单 9.31 的运行结果

经给指针赋值。若指针仍为零，则说明函数 func 未给指针赋值，我们不应使用没有明确指向的指针。

在函数 func 内部，&x 和&y 取得变量 x 和 y 的指针，类型为 int *。为了修改主调函数中的变量，首先对二级指针 a 和 b 进行取值，将 int ** 转换为 int *，然后将 int * 类型的&x 和&y 分别赋值给它们。

这与使用一级指针作为参数时的操作类似。当使用一级指针作为参数时，我们首先对一级指针 a 和 b 进行取值，将 int * 转换为 int，然后将 int 类型的 x 和 y 分别赋值给它们。

```
void func(int *a, int *b)
{
    int x = 100;
    int y = 200;
    *a = x;              //  将 int *转换为 int，再赋值一个 int 给它
    *b = y;              //  将 int *转换为 int，再赋值一个 int 给它
}
void func(int **a, int **b)
{
    static int x = 100;
    static int y = 200;
    *a = &x;             //  将 int **转换为 int *，再赋值一个 int *给它
    *b = &y;             //  将 int **转换为 int *，再赋值一个 int *给它
}
```

9.7.2　函数返回指针例题

题目：编写一个函数，该函数接收一个整数数组和数组的长度，然后返回一个指向数组中最大值的指针。

要求：

（1）函数名为 int* findMax(int* arr, int len)。

（2）输入参数为整数数组的指针 arr 和数组的长度 len。

（3）返回值为一个指向数组中最大值的指针。

以上的题目，请同学们独立思考并完成，答案在程序清单 9.32 中。

程序清单 9.32

```c
#include <stdio.h>
// 函数原型声明
int* findMax(int* arr, int len);
int main() {
    int arr[] = {1, 5, 8, 12, 3, 6};
    int len = sizeof(arr) / sizeof(arr[0]);

    int* max = findMax(arr, len);
    printf("数组中的最大值是: %d\n", *max);

    return 0;
}

// 函数定义
int* findMax(int* arr, int len) {
    int* max = arr;
    for (int i = 1; i < len; i++) {
        if (*(arr + i) > *max) {
            max = arr + i;
        }
    }
    return max;
}
```

9.8 指针和多维数组

回顾多维数组的概念，数组是由一系列类型相同的数据对象依次排列组成的复合结构。在声明数组时，我们需要提供以下三个必要的信息。

（1）数组名。

（2）数组元素的类型。

（3）数组元素的数量。

数组的声明公式：元素类型 数组名[元素数量]。

举例来说，假设有一个名为 A 的数组，它的元素类型是 int，元素数量是 10，那么可以采用以下形式声明数组 A。

```c
int A[10];
```

在声明中，去掉变量名和分号，即可得到数据类型。因此，数组 A 的类型为 int[10]。

如果还有一个名为 B 的数组，它的元素类型也是 int[10]，元素数量是 5 个，那么我们可以采用以下形式声明数组 B。

```c
int[10] B[5];
```

需要注意的是，数组名左边的方括号需要移到最右边。下面是数组 B 的正确声明。

```
int B[5][10];
```

这样，数组 B 的类型就是 int[5][10]。

通用数组声明公式如图 9.35 所示，数组声明至少需要有一个[元素个数]。

图 9.35　通用数组声明公式

要访问数组 A 的基本元素，需要提供一个下标，如 A[x]。

要访问数组 B 的基本元素，需要提供两个下标，如 B[x][y]，这样就可以访问 B 中的基本元素。

数组 A 由于只需要一个下标，因此被称为一维数组。数组 B 由于需要两个下标，逻辑上可以被看作一个二维矩阵，因此被称为二维数组。

9.8.1　数组名的转换规则

当数组名 arr 出现在一个表达式中时，它将会被转换为指向数组首元素的指针。但是，这个规则有两个例外，如下所示。

① 对数组名 arr 使用 sizeof 时，它不会被转换为指针。

② 对数组名 arr 使用&取地址时，它也不会被转换为指针。

9.8.2　多维数组名和指针

接下来，我们来探究数组名类型被改变的情况，考虑程序清单 9.33。

程序清单 9.33

```
#include <stdio.h>
int main()
{
    int A[10];
    int B[5][10];

    类型1 pA;
    类型2 pB;

    pA = A;
    pB = B;
    return 0;
}
```

当数组名出现在一个表达式中时，它将被转换为指向数组首元素的指针。因此，数组名 A 和数组名 B 将被转换为指向它们各自首元素的指针，然后数组名 A 和数组名 B 分别被赋值给 pA 和 pB。

让我们尝试补全 pA 和 pB 的声明。回忆一下声明指针的公式：目标类型*变量名。

根据公式，指针 pA 的目标类型为 int，变量名为 pA。因此，指针 pA 的声明如下。

```
int *pA;
```

指针 pB 的目标类型为 int [10]，变量名为 pB。因此，按照公式，我们写出如下形式的声明。

```
int[10] *pB;
```

类似于声明多维数组，变量名左边的方括号需要移到最右边。因此，可以写成如下形式。

```
int *pB[10];
```

但是，这样的写法是正确的声明吗？

1. 指针数组和数组指针

在 9.6 节中，我们学习了指针数组的知识。指针数组是一个数组，其元素都是指针。换句话说，指针数组是存储指针的数组。例如，一个整型指针数组可以表示如下。

```
int *ptr_arr[5]; // 一个包含 5 个整型指针的数组
```

在这个例子中，ptr_arr 是一个数组，该数组包含 5 个整型指针。每个元素都可以存储一个整型变量的地址。

我们发现，这个指针数组的写法与前面所写的多维数组的指针 int *pB[10]竟然是一致的。显然，这二者中有一个肯定是不对的。

让我们比较一下声明一个数组和声明一个指针的写法，如图 9.36 所示。

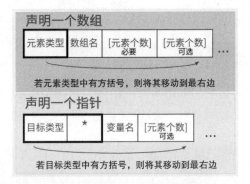

图 9.36 声明数组与声明指针的区别

当两种声明中都有方括号并且方括号内数值一致时，就只有一个星号*的区别。

在这种情况下，int *pB[10]会被误认为是有 10 个元素并且元素类型为 int *的数组，即一个指针数组。

然而，我们想要的是指向一个数组的指针，简称为数组指针。数组指针是一个指针，它指向一个数组。换句话说，数组指针是指向数组的指针。

总结：指针数组是一个数组，其元素为指针；数组指针是一个指针，它指向数组。

为了区分究竟声明的是一个指针数组还是一个数组指针，C 语言允许括号出现在声明中。如果星号*和变量名被括号()包括，那么这是一个指针的声明。

因此，数组指针 pB 的正确声明应当如下。

```
int (*pB)[10];
```

2. 指针数组和数组指针示例

下面我们来看一个使用整数来区分指针数组和数组指针的示例，具体代码见程序清单 9.34。

程序清单 9.34

```c
#include <stdio.h>
int main() {
    int num1 = 1, num2 = 2, num3 = 3, num4 = 4, num5 = 5;
    // 指针数组
    int *ptr_array[] = {&num1, &num2, &num3, &num4, &num5};
    // 二维整数数组
    int int_array[][3] = {
        {10, 11, 12},
        {20, 21, 22},
        {30, 31, 32},
    };
    // 数组指针
    int (*array_ptr)[3] = int_array;
    return 0;
}
```

在这个示例中，我们创建了一个整数指针数组 ptr_array 和一个数组指针 array_ptr。

指针数组：ptr_array 是一个整数指针数组，该数组包含 5 个整数指针。每个指针指向一个整数变量。

数组指针：array_ptr 是一个指向二维整数数组的指针。这个二维数组存储了多个整数，每一行包含 3 个整数。

9.8.3 移动数组指针

程序清单 9.35 展示了移动数组指针的示例。

程序清单 9.35

```c
#include <stdio.h>
int main()
{
    int B[5][10] = {
        {0, 1, 2, 3, 4, 5, 6, 7, 8, 9},
        {10, 11, 12, 13, 14, 15, 16, 17, 18, 19},
        {20, 21, 22, 23, 24, 25, 26, 27, 28, 29},
        {30, 31, 32, 33, 34, 35, 36, 37, 38, 39},
        {40, 41, 42, 43, 44, 45, 46, 47, 48, 49}
    };
    int (*pInt10)[10] = B;
    printf("pInt10 = %llu\n", pInt10);
    printf("pInt10 + 1 = %llu\n", pInt10 + 1);
    printf("pInt10 + 2 = %llu\n", pInt10 + 2);
    printf("pInt10 + 3 = %llu\n", pInt10 + 3);
```

```
    printf("pInt10 + 4 = %llu\n", pInt10 + 4);
    return 0;
}
```

数组名 B 的类型为 int[5][10]，在表达式中它会被转换为指向首元素的指针，即 int (*)[10]。注意一定要加上括号，否则它会被认为是一个指针数组。

pInt10 指向二维数组 B 的第一行，也就是指针 pInt10 指向类型为 int [10] 的数组，因此指针 pInt10 移动的步长应当为 sizeof(int [10])，即 40。程序清单 9.35 的运行结果如图 9.37 所示。

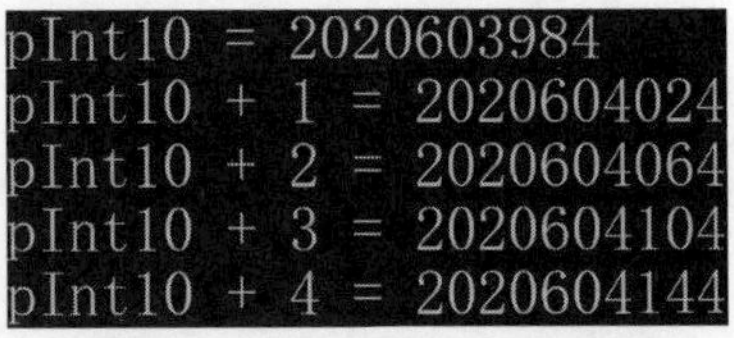

```
pInt10 = 2020603984
pInt10 + 1 = 2020604024
pInt10 + 2 = 2020604064
pInt10 + 3 = 2020604104
pInt10 + 4 = 2020604144
```

图 9.37　pInt10 的移动

在上述代码中，我们对 pInt10 进行了加法操作，实际上是移动了数组指针。例如，pInt10 + 1 将数组指针向后移动到二维数组 B 的下一行。在这个示例中，由于每一行有 10 个整数，因此 pInt10 + 1 相当于将数组指针向后移动 10 个整数的距离。这样，pInt10 + 1 将指向 B 的第二行，pInt10 + 2 将指向 B 的第三行，以此类推。图 9.38 展示了数组指针移动的效果。

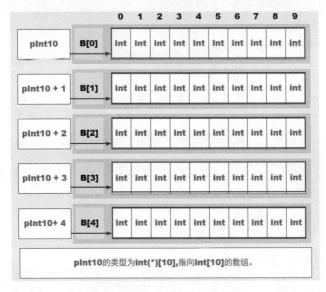

图 9.38　图解数组指针 pInt10 的移动

通过移动数组指针 pInt10，我们可以访问二维数组 B 中的不同元素。

9.8.4　为数组指针取值

为了进一步访问数组中的元素，我们必须对数组指针使用取值运算符 *。现在，我们尝试为数组指针 pInt10 取值。

```
int (*pInt10)[10] = B;
*pInt10;                        // 为 pInt10 取值，可以得到什么类型
```

类似于 int* 类型，在为 int* 取值之后，可以获得 int。对于指向数组的指针 int (*)[10]，为该数组指针取值之后，可以获得一个大小为 10 的一维数组 int [10]。

为了验证这一点，我们使用 sizeof 函数测量不同类型的大小。具体代码见程序清单 9.36。

程序清单 9.36

```c
#include <stdio.h>
int main()
{
    int B[5][10] = {
    {0, 1, 2, 3, 4, 5, 6, 7, 8, 9},
    {10, 11, 12, 13, 14, 15, 16, 17, 18, 19},
    {20, 21, 22, 23, 24, 25, 26, 27, 28, 29},
    {30, 31, 32, 33, 34, 35, 36, 37, 38, 39},
    {40, 41, 42, 43, 44, 45, 46, 47, 48, 49}
    };

    int(*pInt10)[10] = B;
    printf("B = %d\n", sizeof(B));
    printf("pInt10 = %d\n", sizeof(pInt10));
    printf("*pInt10 = %d\n", sizeof(*pInt10));
    return 0;
}
```

运行结果如图 9.39 所示。B 的类型为 int[5][10]，是一个二维数组，空间大小为 sizeof(int[10]) * 5，即 200。pInt10 的类型为 int(*)[10]，是一个指向数组的指针，64 位程序的指针为 8 字节。*pInt10 的类型为 int[10]，是一个一维数组，空间大小为 sizeof(int[10])，即 40。

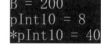

图 9.39　*pInt10 类型为 int[5]

由于*pInt10 是一个数组，它如果出现在表达式中，就会从 int[10]转换为首元素指针，即 int *类型。具体代码见程序清单 9.37。

程序清单 9.37

```c
#include <stdio.h>
int main()
{
    int B[5][10] = {
        {0, 1, 2, 3, 4, 5, 6, 7, 8, 9},
        {10, 11, 12, 13, 14, 15, 16, 17, 18, 19},
        {20, 21, 22, 23, 24, 25, 26, 27, 28, 29},
        {30, 31, 32, 33, 34, 35, 36, 37, 38, 39},
        {40, 41, 42, 43, 44, 45, 46, 47, 48, 49}
    };

    int(*pInt10)[10] = B;          // 将 int[5][10]转换为 int (*)[10]
    printf("pInt10 = %llu\n", pInt10);
    printf("pInt10 + 1 = %llu\n", pInt10 + 1);

    int* pInt = *pInt10;          // *pInt10 从 int[10]转换为 int *
    printf("pInt = %llu\n", pInt);
    printf("pInt + 1 = %llu\n", pInt + 1);
    printf("pInt + 2 = %llu\n", pInt + 2);
    printf("pInt + 3 = %llu\n", pInt + 3);
    printf("pInt + 4 = %llu\n", pInt + 4);
    printf("pInt + 5 = %llu\n", pInt + 5);
    printf("pInt + 6 = %llu\n", pInt + 6);
```

```
    printf("pInt + 7 = %llu\n", pInt + 7);
    printf("pInt + 8 = %llu\n", pInt + 8);
    printf("pInt + 9 = %llu\n", pInt + 9);
    printf("pInt + 10 = %llu\n", pInt + 10);
    return 0;
}
```

运行结果如图 9.40 所示。pInt10 指向数组 B 中的第一个 int[10]数组，pInt 指向数组 B 中第一个 int[10]数组中的第一个 int 元素。它们的地址相同，但是指针类型不一致。

通过移动 pInt10，它可以指向 B 中任意一个 int[10]元素。通过移动 pInt，它可以指向 B 中任意一个 int 元素。例如，pInt + 1 将指向数组 B 第一行的第二个元素，pInt + 2 将指向数组 B 第一行的第三个元素，以此类推，如图 9.41 所示。

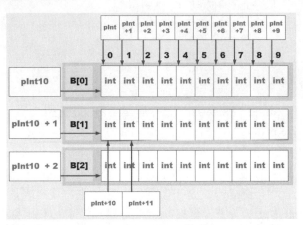

```
pInt10 = 2819685104
pInt10 + 1 = 2819685144
pInt = 2819685104
pInt + 1 = 2819685108
pInt + 2 = 2819685112
pInt + 3 = 2819685116
pInt + 4 = 2819685120
pInt + 5 = 2819685124
pInt + 6 = 2819685128
pInt + 7 = 2819685132
pInt + 8 = 2819685136
pInt + 9 = 2819685140
pInt + 10 = 2819685144
```

图 9.40　pInt　　　　　　　　　　图 9.41　图解 pInt 运算

接下来的操作比较简单，再次对指针 pInt 进行取值，即可得到二维数组 B 中对应元素的值。具体代码见程序清单 9.38。

程序清单 9.38

```
#include <stdio.h>
int main()
{
    int B[5][10] = {
        {0, 1, 2, 3, 4, 5, 6, 7, 8, 9},
        {10, 11, 12, 13, 14, 15, 16, 17, 18, 19},
        {20, 21, 22, 23, 24, 25, 26, 27, 28, 29},
        {30, 31, 32, 33, 34, 35, 36, 37, 38, 39},
        {40, 41, 42, 43, 44, 45, 46, 47, 48, 49}
    };

    int (*pInt10)[10] = B;
    int *pInt = *pInt10;
    printf("*pInt = %d\n", *pInt);
    printf("*(pInt + 1) = %d\n", *(pInt + 1));
    printf("*(pInt + 2) = %d\n", *(pInt + 2));
    printf("*(pInt + 3) = %d\n", *(pInt + 3));
    printf("*(pInt + 4) = %d\n", *(pInt + 4));
```

```
    printf("*(pInt + 5) = %d\n", *(pInt + 5));
    printf("*(pInt + 6) = %d\n", *(pInt + 6));
    printf("*(pInt + 7) = %d\n", *(pInt + 7));
    printf("*(pInt + 8) = %d\n", *(pInt + 8));
    printf("*(pInt + 9) = %d\n", *(pInt + 9));
    printf("*(pInt + 10) = %d\n", *(pInt + 10));
    return 0;
}
```

运行上述代码，将得到如图 9.42 所示的输出结果。

9.8.5　指针访问与下标访问等价

访问数组元素有两种方法：数组名[下标]和*(数组名+偏移量)。

其中，偏移量是指针指向的地址与数组首地址之间存在的元素数。

图 9.42　程序清单 9.38 的运行结果

例如，访问第 2 个元素可以写成数组名[1]或*(数组名+1)。

在下标访问中，中括号[]被称作下标运算符，它的优先级高于一切其他运算符。它通常采用以下形式。

```
A[k]
```

这类表达式在运算时，最终将下标运算符展开为如下形式。

```
*(A + k)
```

通过本节的分析，我们可以更清楚地理解，这两种方式并不是直接对数组名进行运算，而是对数组名转换后的指向首元素的指针进行运算，从而改变这个指针的指向。

因此，更为通用的写法是指针[下标]和*(指针+偏移量)。

现在我们将*(pInt + n)改写为 pInt[n]，具体代码见程序清单 9.39。

程序清单 9.39

```
#include <stdio.h>
int main()
{
    int B[5][10] = {
        {0, 1, 2, 3, 4, 5, 6, 7, 8, 9},
        {10, 11, 12, 13, 14, 15, 16, 17, 18, 19},
        {20, 21, 22, 23, 24, 25, 26, 27, 28, 29},
        {30, 31, 32, 33, 34, 35, 36, 37, 38, 39},
        {40, 41, 42, 43, 44, 45, 46, 47, 48, 49}
    };

    int (*pInt10)[10] = B;
    int *pInt = *pInt10;
    printf("pInt[0] = %d\n", pInt[0]);      // 等价于*(pInt + 0)
    printf("pInt[1] = %d\n", pInt[1]);      // 等价于*(pInt + 1)
    printf("pInt[2] = %d\n", pInt[2]);      // 等价于*(pInt + 2)
```

```
    printf("pInt[3] = %d\n", pInt[3]);        // 等价于*(pInt + 3)
    printf("pInt[4] = %d\n", pInt[4]);        // 等价于*(pInt + 4)
    printf("pInt[5] = %d\n", pInt[5]);        // 等价于*(pInt + 5)
    printf("pInt[6] = %d\n", pInt[6]);        // 等价于*(pInt + 6)
    printf("pInt[7] = %d\n", pInt[7]);        // 等价于*(pInt + 7)
    printf("pInt[8] = %d\n", pInt[8]);        // 等价于*(pInt + 8)
    printf("pInt[9] = %d\n", pInt[9]);        // 等价于*(pInt + 9)
    printf("pInt[10] = %d\n", pInt[10]);      // 等价于*(pInt + 10)
    return 0;
}
```

运行结果如图 9.43 所示。我们可以看到，结果和前面的结果一致。

图 9.43   pInt[n]

接下来，我们可以省略 pInt 变量，直接使用*pInt10，具体代码见程序清单 9.40。

程序清单 9.40

```
#include <stdio.h>
int main()
{
    int B[5][10] = {
        {0, 1, 2, 3, 4, 5, 6, 7, 8, 9},
        {10, 11, 12, 13, 14, 15, 16, 17, 18, 19},
        {20, 21, 22, 23, 24, 25, 26, 27, 28, 29},
        {30, 31, 32, 33, 34, 35, 36, 37, 38, 39},
        {40, 41, 42, 43, 44, 45, 46, 47, 48, 49}
    };

    int (*pInt10)[10] = B;
    printf("(*pInt10)[0] = %d\n", (*pInt10)[0]);
    printf("(*pInt10)[1] = %d\n", (*pInt10)[1]);
    printf("(*pInt10)[2] = %d\n", (*pInt10)[2]);
    printf("(*pInt10)[3] = %d\n", (*pInt10)[3]);
    printf("(*pInt10)[4] = %d\n", (*pInt10)[4]);
    printf("(*pInt10)[5] = %d\n", (*pInt10)[5]);
    printf("(*pInt10)[6] = %d\n", (*pInt10)[6]);
    printf("(*pInt10)[7] = %d\n", (*pInt10)[7]);
    printf("(*pInt10)[8] = %d\n", (*pInt10)[8]);
    printf("(*pInt10)[9] = %d\n", (*pInt10)[9]);
    return 0;
}
```

运行结果如图 9.44 所示。我们可以看到，结果和前面的结果仍然是一致的。

我们以(*pInt10)[0]为例，分解这个表达式。

pInt10 是一个数组指针，它指向一个包含 10 个整数的数组。在这个例子中，pInt10 指向二维数组 B 的第一行。

使用星号*对 pInt10 进行取值，得到一个包含 10 个整数的数组。在这个例子中，取值 pInt10 将得到 B 的第一行。

使用[\]运算符访问数组中的特定元素。在这个例子中，(*pInt10)[0]访问第一行的第一个整数（即 B[0][0]，值为 0）。

同样，(*pInt10)[1]表示对数组指针 pInt10 取值，访问其所指向数组的第二个整数（即 B[0][1]，值为 1），以此类推。这段代码通过对数组指针 pInt10 进行取值并使用数组下标访问元素，输出了二维数组 B 第一行的所有元素。

因为下标运算符[]的优先级比取值运算符*的优先级高，所以我们如果希望 pInt10 先从数组指针转为数组，再通过下标对其进行访问，那么需要用括号让取值先进行。

最后，我们可以尝试省略变量 pInt10。直接使用数组名 B，具体代码见程序清单 9.41。

图 9.44　(*pInt10)[n]

程序清单 9.41

```c
#include <stdio.h>
int main()
{
    int B[5][10] = {
        {0, 1, 2, 3, 4, 5, 6, 7, 8, 9},
        {10, 11, 12, 13, 14, 15, 16, 17, 18, 19},
        {20, 21, 22, 23, 24, 25, 26, 27, 28, 29},
        {30, 31, 32, 33, 34, 35, 36, 37, 38, 39},
        {40, 41, 42, 43, 44, 45, 46, 47, 48, 49}
    };
    printf("B[0][0] = %d\n", B[0][0]);
    printf("B[0][1] = %d\n", B[0][1]);
    printf("B[0][2] = %d\n", B[0][2]);
    printf("B[0][3] = %d\n", B[0][3]);
    printf("B[0][4] = %d\n", B[0][4]);
    printf("B[0][5] = %d\n", B[0][5]);
    printf("B[0][6] = %d\n", B[0][6]);
    printf("B[0][7] = %d\n", B[0][7]);
    printf("B[0][8] = %d\n", B[0][8]);
    printf("B[0][9] = %d\n", B[0][9]);
    return 0;
}
```

运行结果如图 9.45 所示。结果同样和前面的结果是一致的。

9.8.6 对数组名取地址

在 C 语言中，数组名通常表示数组的第一个元素的地址。然而，当我们对数组名进行取地址时，我们得到的是一个指向整个数组的指针，而不仅仅是指向第一个元素的指针。

让我们以一个一维数组为例：

```
int arr[5] = {1, 2, 3, 4, 5};
```

在这个例子中，arr 表示数组的第一个元素的地址，即&arr[0]。我们可以使用指针变量存储这个地址，例如：

图 9.45　B[x][y]

```
int *ptr = arr;
```

这里，ptr 是一个整数指针，指向数组 arr 的第一个元素。

当我们对数组名进行取地址时，我们实际上得到的是一个指向整个数组的指针。在这个例子中，我们可以使用一个指针来存储数组的地址，这个指针的类型应该是一个指向具有 5 个整数的数组的指针。

```
int (*arr_ptr)[5] = &arr;
```

这里，arr_ptr 是一个指向整个数组的指针。需要注意的是，arr_ptr 和 ptr 是不同类型的指针。ptr 是一个整数指针，用于指向数组的单个元素，而 arr_ptr 是一个指向整个数组的指针。

同样的概念也适用于多维数组。例如，对于一个二维数组 int B[5][10]，我们可以使用以下声明来定义一个指向整个数组的指针。

```
int (*pB)[5][10] = &B;
```

总之，对数组名进行取地址会得到一个指向整个数组的指针，这个指针的类型需要反映数组的维度和大小。

9.8.7　数组指针的运用

在实际编程中，数组指针可以用于传递数组作为参数，或者在函数间共享数组。让我们以一个简单的例子来说明，这个例子将演示如何使用数组指针来传递一个二维数组给一个函数并计算其元素之和。具体代码见程序清单 9.42。

程序清单 9.42

```
#include <stdio.h>
// 函数原型声明，接收一个指向二维数组的指针作为参数
int sum_elements(int (*array_ptr)[3], int rows);
int main() {
    int array[4][3] = {
        {1, 2, 3},
        {4, 5, 6},
        {7, 8, 9},
        {10, 11, 12}
    };
```

```
    int total_sum = sum_elements(array, 4);
    printf("数组之和为: %d\n", total_sum);

    return 0;
}
int sum_elements(int (*array_ptr)[3], int rows) {
    int sum = 0;
    for (int i = 0; i < rows; i++) {
        for (int j = 0; j < 3; j++) {
            sum += array_ptr[i][j];
        }
    }
    return sum;
}
```

在这个例子中，我们定义了一个二维数组 array，并将其传递给 sum_elements 函数。注意，我们不需要指定列数，因为列数在 sum_elements 函数的参数中已经给出。这里的关键是，我们将整个数组的指针传递给函数，而不是仅传递第一个元素的地址。

sum_elements 函数接收一个指向二维数组的指针 array_ptr 作为参数。我们可以使用这个数组指针来访问数组中的元素。在函数内部，我们遍历数组并计算其所有元素的和。

这个例子展示了如何使用数组指针在函数间传递和共享数组。在实际编程中，我们可以使用这种技术来处理各种类型和维度的数组。

9.8.8　指针和多维数组例题

题目：编写一个 C 程序，实现矩阵的转置。矩阵使用二维数组表示，矩阵的大小为 3×3。
要求：
① 使用函数 transpose_matrix(int (*matrix)[3], int rows)来实现矩阵的转置。
② 在 main 函数中创建一个 3×3 矩阵，并调用 transpose_matrix 函数进行转置。
③ 输出原矩阵和转置后的矩阵。
以上的题目，请同学们独立思考并完成，答案在程序清单 9.43 中。

程序清单 9.43

```
#include <stdio.h>
void transpose_matrix(int (*matrix)[3], int rows);
void print_matrix(int (*matrix)[3], int rows);

int main() {
    int matrix[3][3] = {
        {1, 2, 3},
        {4, 5, 6},
        {7, 8, 9}
    };

    printf("原来的矩阵:\n");
    print_matrix(matrix, 3);

    transpose_matrix(matrix, 3);
```

```
        printf("\nTransposed matrix:\n");
        print_matrix(matrix, 3);

        return 0;
}

void transpose_matrix(int (*matrix)[3], int rows) {
    for (int i = 0; i < rows; i++) {
        for (int j = i + 1; j < 3; j++) {
            int temp = matrix[i][j];
            matrix[i][j] = matrix[j][i];
            matrix[j][i] = temp;
        }
    }
}

void print_matrix(int (*matrix)[3], int rows) {
    for (int i = 0; i < rows; i++) {
        for (int j = 0; j < 3; j++) {
            printf("%d\t", matrix[i][j]);
        }
        printf("\n");
    }
}
```

9.9　指针和三维数组

在前面的章节中，我们已经讨论了指针和多维数组的关系，并且介绍了二维数组作为指针的使用方法。现在，我们将进一步增加复杂性，讨论一个三维数组的情况。

程序清单 9.44 是一个三维数组的示例。

程序清单 9.44

```
#include <stdio.h>
int main()
{
    int S[2][5][10] = {
        {{0, 1, 2, 3, 4, 5, 6, 7, 8, 9},
        {10, 11, 12, 13, 14, 15, 16, 17, 18, 19},
        {20, 21, 22, 23, 24, 25, 26, 27, 28, 29},
        {30, 31, 32, 33, 34, 35, 36, 37, 38, 39},
        {40, 41, 42, 43, 44, 45, 46, 47, 48, 49}},
        {{0, 1, 2, 3, 4, 5, 6, 7, 8, 9},
        {10, 11, 12, 13, 14, 15, 16, 17, 18, 19},
        {20, 21, 22, 23, 24, 25, 26, 27, 28, 29},
        {30, 31, 32, 33, 34, 35, 36, 37, 38, 39},
        {40, 41, 42, 43, 44, 45, 46, 47, 48, 49}}
    };
    //  访问元素 S[1][2][3]
```

```
    printf("S[1][2][3] = %d", *(*(*(S + 1) + 2) + 3));
    return 0;
}
```

让我们逐步分析程序清单 9.44 中的表达式*(*(*(S + 1) + 2) + 3)是如何运算以得到元素
S[1][2][3]的值的。

9.9.1 指针访问三维数组元素

由于式子比较长,我们按照优先级,从最内层括号开始,依次计算。我们将其拆分成如
下步骤,并逐步进行分析。

```
S + 1;
*(S + 1);
*(S + 1) + 2;
*(*(S + 1) + 2);
*(*(S + 1) + 2) + 3;
*(*(*(S + 1) + 2) + 3);
```

1. S + 1

S + 1 的分析如下。

① S 是一个类型为 int[2][5][10]的数组。

② 数组 int[2][5][10]出现在表达式中,并被转换为 int(*)[5][10]类型的指针。

③ int(*)[5][10]类型的指针加 1,移动一个步长,指向 S 中的第二个 int[5][10]。

表达式 S + 1 的结果:类型为 int(*)[5][10]的指针。

图 9.46 显示了使用箭头来表示指针指向。

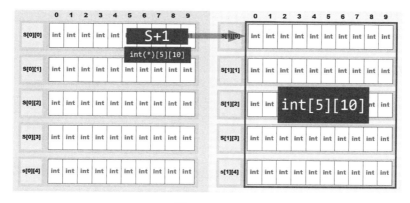

图 9.46 S+1

2. *(S + 1)

*(S + 1)的分析如下。

① S + 1 的结果为 int(*)[5][10]类型的指针。

② 通过使用取值运算符,指针 int(*)[5][10]被转换为 int[5][10]类型的数组。

表达式*(S + 1)的结果:int[5][10] 类型的数组。

图 9.47 显示了使用双横线来表示该表达式的类型。

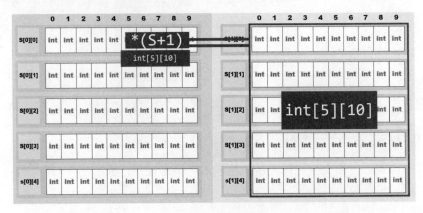

图 9.47　*(S+1)

3. *(S + 1) + 2

*(S + 1) + 2 的分析如下。

① 表达式*(S + 1) 的结果为 int[5][10]类型的数组。

② 数组 int[5][10] 出现在表达式中，并被转换为 int(*)[10]类型的指针。

③ int(*)[10] 类型的指针加 2，移动两个步长。

表达式*(S + 1) + 2 的结果：int(*)[10]类型的指针。

图 9.48 显示了使用箭头来表示指针指向。

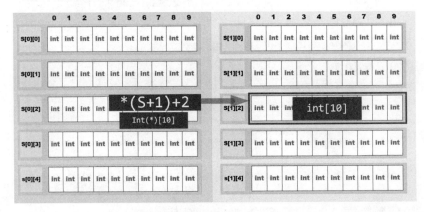

图 9.48　*(S + 1) + 2

4. *(*(S + 1) + 2)

((S + 1) + 2)的分析如下。

① 表达式*(S + 1) + 2 的结果为 int(*)[10]类型的指针。

② 通过使用取值运算符，指针 int(*)[10]被转换为 int[10]类型的数组。

表达式*(*(S + 1) + 2)的结果：类型为 int[10]的数组。

图 9.49 显示了使用双横线来表示该表达式的类型。

5. *(*(S + 1) + 2) + 3

((S + 1) + 2) + 3 的分析如下。

① 表达式*(*(S + 1) + 2) 的结果为 int[10] 类型的数组。

② 数组 int[10] 出现在表达式中，并被转换为 int(*)类型的指针。

③ int(*) 类型的指针加 3，移动三个步长。

表达式*(*(S + 1) + 2) + 3 的结果：类型为 int(*)的指针。

图 9.50 显示了使用箭头来表示指针指向。

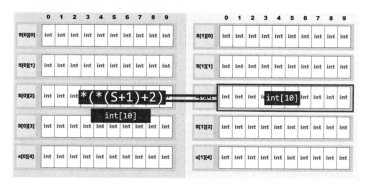

图 9.49 *(*(S + 1) + 2)

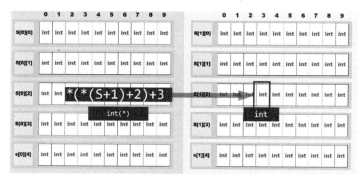

图 9.50 *(*(S + 1) + 2) + 3

6. *(*(*(S + 1) + 2) + 3)

((*(S + 1) + 2) + 3)的分析如下。

① *(*(S + 1) + 2) + 3 的结果为 int(*)类型的指针。

② 通过使用取值运算符，指针 int(*)被转换为 int 整型，得到最终的结果。

表达式*(*(*(S + 1) + 2) + 3)的结果：类型为 int 的整型。

图 9.51 显示了使用双横线来表示该表达式的类型。

图 9.51 *(*(*(S + 1) + 2) + 3)

7. 总结和验证

我们来总结一下上面的分析：

① S + 1 为 int(*)[5][10]类型的指针。

② *(S + 1)为 int[5][10]类型的数组。

③ *(S + 1) + 2 为 int(*)[10]类型的指针。

④ *(*(S + 1) + 2)为 int[10]类型的数组。

⑤ *(*(S + 1) + 2) + 3 为 int(*)类型的指针。

⑥ *(*(*(S + 1) + 2) + 3)为 int 类型的整型。

我们可以使用 sizeof 运算符来测量它们的大小。

```
printf("sizeof(S+1) = %d\n", sizeof(S + 1));            //  int(*)[5][10]
printf("sizeof(*(S + 1)) = %d\n", sizeof(*(S + 1)));   //  int[5][10]
printf("sizeof(*(S + 1) + 2) = %d\n", sizeof(*(S + 1) + 2));
                                                        //  int(*)[10]
printf("sizeof(*(*(S + 1) + 2)) = %d\n", sizeof(*(*(S + 1) + 2)));
                                                        //  int[10]
printf("sizeof(*(*(S + 1) + 2) + 3) = %d\n", sizeof(*(*(S + 1) + 2) + 3));
                                                        //  int(*)
printf("sizeof(*(*(*(S + 1) + 2) + 3)) = %d\n", sizeof(*(*(*(S + 1) + 2)
+ 3)));                                                 //  int
```

运行结果如图 9.52 所示。指针的大小为 8 字节，整型的大小为 4 字节。int[5][10]数组的大小为 200 字节，int[10] 数组的大小为 40 字节。

我们故意将表达式结果赋值给一个无法转换的变量，让报错信息告诉我们表达式结果的具体类型。

```
double *p;
p = S + 1;                       //  int(*)[5][10]
p = *(S + 1);                    //  int[5][10]
p = *(S + 1) + 2;                //  int(*)[10]
p = *(*(S + 1) + 2);             //  int[10]
p = *(*(S + 1) + 2) + 3;         //  int(*)
p = *(*(*(S + 1) + 2) + 3);      //  int
```

运行结果如图 9.53 所示。报错信息提供的类型与我们之前分析的一致，说明我们的分析是正确的。

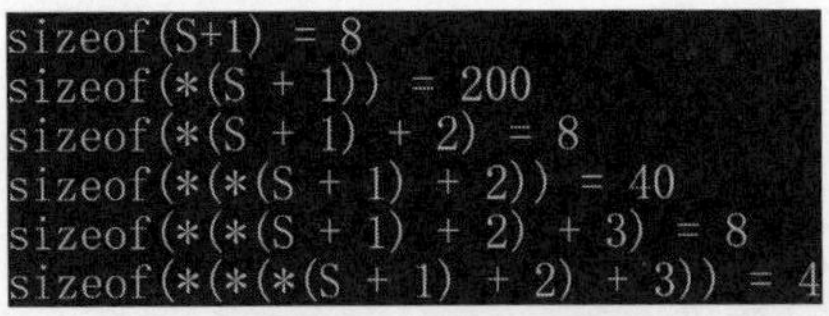

图 9.52　验证大小

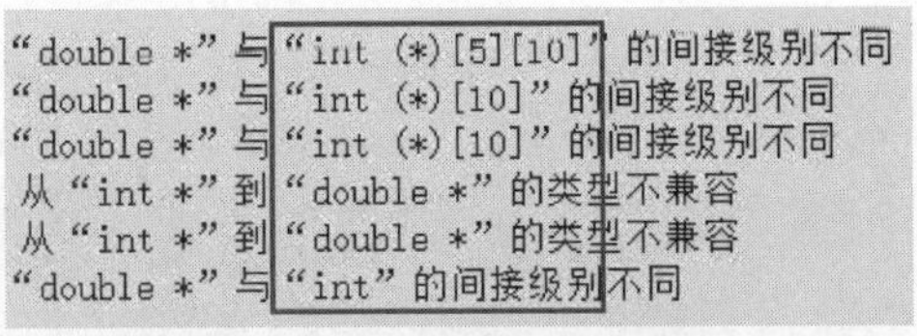

图 9.53　报错信息提示类型信息

9.9.2　指针和三维数组例题

题目：编写一个 C 程序，计算一个 3×4×5 的三维数组中所有元素的和。

要求:

① 在 main 函数中创建一个 3×4×5 的三维数组,并为数组填充值。

② 计算数组中所有元素的和,并在 main 函数中输出结果。

以上的题目,请同学们独立思考并完成,答案在程序清单 9.45 中。

程序清单 9.45

```
#include <stdio.h>
int main() {
    int array[3][4][5] = {
        {
            {1, 2, 3, 4, 5},
            {6, 7, 8, 9, 10},
            {11, 12, 13, 14, 15},
            {16, 17, 18, 19, 20}
        },
        {
            {21, 22, 23, 24, 25},
            {26, 27, 28, 29, 30},
            {31, 32, 33, 34, 35},
            {36, 37, 38, 39, 40}
        },
        {
            {41, 42, 43, 44, 45},
            {46, 47, 48, 49, 50},
            {51, 52, 53, 54, 55},
            {56, 57, 58, 59, 60}
        }
    };

    int total_sum = 0;
    for (int i = 0; i < 3; i++) {
        for (int j = 0; j < 4; j++) {
            for (int k = 0; k < 5; k++) {
                total_sum += *(*(*(array + i) + j) + k);
            }
        }
    }

    printf("数组的和为: %d\n", total_sum);
    return 0;
}
```

9.10 声 明 器

我们声明两个数组 A、B,并根据它们的声明展开关于声明的讨论。

数组 A 有 10 个元素,每个元素为 int 类型,我们可以使用以下形式进行声明。

```
int A[10];
```

数组 B 有 5 个元素，每个元素为 int[10]类型，我们可以使用以下形式进行声明：

```
int B[5][10];
```

这样我们就成功声明了这两个数组。

在 C 语言中，我们可以使用声明器来标识标识符的类型信息。声明器由标识符和类型信息组成。

9.10.1　声明与使用形式统一

现在有一个疑问，既然声明器是由标识符和类型信息组成的，为什么不在声明数组时就分别编写它们呢？例如：

数组 A 的声明为 int[10] A。

数组 B 的声明为 int[5][10] B。

虽然这样写看起来更加清晰明了，但 C 语言并未采用这样的写法，原因是 C 语言的设计者希望一个标识符的声明与使用的形式统一。例如：

数组 A 的声明为 int A[10]。

数组 A 的使用：int n = A[0]。

数组 B 的声明为 int B[5][10]。

数组 B 的使用：int n = B[1][2]。

标识符 id 声明为 int *(*id)[4]。

标识符 id 使用为 int n = *(*id)[0]。

你可以发现，在标识符使用的表达式中，方括号内填写的是元素下标，而在标识符的声明中，方括号内填写的是数组长度。此外，标识符使用的表达式的最终结果的类型与声明的最左边的类型一致。

9.10.2　函数声明器

虽然你可能没有注意到，但我们在声明一个函数时已经使用了函数声明器的语法。例如：

```
int *func(char *p, double d);
```

上面的函数声明器声明了一个函数，其参数和返回值如下。

① 第一个参数为 char*类型。

② 第二个参数为 double 类型。

③ 返回值为 int *类型的函数。

当然，你还可以在声明函数时省略参数变量名。

```
int *func(char *, double);
```

类似于其他声明器，删除标识符即可得到标识符的类型。上面的声明器声明了一个类型为 int *(char *, double) 的函数。

9.10.3　声明器中的优先级

在前面的几节中，我们讨论了各种不同类型的指针与数组的结合。

基础类型的指针，例如：int *，double *。

指针的指针，例如：指向 int *类型的指针 int **。

数组的指针，例如：指向一维数组 int[5]的指针 int (*)[5]。

指针组成的数组，例如：一个拥有 5 个元素的数组，其元素是 int *类型的指针。这个数组的类型为 int *[5]。

为了区分指向数组的指针是数组指针还是由指针构成的数组，即指针数组，我们使用括号来区别它们：

int (*)[5]是指向数组的指针，即数组指针。

int *[5]是元素为指针的数组，即指针数组。

现在我们来探究声明器中的更深层次的原因。由于声明与使用形式统一，因此操作符在声明和使用中具有相同的优先级。

优先级从高到低依次如下。

① ()。

② 函数声明的()与数组声明的[]优先级相同。

③ 指针声明的*。

编译器将根据优先级从高到低依次读取声明器。如果优先级相同，那么按照从左到右的顺序依次读取。

现在你掌握了更加严谨的规则来声明标识符。我们只要学会了声明器，对于复杂的声明，就可以通过优先级一步步拆解得到答案。

1. 数组[]与指针*

现在我们使用优先级来解释声明数组指针和指针数组的区别。

指针数组 int *[5]：

① 数组[]的优先级高于指针*，先计算数组[]。因此，这是一个数组。

② 接着计算指针*，因此第一步中数组的元素为指针。

③ 第二步中的指针指向 int。

数组指针 int (*)[5]：

① ()的优先级最高，优先计算()内的指针*。因此，这是一个指针。

② 接着计算数组[ ]，这个指针指向一个数组。

③ 数组的元素为 int。

现在我们可以回过头来分析标识符 id 的类型了。

标识符 id int *(*id)[4]：

① ()的优先级最高，优先计算()内的指针*。因此，id 是一个指针。

② 接着计算数组[]，第一步中的指针指向一个数组。

③ 现在轮到指针*了，第二步中的数组的元素为指针。

④ 数组元素指向 int。

因此，id 标识符的类型为指针数组指针，它指向一个 int *[4]的数组。这个数组中的元素为 int *类型的指针。

那么如何使用 id 呢？

① 使用取值运算符*，将 id 从指针 int *(*)[4]转换为数组 int *[4]，写为*id。

② 使用下标运算符获得下标对应的数组元素，这里以 0 为例，写为(*id)[0]。

③ 步骤②中数组元素是一个指针，因此使用取值运算符*，写为*(*id)[0]获得目标数据对象，即 int。

因此，id 的声明为 int *(*id)[4]，使用为 *(*id)[0]，表达式结果为 int。

这再次展示了 C 语言中声明和使用形式统一的思想。

2. 函数()与指针*

接着，我们来看函数声明()与指针声明*同时出现在一个声明器中的情况。

```
int *func(char *, double);
```

① 函数()的优先级最高。因此，这是一个函数的声明。

② 函数()内部的 char *, double 为这个函数的参数。

③ 指针*，表示函数返回一个指针。

④ 返回值指向 int。

对于上面的声明，如果我们使用括号来优先计算指针声明*，那么它会变成什么呢？

```
int (*func)(char *, double);
```

声明器中出现了两对括号，注意区分它们。(*func)为单纯的括号，优先级最高，而(char *, double)是函数声明的括号。

① 优先计算()内的指针*。因此，这是一个指针的声明。

② 计算函数()，步骤①中的指针指向一个函数。

③ 函数()内部的 char *, double 为这个函数的参数。

④ 函数的返回值为 int。

因此，现在的 func 是一个指针。这个指针指向一个函数，这个函数的类型为 int (char *, double)。

这种目标数据对象为函数的指针，被称作函数指针。

3. 函数、指针、数组

让我们增加一些复杂性，来看看如何在一个声明器中同时使用函数、指针和数组类型。

```
int (*func[10])(char *, double);
```

声明器中出现了两对括号，注意区分它们。(*func[10])是一个单纯的括号，优先级最高，而(char *, double)是函数声明的括号。

① 优先计算()内的*func[10]。

② 数组[]被优先计算。因此，这是一个数组。

③ 计算*func[10]中的指针*，步骤②的数组的元素为指针。

④ ()内的*func[10]计算完毕，开始计算函数(char *, double)。步骤③中的指针指向一个函数。

⑤ 函数的参数为 char *与 double。

⑥ 函数的返回值为 int。

标识符 func 是一个数组，其中每个数组元素为指向类型为 int (char *,double)的函数的指针。

这是一个由函数指针组成的数组，通常称作函数指针数组。

9.11 函数指针和数组

在 9.10.3 节中，我们简单地认识了函数指针，在本节中，我们将结合声明器对其进行详细分析。

9.11.1 函数指针

函数指针在 C 语言中是一种特殊的指针类型，它用于存储函数的地址。使用函数指针可以方便地将函数作为参数传递给其他函数，实现更高级别的抽象和模块化。

由于函数指针指向函数，因此我们写一个函数作为讨论的对象，例如：

```c
int print(char *pc)
{
    int count = 0;
    while(*pc != '\0')
    {
        putchar(*pc);
        pc++;
        count++;
    }
    putchar('\n');
    return count;
}
```

这个函数的参数为一个 char *类型的指针。在 C 语言中，字符串通常表示为字符数组的方式，并以空字符（'\0'）作为结尾。char*是指向字符的指针，可以用来表示一个字符串的起始地址。因此，我们可以直接传入一个字符串或者字符数组作为这个函数的参数。更具体的内容将在第 10 章进行讲解。

函数内部会逐个输出字符串的元素，每输出一次，计数器加 1，直到遇到'\0'.

现在我们想要一个函数指针指向名为 print 的函数。

在写函数指针的声明之前，我们再次回忆声明器中的操作符优先级（从高到低）。

① ()。

② 函数声明的()与数组声明的[]优先级相同。

③ 指针声明的*。

现在我们根据操作符优先级写出这个函数指针。

① 写出一个指针，即(*p)。

② 这个指针指向一个函数，即(*p)(char *)。

③ 函数的返回值为 int，即 int (*p)(char *)。

int (*p)(char *)即为这个函数指针的声明。

当然，还有一个更方便的方法来写一个函数指针。

① 写出这个函数的声明：int print(char *)。

② 将函数名替换为指针名：int p(char *)。

③ 在指针名前加星号并用括号包括：int (*p)(char *)。

我们通过声明器写出了这个函数指针的声明，现在这个函数指针 p，没有有效的指向。我们让它指向 print 函数。

```
int (*p)(char *) = print;
```

类似于数组在表达式中被转换为指向首元素的指针。当函数出现在表达式中时，将被转换为指向该函数的指针。因此，函数 print 可以用于初始化函数指针 p。

9.11.2　使用函数指针

现在，函数指针 p 指向了函数 print。我们如果想要使用指针所指向的函数，那么应该对指针进行取值，函数指针也是类似的：*p。

对函数指针进行取值后，函数指针 p 被还原为函数。我们就可以把它当作函数 print 一样使用了，如(*p)("HelloWorld")。

需要注意的是，函数的()优先级高于指针的*，所以需要在指针名上添加括号，先让 p 取值，还原为函数类型，再使用函数的()。

程序清单 9.46 是获取函数指针，并使用函数指针的示例。

程序清单 9.46

```
#include <stdio.h>
int print(char* pc)
{
    int count = 0;
    while (*pc != '\0')
    {
        putchar(*pc);
        pc++;
        count++;
    }
    putchar('\n');
    return count;
}

int main() {
    int (*p)(char*) = print;
    int n = (*p)("HelloWorld");
    printf("%d\n", n);
    return 0;
}
```

运行结果如图 9.54 所示。

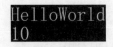

图 9.54　使用函数指针

一些程序员不喜欢在函数指针被取值之后使用它们，而是直接使用函数指针作为函数类型，例如：

```
int (*p)(char *) = print;
int n = p("HelloWorld");            //  p被当作函数直接使用
printf("%d\n", n);
```

C 语言标准收录了这两种写法，因此(*p)("HelloWorld")等价于 p("HelloWorld")。很显然，
p("HelloWorld")更加方便，省略了星号和括号。

9.11.3　函数指针数组

我们尝试定义多个函数，例如：

```
void showStar()
{
    printf("*****\n");
}
void showPlus()
{
    printf("++++++\n");
}

void showMinus()
{
    printf("------\n");
}
void showX()
{
    printf("XXXXXX\n");
}
```

它们的函数被声明为 void 函数名()，因此指向它们的指针声明如下。

① 写出这个函数的声明 void 函数名()。

② 将函数名替换成指针名 void p()。

③ 在指针名前加*并用括号包括，即 void (*p)()。

我们可以用四个单独的函数指针变量来存储这四个函数的指针。当然，也可以把这四个
函数指针组成一个数组，数组名为 funcArr。

让我们来写出这个函数指针数组的声明。

① funcArr 是一个数组，所以加上数组[ ]，方括号内填元素个数 4，即 funcArr[4]。

② 步骤①中的数组的元素为指针，所以加上指针的*，即*funcArr[4]。指针*的优先级低
于数组[]，所以无须括号。

③ 步骤②中的指针指向一个函数，加上函数的()。这里应当先算*，再算函数的()。所以
需要将步骤②的声明先加上括号，保证先算*，再加上函数的()，即(*funcArr[4])()。如果不确
定优先级，那么可以多加几个括号进行分组。

④ 函数的返回值为 void，即 void (*funcArr[4])()。

接下来将这个数组进行初始化。

```
void (*funcArr[4])() = {showStar, showPlus, showMinus, showX};
```

这里我们也可以以初始化列表的形式对函数指针数组进行初始化，将函数填写在花括号
里。由于函数出现在表达式中，即转换为指向该函数的指针，因此我们直接初始化数组即可。

最后，我们使用循环遍历这个数组，并且依次使用函数指针调用这四个函数。

```
for (int i = 0; i < 4; i++)
{
    (*funcArr[i])();
}
```

在这个循环中，数组下标[]优先级高于*号，funcArr[i]获得
函数指针。接着，*将函数指针转为函数，再使用()调用函数。
运行结果如图 9.55 所示。

当然，我们也可以更简洁一点，把函数指针直接当作函数
使用，省略将函数指针转为函数的*。

图 9.55 函数指针数组的使用

```
for (int i = 0; i < 4; i++)
{
    funcArr[i]();
}
```

数组下标[]与函数调用的()优先级一致，即从左到右执行。funcArr[i]获得函数指针后，
直接使用()即可调用函数。

9.11.4 函数指针的运用

函数指针在 C 语言中有很多实际应用场景，例如实现回调函数等。回调函数是一种常见
的设计模式，允许我们根据用户提供的函数来自定义算法的行为。下面是一个具体的例子，
演示如何使用函数指针实现回调函数。

假设我们要实现一个通用的遍历数组的函数 traverse_and_apply，并且该函数可以对每个
数组元素执行操作。用户可以提供一个自定义的操作函数，该函数接收一个整数参数并返回
一个整数结果。

首先，我们需要声明一个函数指针类型，用于表示操作函数。

```
int (*operation_fn)(int);
```

接下来，实现 traverse_and_apply 函数，它接收一个整数数组、数组大小以及操作函数作
为参数。

```
void traverse_and_apply(int arr[], int size, int (*op)(int)) {
    for (int i = 0; i < size; i++) {
        arr[i] = op(arr[i]);
    }
}
```

现在，我们可以编写自定义的操作函数，例如实现元素的平方和元素的立方。

```
int square(int x) {
    return x * x;
}
int cube(int x) {
    return x * x * x;
}
```

最后，在 main 函数中调用 traverse_and_apply，分别使用 square 和 cube 作为回调函数，

完整的代码如程序清单 9.47 所示。

程序清单 9.47

```c
#include <stdio.h>
void traverse_and_apply(int arr[], int size, int (*op)(int)) {
    for (int i = 0; i < size; i++) {
        arr[i] = op(arr[i]);
    }
}
int square(int x) {
    return x * x;
}
int cube(int x) {
    return x * x * x;
}
int main() {
    int arr[] = { 1, 2, 3, 4, 5 };
    int size = sizeof(arr) / sizeof(arr[0]);

    printf("初始数组为:\n");
    for (int i = 0; i < size; i++) {
        printf("%d ", arr[i]);
    }
    printf("\n");

    traverse_and_apply(arr, size, square);
    printf("平方计算的数组为:\n");
    for (int i = 0; i < size; i++) {
        printf("%d ", arr[i]);
    }
    printf("\n");

    traverse_and_apply(arr, size, cube);
    printf("立方计算的数组为:\n");
    for (int i = 0; i < size; i++) {
        printf("%d ", arr[i]);
    }
    printf("\n");

    return 0;
}
```

这个例子展示了使用函数指针实现回调函数。traverse_and_apply 函数可以根据用户提供的操作函数（如 square 或 cube）对数组元素执行不同的操作。这种设计模式增加了代码的灵活性和可复用性。

9.11.5 函数指针和数组例题

题目：编写一个程序，计算数组元素的累积和，根据用户提供的判断函数选择哪些元素参与累积计算。

要求：

① 编写一个名为 accumulate 的函数，它接收以下参数：一个整数数组 arr；数组的长度 size；一个用户定义的判断函数，用于决定是否将特定元素纳入累积计算，该函数接收一个整数参数，返回一个整数（0 表示 false，1 表示 true）。

② 在 accumulate 函数中，根据用户提供的判断函数计算累积和。

③ 编写两个示例判断函数。is_even：如果参数是偶数，则返回 1，否则返回 0。is_positive：如果参数是正数，则返回 1，否则返回 0。

④ 在 main 函数中测试 accumulate 函数，分别使用 is_even 和 is_positive 作为判断函数。

以上的题目，请同学们独立思考并完成，答案在程序清单 9.48 中。

程序清单 9.48

```c
#include <stdio.h>
// 实现 accumulate 函数
int accumulate(int arr[], int size, int (*predicate)(int)) {
    int sum = 0;
    for (int i = 0; i < size; i++) {
        if (predicate(arr[i])) {
            sum += arr[i];
        }
    }
    return sum;
}
// 示例判断函数
int is_even(int x) {
    return x % 2 == 0;
}
int is_positive(int x) {
    return x > 0;
}
int main() {
    int arr[] = {-3, -2, -1, 0, 1, 2, 3, 4, 5, 6, 7, 8, 9, 10 };
    int size = sizeof(arr) / sizeof(arr[0]);

    int even_sum = accumulate(arr, size, is_even);
    printf("数组中偶数的和：%d\n", even_sum);

    int positive_sum - accumulate(arr, size, is_positive);
    printf("数组中正数的和：%d\n", positive_sum);

    return 0;
}
```

第 *10* 章

字符串

【本章导读】

欢迎来到第 10 章——探索字符串的奥秘！在本章中，我们将深入了解 C 语言中非常重要的部分：字符串和字符指针。首先，我们将介绍 const 关键字的用途，学习如何在保护字符串不被修改的同时，灵活地使用它们。然后，我们将带你熟悉 C 语言中强大的字符串处理函数，让你在处理字符串时更加得心应手。最后，我们会尝试自定义字符串处理函数，让你在字符串操作上更具创造力。让我们一起进入这个充满挑战和乐趣的字符串世界，掌握 C 语言中的核心技能！

【知识要点】

通过对本章内容的学习，你可以掌握以下知识。

（1）字符串。

（2）字符指针。

（3）const。

（4）字符串函数：strlen。

（5）字符串函数：strcat。

（6）字符串函数：strcpy。

（7）字符串函数：strcmp。

10.1 字符串和字符指针

让我们回顾一下字符串常量的概念，以程序清单 10.1 为例。

程序清单 10.1

```
#include <stdio.h>
int main()
```

```
{
    printf("sizeof HelloWorld = %d\n", sizeof("HelloWorld"));
    return 0;
}
```

运行结果如图 10.1 所示。该结果表明字符串常量"HelloWorld"占用了 11 字节。

字符串常量在内存中由每个字符的 ASCII 码按顺序排列构成，每个字符占用 1 字节。此外，字符串末尾附带一个数值 0，表示字符串的结束，如图 10.2 所示。

72	101	108	108	111	87	111	114	108	100	0

sizeof HelloWorld = 11

图 10.1   "HelloWorld"占用的字节数   图 10.2   "HelloWorld"内部存储

在 C 语言中，字符串通常使用字符指针表示，即指向字符串第一个字符的指针。例如：

```
char *pStr = "HelloWorld\n";
```

在 7.7 节中，我们了解了字符串实际上是一个字符数组，因此"HelloWorld\n"的类型为 char [12]的字符数组。当数组出现在表达式中时，它将被转换为指向首元素的指针 char *，即 pStr 指向字符串常量的第一个元素'H'。

那么我们是否可以使用这个字符指针对字符串进行修改呢？让我们尝试运行程序清单 10.2。

程序清单 10.2

```
#include <stdio.h>
int main()
{
    char *pStr = "HelloWorld\n";
    printf("%s", pStr);
    pStr[0] = 'h';
    printf("%s", pStr);
    return 0;
}
```

在程序清单 10.2 中，我们尝试使用字符指针将第一个字符从'H'修改为'h'，但运行后会发现报错，无法正确地输出对应的内容。这是因为双引号括起来的字符串是常量，而我们知道常量是不能被修改的。尝试通过 pStr[0] = 'h'来修改字符串常量的内容是非法的，可能会导致程序崩溃或其他不可预期的行为。

如果需要修改字符串的内容，应该使用字符数组来存储可修改的字符串。例如，可以修改程序清单 10.2 中的代码，修改后的代码如程序清单 10.3 所示。

程序清单 10.3

```
#include <stdio.h>
int main()
{
    char str[] = "HelloWorld\n";
    printf("%s", str);
    str[0] = 'h';
```

```
        printf("%s", str);
        return 0;
}
```

在这里，我们使用字符数组 str 来存储字符串，并且可以通过修改数组中的元素来修改字符串的内容。

10.1.1　字符数组和指针

现在，让我们使用字符串初始化一个字符数组，并尝试修改这个字符数组。具体代码见程序清单 10.4。

程序清单 10.4

```
#include <stdio.h>
int main()
{
    char str[] = "helloworld";
    puts(str);
    for (int i = 0; str[i] != '\0'; i ++)
    {
        str[i] -= 32;
    }
    puts(str);
    return 0;
}
```

程序清单 10.4 中的字符数组 str 被初始化为"helloworld"。我们使用下标法从 0 开始访问字符数组，直到访问到'\0'的元素。同时，我们将每个元素的数值减去 32，以将小写字母的 ASCII 码转换为大写字母的 ASCII 码。运行结果如图 10.3 所示。

此外，我们还可以获取字符数组的首元素指针，通过指针加法来访问并修改这个字符数组。具体代码见程序清单 10.5。

图 10.3　修改字符数组

程序清单 10.5

```
#include <stdio.h>
int main()
{
    char str[] = "helloworld";
    char *p = str;
    while(*p != '\0')
    {
        *p -= 32;
        p++;
    }
    puts(str);
    return 0;
}
```

上述代码首先定义了一个字符数组 str，并将字符串"helloworld"存储在其中，接下来定义了一个字符指针 p，并将其指向字符数组 str 的首地址。在循环中，指针 p 作为移动的游标，依次指向数组中的每一个元素。循环会一直执行到字符串的末尾，即直到指针所指向的字符为'\0'。

但是，不要编写如程序清单 10.6 所示的代码，因为这段代码是错误的。

程序清单 10.6

```
#include <stdio.h>
int main()
{
    char str[] = "helloworld";
    while(*str != '\0')
    {
        *str -= 32;
        //  数组 str 出现在表达式中被转换为指向首元素的指针
        //  但是该指针为临时量，无法被赋值
        str++;
    }
    puts(str);
    return 0;
}
```

在表达式 str++中，数组 str 出现在表达式中会转换为指向首元素的指针。但是，该指针为临时量，无法被赋值。

10.1.2 使用指针处理字符串

现在我们有一个需求：将字符串"dlrowolleh"反转为"helloworld"。具体代码见程序清单 10.7。

程序清单 10.7

```
#include <stdio.h>
int main()
{
    char str[] = "dlrowolleh";
    puts(str);
    char* pHead = str;
    char* pTail = str;
    while (*pTail)
    {
        pTail++;
    }
    pTail--;
    while (pHead <= pTail)
    {
        char tmp = *pHead;
        *pHead = *pTail;
        *pTail = tmp;
        pHead++;
        pTail--;
    }
```

```
    puts(str);
    return 0;
}
```

这段代码实现了字符串的反转功能。首先，这段代码定义了一个字符数组 str，并将字符串"dlrowolleh"存储在其中。接着，这段代码定义了两个字符指针 pHead 和 pTail，并将它们都指向字符串的首地址。

第一个 while 循环通过遍历指针将 pTail 指向字符串的最后一个字符。第一个 while 循环结束之后，pTail 将指向字符串的结束标志\0。为了让 pTail 指向字符串的最后一个字符，程序还需要执行一次 pTail--。这样，pHead 指向首元素'd'，pTail 指向尾部的'h'，如图 10.4 所示。

图 10.4 指向首尾

接下来，程序进入第二个 while 循环，该循环将字符串中的字符从两端向中间逐个进行交换。具体来说，每次循环都交换 pHead 指向的字符和 pTail 指向的字符，并将指针向中间移动一位。当指针相遇时，字符串中的所有字符都已经被逆序排列。图 10.5 展示了这种交换的过程。

当 pHead 小于或等于 pTail 时，可以进行交换；否则，全部交换完毕，跳出循环，如图 10.6 所示。

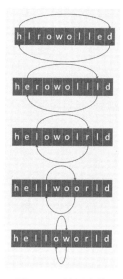

图 10.5 首尾交换

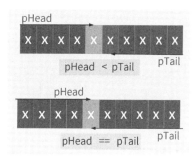

图 10.6 跳出循环条件

10.2 const 关键字

在 10.1 节中，我们编写过类似以下的代码，用于修改字符数组中的值。

```
char str[20] = "hello\n";
printf("%s", str);
str[0] = 'H';
printf("%s", str);
```

那么，我们如果想禁止数组 str 的元素被修改，应该怎样做呢？

10.2.1　使用 const 修饰数组元素

在 C 语言中，const 是一个关键字，用于修饰一个变量，以表示该变量的值不可被修改。在程序中，const 可以用于修饰变量、指针、函数等不同的对象。

因此，为了让数组不被修改，我们可以在原来的代码 char str[20] = "hello\n"前面加上 const 关键字，例如：

```
const char str[20] = "hello\n";
```

当使用 const 关键字修饰 char 时，char 将被禁止修改。数组 str 的元素 char 无法被修改，如果后续的语句尝试修改数组元素，编译器将报错。

需要注意的是，const 关键字可以放在 char 旁边，无论放在 char 的左边还是右边，都具有相同的效果。下面两种写法是等效的。

```
const char str[20] = "hello\n";
char const str[20] = "hello\n";
```

这样，我们就成功地保护了数组 str 的元素不被修改。

10.2.2　使用 const 修饰指针所指向的数据

程序清单 10.8 展示了一个错误示例，该示例尝试修改字符常量，导致程序运行出错。

程序清单 10.8

```
#include <stdio.h>
int main()
{
    char *pStr = "hello\n";
    printf("%s", pStr);
    pStr[0] = 'H';
    printf("%s", pStr);
    return 0;
}
```

上面的代码试图通过指针 pStr 修改字符串常量"hello\n"。然而，编译器在编译阶段并不会报错，错误只在运行时才会暴露。那么，如何在编译时就发现这个错误呢？

我们可以使用 const 关键字修饰指针所指向的 char。这样，如果尝试修改指针所指向的 char，编译器将报错。例如：

```
// 在 char 左边增加 const 关键字
const char *pStr = "hello\n";
```

图 10.7 展示了在 Visual Studio 中编写使用 const 关键字修饰 char*pStr 的效果。第六行语句 pStr[0] = 'H'尝试修改指针所指向的 char 内容。但在之前的声明中，char 已被关键字 const 修饰，因此该修改是被禁止的，并且编译时会报错。

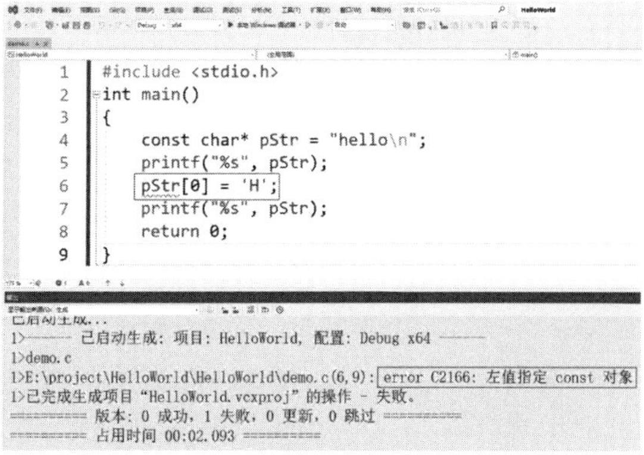

图 10.7 const 关键字修饰 char *pStr

当然，将 const 关键字放置在 char 右边也能起到同样的效果。

```
// char 右边增加 const 关键字
char const *pStr = "hello\n";
```

这样，我们可以在编译阶段发现错误，避免程序运行时出现问题。

10.2.3 使用 const 修饰指针本身

那么，如果将 const 放到*的右边呢？例如：

```
// 在星号*右边增加 const 关键字
char * const pStr = "hello\n";
```

编译结果如图 10.8 所示，程序编译成功通过了，这说明 const 关键字并没有对 char 产生作用。

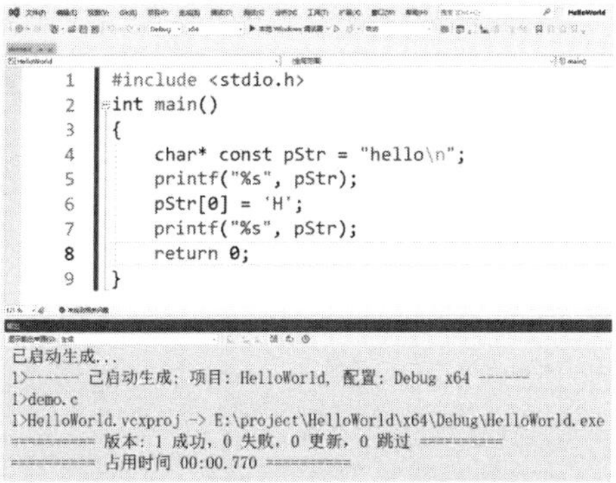

图 10.8 没有禁止 char 被修改

既然程序编译通过了，那么 const 关键字的作用在哪里呢？

实际上，在这种情况下，const 关键字修饰了*，也就是指针 pStr 本身的值。这意味着，在初始化后，指针 pStr 本身的值无法被修改。例如：

```
char * const pStr = "hello\n";
pStr = NULL;
```

上述代码将编译报错，因为 const 关键字修饰了指针本身，这意味着指针无法被重新赋值或修改。

10.2.4　使用 const 修饰基本变量

当然，const 关键字也可以修饰基本变量。程序清单 10.9 是一个这样的示例。

程序清单 10.9

```
#include <stdio.h>
int main()
{
    const int n = 100;
    n = 101;    // 这一行报错
    return 0;
}
```

在这个例子中，const 关键字修饰了 int 类型的变量 n。变量 n 的值在初始化后只能读取，不能修改。尝试修改变量 n 的值将导致编译报错。

10.3　字符串处理函数

C 语言提供了众多字符串处理函数，这些函数涵盖了字符串操作、字符串转换、字符串比较和字符串查找等功能。

字符串处理函数是 C 语言标准库的一部分，我们可以在 string.h 头文件中找到它们的定义。因此，在使用这些函数之前，我们需要引入头文件 string.h。

本节将讨论四个最常用的字符串处理函数的使用方法。

10.3.1　strlen 函数：获取字符串长度

strlen 函数用于获取字符数组中的字符串长度。它从第一个字符开始计数，直到遇到'\0'，并返回累计的长度（不包括'\0'）。

strlen 函数的原型如下，它的输入参数是一个指向字符串首地址的指针，返回值是 size_t 类型的整数，用于表示字符串长度。

```
size_t strlen (const char * str);
```

输入参数中使用了 const 修饰 char，以表明函数内部无法修改指针所指向的字符。输入参数如果为非 const 的指针，则被转换为 const 指针。

使用 const 具有以下两层含义。

① 确保函数内部不会修改指针所指向的字符。

② 向使用者表明，传入该函数的字符串不会被修改。

因此，当你遇到不带 const 的函数参数时，在函数执行后，你可能会担心数据是否会被修改。对于带有 const 的函数，你可以确信它不会修改任何数据。

返回值是一个 size_t 类型的整数。size_t 并不是一个新的关键字，它实际上是已有整数类型的别名。它可能是 unsigned int 的别名，也可能是 unsigned long 或 unsigned long long 的别名，这取决于编译器的实现。

程序清单 10.10 展示了一个使用 strlen 函数获取字符串长度的示例。

程序清单 10.10

```
#include <stdio.h>
#include <string.h>
int main()
{
    char str[20] = "Hello";
    size_t size = sizeof(str);
    printf("sizeof=%d\n", size);
    size_t len = strlen(str);
    printf("len=%d\n", len);
    return 0;
}
```

运行结果如图 10.9 所示。sizeof(str)测量数组本身所占用空间的大小，因此结果为 20。strlen(str)测量从第一个元素开始，直到元素值为'\0'的字符串长度，因此结果为 5。

图 10.9　数组长度与字符串长度

10.3.2　strcat 函数：拼接字符串

strcat 函数用于将源字符串的内容拼接到目标字符串后面。查看图 10.10，源字符串为 You\0，目标字符串为 ILove\0。字符串拼接函数会将源字符串追加到目标字符串后面，使得目标字符串变为 ILoveYou\0。

strcat 函数原型如下。

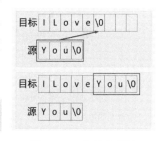

```
char * strcat (char * destination, const char *
source);
```

图 10.10　字符串拼接

输入参数：char *destination 表示拼接目标字符串的首地址，const char *source 表示拼接源字符串的首地址。

返回值：char *destination 表示拼接后目标字符串的首地址。

程序清单 10.11 展示了一个使用 strcat 函数拼接字符串的示例。

程序清单 10.11

```
#include <stdio.h>
#include <string.h>
int main()
{
    char dest[9] = "ILove";
    char src[4] = "You";

    // 拼接前
    printf("%s\n", src);
    printf("%s\n", dest);

    // 拼接字符串
    strcat(dest, src);

    // 拼接后
```

```
    printf("%s\n", src);
    printf("%s\n", dest);
    return 0;
}
```

运行结果如图 10.11 所示。拼接前，源字符串为 You\0，目标字符串为 ILove\0。拼接后，源字符串仍为 You\0，而目标字符串变为 ILoveYou\0。

需要特别注意：目标字符串后必须有足够的空间。如果目标字符串所在的数组仅有 8 个元素，那么拼接后多出来的字符将会导致数组越界，如图 10.12 所示。

图 10.11　拼接字符串

图 10.12　字符串拼接越界

10.3.3　strcpy 函数：复制字符串

字符串复制函数 strcpy 可以将源字符串的内容复制到目标字符数组中。

查看图 10.13，源字符串为 You\0，目标字符串为 ILove\0。字符串复制函数会从首元素开始覆盖目标字符串，使得目标字符串变为 You\0e\0。

strcpy 函数原型如下。

```
char *strcpy (char * destination, const char * source);
```

图 10.13　字符串复制函数

输入参数：char *destination 表示复制目标字符串的首地址，const char *source 表示复制源字符串的首地址。

返回值：char *destination 表示复制后目标字符串的首地址。

程序清单 10.12 展示了一个使用 strcpy 函数复制字符串的示例。

程序清单 10.12

```
#include <stdio.h>
#include <string.h>
int main()
{
    char dest[9] = "ILove";
    char src[4] = "You";

    // 复制前
    printf("%s\n", src);
    printf("%s\n", dest);
```

```
    // 复制字符串
    strcpy(dest, src);

    // 复制后
    printf("%s\n", src);
    printf("%s\n", dest);
    return 0;
}
```

运行结果如图 10.14 所示。复制前，源字符串为 You\0，目标字符串为 ILove\0。复制后，源字符串仍为 You\0，而目标字符串变为 You\0e\0。由于字符串以 \0 作为结束标志，因此复制后，目标字符串只输出了 You。

与字符串拼接函数类似，字符串复制函数也要求目标字符串所在的数组具有足够的空间，以便正确完成复制操作。

图 10.14　复制字符串

10.3.4　strcmp 函数：比较字符串

字符串比较函数 strcmp 用于比较两个字符串。如果两个字符串相同，则返回 0。strcmp 函数原型如下。

```
int strcmp (const char * str1, const char * str2);
```

输入参数：const char *str1 表示待比较字符串 1 的首地址，const char *str2 表示待比较字符串 2 的首地址。

返回值：如果两个字符串相同，则返回 0；否则返回其他值。

程序清单 10.13 展示了一个使用 strcmp 函数比较字符串的示例。

程序清单 10.13

```
#include <stdio.h>
#include <string.h>
int main()
{
    const char *str1 = "abcedfg";
    const char *str2 = "abcedfgh";
    const char *str3 = "abcedf";

    // str1 与自己进行比较
    int ret = strcmp(str1, str1);
    printf("%d\n", ret);

    // str1 与 str2 进行比较
    ret = strcmp(str1, str2);
    printf("%d\n", ret);

    // str1 与 str3 进行比较
    ret = strcmp(str1, str3);
    printf("%d\n", ret);
    return 0;
}
```

运行结果如图 10.15 所示。字符串 str1 与自己进行比较，结果相同，因此返回了 0。"abcedfg"与"abcedfgh"进行比较，返回了-1。"abcedfg"与"abcedf"进行比较，返回了 1。

不相同的情况下，有两种不同的结果：1 和-1。这是为什么呢？

图 10.16 展示了字符串比较的过程。字符串比较函数会依次比较每个字符。如果相同，则比较下一个字符；如果直到'\0'字符都相同，则返回 0，表示两字符串相同；如果不相同，则比较当前字符的 ASCII 码。如果 str1 的当前字符大于 str2 的当前字符，则返回 1；否则返回-1。例如：当 str1 与 str2 进行比较时，不同的字符是'\0'与'h'，因为'\0'小于'h'，所以返回-1；str1 与 str3 比较时，不同的字符是'g'与'\0'，因为'g'大于'\0'，所以返回 1。

图 10.15　字符串比较函数

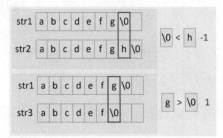

图 10.16　字符串比较内部规则

10.4　实现字符串处理函数

我们已经学习了一些字符串处理函数，这些函数都是系统自带的，并且可以通过引入头文件 string.h 来使用。

在本节中，我们将运用指针尝试自己实现这些字符串处理函数，以加深我们对指针和字符串的理解。为了区分系统库的字符串处理函数，我们在自定义的字符串处理函数前添加前缀 m。

10.4.1　mstrlen 函数

我们将仿照 strlen 函数，编写一个功能相同的 mstrlen 函数，例如：

```
size_t mstrlen(const char *str)
{
    ...
}
```

为了提高函数的安全性，强烈建议在函数开始时检查输入参数的有效性。对于指针，我们可以检查它是否为空指针。

```
size_t mstrlen(const char *str)
{
    // 如果传入了空，那么直接返回 0
    if (str == NULL)
    {
        return 0;
    }
```

```
    ...
}
```

接下来，设置一个计数变量 len，初始值为 0，表示初始长度为 0。然后，我们将遍历 str 字符串，直到 str 所指向的字符为'\0'，每经过一个字符，len 加 1。

```
size_t mstrlen(const char *str)
{
    ...
    // 长度从 0 开始累计
    size_t len = 0;
    // 计算长度
    while(*str != '\0')
    {
        len++;              // 当前字符不为'\0'，计数器加 1
        str++;              // str 指向下一个字符
    }
    return len;
}
```

程序清单 10.14 展示了完整的代码。

程序清单 10.14

```
size_t mstrlen (const char *str)
{
    // 如果传入了空，那么直接返回 0
    if (str == NULL)
    {
        return 0;
    }

    // 长度从 0 开始累计
    size_t len = 0;
    // 计算长度
    while(*str != '\0')
    {
        len++;                  // 当前字符不为'\0'，计数器加 1
        str++;                  // str 指向下一个字符
    }
    return len;
}
```

我们可以使用程序清单 10.15 的代码测试 mstrlen 函数是否正确。

程序清单 10.15

```
int main()
{
    size_t len;
    // 空指针作为输入
    len = mstrlen(NULL);
    printf("%d\n", len);
    // 空字符串作为输入
    len = mstrlen("");
```

```
    printf("%d\n", len);
    //  字符串 Hello 作为输入
    len = mstrlen("Hello");
    printf("%d\n", len);
    return 0;
}
```

在进行测试时，一定要注意一些异常和边界条件。例如，NULL 作为输入，空字符串""作为输入。一个好的函数实现必须能够很好地处理这些异常和边界条件。

10.4.2　mstrcat 函数

我们将仿照 strcat 函数，编写一个功能相同的 mstrcat 函数，例如：

```
char * mstrcat (char * destination, const char * source)
{
    ...
}
```

首先，进行输入参数检查。

```
char * mstrcat (char * destination, const char * source)
{
    ...
    //  参数检查
    if (destination == NULL)
    {
        return NULL;
    }

    if (source == NULL)
    {
        return destination;
    }

    ...
}
```

由于函数的返回值是目标字符串的首地址，因此我们需要保存这个地址。在后续的过程中，我们会移动 destination 指针，这将导致指针不再指向字符串的首地址，因此我们需要提前保存首地址。因此，我们将 destination 赋值给指针 ret。

```
char * mstrcat (char * destination, const char * source)
{
    ...
    //  保存目标字符串的首地址
    char *ret = destination;
    ...
}
```

函数 mstrcat 会从目标字符串的'\0'处开始追加源字符串。因此，我们首先将 destination 指针移动到'\0'处，如图 10.17 所示。

通过循环，mstrcat 函数可以将 destination 指针移动到\0 处。

```
char * mstrcat (char * destination, const char * source)
{
    ...
    // 将 destination 指针移动到'\0'处
    while(*destination != '\0')
    {
        destination++;
    }
    ...
}
```

现在 destination 指针已经指向'\0'处，通过循环遍历源字符串 source，mstrcat 函数将字符从 destination 当前位置开始依次追加到其后，如图 10.18 和图 10.19 所示。

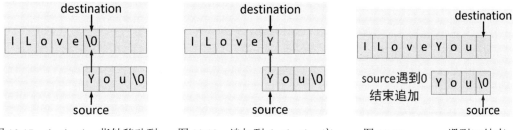

图 10.17　destination 指针移动到 '\0'处　　图 10.18　追加到 destination 字符串后　　图 10.19　source 遇到'\0'结束追加

通过循环，mstrcat 函数依次读取 source 中的字符，将其追加到 destination 字符串的末尾。

```
char * mstrcat (char * destination, const char * source)
{
    ...
    // 依次读取 source 中的字符
    while(*source != '\0')
    {
        // 将 source 中的字符追加到 destination 字符串的末尾
        *destination = *source;
        destination++;
        source++;
    }
    ...
}
```

最后，别忘了在 destination 字符串的结尾标记'\0'。

```
char * mstrcat (char * destination, const char * source)
{
    ...
    // 别忘了在 destination 的结尾标记'\0'
    *destination = '\0';
    ...
}
```

程序清单 10.16 展示了完整的代码。

程序清单 10.16

```c
char * mstrcat(char *destination, const char *source)
{
    // 参数检查
    if (destination == NULL)
    {
        return NULL;
    }
    if (source == NULL)
    {
        return destination;
    }
    // 保存 destination 字符串的首地址
    char *ret = destination;
    // 将指针 destination 移动到'\0'处
    while(*destination != '\0')
    {
        destination++;
    }
    // 依次读取 source 中的字符
    while(*source != '\0')
    {
        // 将 source 中的字符追加到 destination 字符串的末尾
        *destination = *source;
        destination++;
        source++;
    }
    // 别忘了在 destination 的结尾标记'\0'
    *destination = '\0';
    return ret;
}
```

10.4.3　mstrcpy 函数

实际上，mstrcpy 函数的功能与 mstrcat 函数相似，但它是直接从目标字符数组的首地址开始复制字符串的。我们只需删除将指针 destination 移动到'\0'处的代码，其余代码与 mstrcat 函数相同。

程序清单 10.17 展示了完整的代码。

程序清单 10.17

```c
char * mstrcpy(char *destination, const char *source)
{
    // 参数检查
    if (destination == NULL)
    {
        return NULL;
    }
    if (source == NULL)
    {
```

```
        return destination;
    }
    // 保存 destination 字符串的首地址
    char *ret = destination;
    // 依次读取 source 中的字符
    while(*source != '\0')
    {
        //  将 source 中的字符追加到 destination 字符串的末尾
        *destination = *source;
        destination++;
        source++;
    }
    //  别忘了在 destination 的结尾标记 '\0'
    *destination = '\0';
    return ret;
}
```

10.4.4　mstrcmp 函数

mstrcmp 函数的功能：比较两个字符串。若两个字符串相同，则返回 0；若不同，则根据 ASCII 码比较两个字符大小，若 str1 中的字符大，则返回 1，否则返回-1。

mstrcmp 函数最初需要检查 str1 和 str2 是否为空。

① 若 str1 和 str2 均为空，返回 0。

② 若 str1 不为空，str2 为空，返回 1。

③ 若 str1 为空，str2 不为空，返回-1。

```
int mstrcmp(const char *str1, const char *str2)
{
// 参数检查
    if (str1 == NULL && str2 == NULL)
    {
        return 0;
    }
    if (str1 != NULL && str2 == NULL)
    {
        return 1;
    }
    if (str1 == NULL && str2 != NULL)
    {
        return -1;
    }
    ...
}
```

接下来，我们可以开始依次比较两个字符串中的字符了。比较两个字符串中的字符仅有两种情况：相等或不相等。

相等的情形下，又分为两种情况。

① 同时为'\0'，停止比较，返回 0。

② 继续比较。

不相等的情况下也分为两种情况。

① str1 中的字符大于 str2 中的字符，停止比较，返回 1。

② str2 中的字符小于 str1 中的字符，停止比较，返回-1。

图 10.20 展示了 mstrcmp 函数的完整的比较流程。

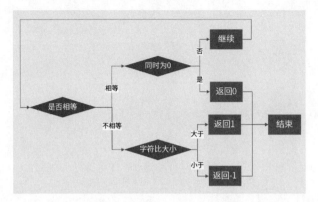

图 10.20　mstrcmp 函数的比较流程

程序清单 10.18 展示了完整的代码。

程序清单 10.18

```c
int mstrcmp(const char *str1, const char *str2)
{
    // 参数检查
    if (str1 == NULL && str2 == NULL)
    {
        return 0;
    }
    if (str1 != NULL && str2 == NULL)
    {
        return 1;
    }
    if (str1 == NULL && str2 != NULL)
    {
        return -1;
    }
    int ret;
    while (1)
    {
        // 是否相等
        if (*str1 != *str2)
        {
            // 不相等
            // 比较字符大小
            if (*str1 > *str2)
            {
                ret = 1;
            }
            else
            {
```

```
                ret = -1;
            }
            //  结束
            break;
        }
        else
        {
            //  相等
            //  是否同时为 0
            if(*str1  ==  '\0' && *str2 == '\0')
            {
                ret = 0;
                //  结束
                break;
            }
            //  继续比较
            str1++;
            str2++;
        }
    }
    return ret;
```

第11章

复合数据

【本章导读】

欢迎来到第 11 章——探讨复合数据类型！在本章中，我们将深入了解 C 语言中的结构体、联合体和枚举，这些元素在编程中具有重要价值。首先，我们将学习结构体的概念和应用，它能有效地将不同类型的数据组织成一个整体。接着，我们将介绍联合体的特点和用途，它允许不同类型的数据共享内存空间。最后，我们将探索枚举的优点，它能提高代码的可读性和清晰度。在本章中，我们将共同探索复合数据类型的世界，以更全面地了解 C 语言的编程特性。

【知识要点】

通过对本章内容的学习，你可以掌握以下知识。

（1）结构体。

（2）联合体。

（3）枚举。

11.1　结构化数据

我们希望建立一个小型人员信息管理系统，可以用于添加、删除、查看人员信息。

每个人员信息包含四部分：姓名、性别、身高、体重。

首先，我们尝试编写一段代码来管理三个人的信息，如表 11.1 所示。其中，1 表示男性，2 表示女性。

表 11.1　人员信息

姓　　名	性　　别	身高（cm）	体重（kg）
Timmy	1	170.00	60.00
David	1	175.00	65.00
Jane	2	165.00	55.00

程序清单 11.1 是实现该需求的代码。

程序清单 11.1

```c
#include <stdio.h>
int main()
{
    //  第一个人
    char name1[20];
    int gender1;
    double height1;
    double weight1;
    //  第二个人
    char name2[20];
    int gender2;
    double height2;
    double weight2;
    //  第三个人
    char name3[20];
    int gender3;
    double height3;
    double weight3;
    //  输入人员信息
    printf("请输入人员信息:\n");
    scanf("%s %d %lf %lf", name1, &gender1, &height1, &weight1);
    scanf("%s %d %lf %lf", name2, &gender2, &height2, &weight2);
    scanf("%s %d %lf %lf", name3, &gender3, &height3, &weight3);
    //  显示人员信息
    printf("显示人员信息\n");
    printf("名字 性别 身高 体重:\n");
    printf("%s %d %.2f %.2f\n", name1, gender1, height1, weight1);
    printf("%s %d %.2f %.2f\n", name2, gender2, height2, weight2);
    printf("%s %d %.2f %.2f\n", name3, gender3, height3, weight3);
    return 0;
}
```

运行结果如图 11.1 所示。该程序实现了人员信息的成功输入和输出操作。

然而，上述代码为每个人分别声明了四个变量来存储个人信息。显然，如果需要继续添加更多人员，则需要在代码中增加更多变量，这将导致代码灵活性差且冗长。

图 11.1　使用局部变量存储信息

11.1.1　使用数组存储数据

为了增加程序的灵活性，我们将单个变量改为数组。暂时设置数组长度为 10，最多可以容纳 10 个人的数据。

```c
char name[10][20];
int gender[10];
double height[10];
double weight[10];
```

上述代码中，char name[10][20]表示一个二维字符数组，其中有 10 行和 20 列。10 行表示可以存储 10 个不同的姓名，每行表示一个姓名；20 列表示每个姓名最多可以有 20 个字符（包括字符串结束符'\0'）。

接下来，我们使用数组并结合循环来录入和显示数据。在此之前，我们需要知道当前有多少人，可以使用以下代码。

```c
// 人员数量
int numOfPerson = 0;
// 通过输入确定人数
printf("请输入人员数量\n");
scanf("%d", &numOfPerson);
```

假设现在有 3 个人，输入 3 后，我们需要开始输入这 3 个人的详细信息，然后程序将这 3 个人的信息显示出来，代码如下。

```c
// 输入人员信息
printf("请输入人员信息:\n");
for(int i = 0; i < numOfPerson; i++)
{
    scanf("%s %d %lf %lf", name[i], &gender[i], &height[i], &weight[i]);
}
// 显示人员信息
printf("显示人员信息\n");
printf("名字 性别 身高 体重:\n");
for(int i = 0; i < numOfPerson; i++)
{
    printf("%s %d %.2f %.2f\n", name[i], gender[i], height[i], weight[i]);
}
```

程序清单 11.2 展示了完整的代码。

程序清单 11.2

```c
#include <stdio.h>
int main()
{
    // 使用数组存储人员信息
    // 姓名数组,每个名字最多20字节,最多10个名字
    char name[10][20];
    int gender[10];
    double height[10];
    double weight[10];
    // 人员数量
    int numOfPerson = 0;
    // 有多少人
    printf("请输入人员数量\n");
    scanf("%d", &numOfPerson);
    // 输入人员信息
    printf("请输入人员信息:\n");
    for(int i = 0; i < numOfPerson; i++)
    {
        scanf("%s %d %lf %lf", name[i], &gender[i], &height[i], &weight[i]);
    }
```

```
    // 显示人员信息
    printf("显示人员信息\n");
    printf("名字 性别 身高 体重:\n");
     for(int i = 0; i < numOfPerson; i++)
    {
        printf("%s  %d  %.2f  %.2f\n", name[i], gender[i], height[i],
weight[i]);
    }
    return 0;
}
```

运行结果如图 11.2 所示,现在代码的灵活性略有提高。我们
使用数组来存储数据,数组长度为 10,因此最多可以存储 10 个人
员的信息。

然而,这段代码只能一次性输入所有人员信息。如果我们希望
以后继续添加新的人员,那么当前的代码将无法实现。为了解决这
个问题,我们需要使程序更通用化,并增加交互功能以提高程序的
智能性。

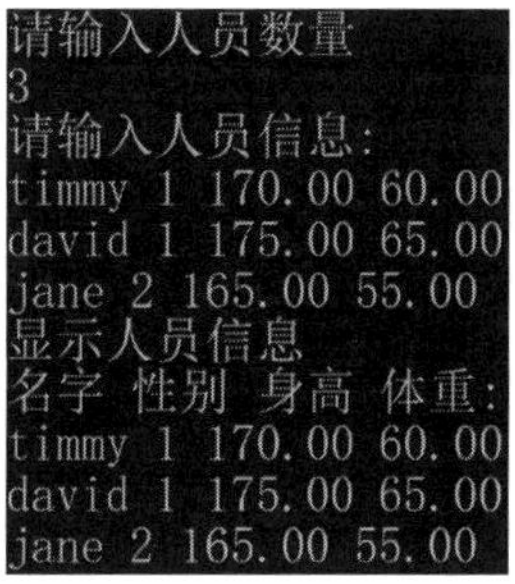

11.1.2 交互式程序

图 11.2 使用数组存储信息

我们将实现一个交互式程序,用于管理人员信息。该程序启动后,将显示一个主界面,
包含以下三个选项。

① 输入人员信息。

② 显示人员信息。

③ 退出。

用户在控制台输入 1 后,可以录入人员信息,完成输入后将返回主界面。输入 2 将显示
所有已录入的成员信息,按任意键返回主界面。输入 3 将退出程序。

```
while(1)
{
    system("cls");
    // 选项1: 输入人员信息
    printf("1. 输入人员信息\n");
    // 选项2: 显示人员信息
    printf("2. 显示人员信息\n");
    // 选项3: 退出
    printf("3. 退出\n");
    int input;
    scanf("%d", &input);
    system("cls");
    if(input == 1)
    {
        // 录入信息
        ...
    }
    else if(input == 2)
    {
        // 查看信息
```

```
    ...
    system("pause");
}
else
{
    break;
}
}
```

程序使用 while(1)创建了一个无限循环，直到遇到 break 语句才会跳出循环。这样设计的目的是让用户可以反复录入或查看人员信息，除非选择退出程序。

循环内部首先使用 system("cls)命令清空控制台屏幕，呈现一个干净的界面。system 是 stdlib.h 头文件中的一个函数，其参数为字符串。传入"cls"参数可清除控制台中之前显示的字符；传入"pause"参数可暂停程序执行，按任意键后继续执行。

获取用户输入后，程序再次使用 system("cls")清空屏幕，接着使用 if 和 else if 语句根据用户的选择执行相应的操作。如果用户选择 1，则程序将执行录入人员信息操作；如果用户选择 2，则程序执行显示人员信息操作。显示人员信息后，system("pause")命令用于暂停程序，等待用户按任意键继续。如果用户选择 3，则程序将执行 break 语句跳出 while(1)循环，结束程序。这是程序的主要逻辑。通过循环显示菜单并响应用户输入，程序实现了人员信息管理的基本功能。

当用户选择输入 1 后，程序向数组中追加人员信息，并将人员数量加 1，代码如下。

```
// 录入信息
printf("请输入人员信息:\n");
scanf("%s  %d  %lf  %lf", name[numOfPerson], &gender[numOfPerson],
&height[numOfPerson], &weight[numOfPerson]);
numOfPerson++;
```

当用户选择输入 2 后，程序根据 numOfPerson 的值确定当前人员数量，并显示所有人员信息。

```
// 查看信息
printf("显示人员信息\n");
printf("名字 性别 身高 体重:\n");
for(int i = 0; i < numOfPerson; i++)
{
    printf("%s %d %.2f %.2f\n", name[i], gender[i], height[i], weight[i]);
}
system("pause");
```

程序清单 11.3 展示了完整的代码。

程序清单 11.3

```
#include <stdio.h>
#include <stdlib.h>
int main()
{
    // 使用数组存储人员信息
    // 姓名数组，每个名字最多 20 字节，最多 10 个名字
    char name[10][20];
```

```
    int gender[10];
    double height[10];
    double weight[10];
    //   人员数量
    int numOfPerson = 0;
    while(1)
    {
        system("cls");
        //   录入信息
        printf("1. 输入人员信息\n");
        //   查看信息
        printf("2. 显示人员信息\n");
        //   退出
        printf("3. 退出\n");

        int input;
        scanf("%d", &input);
        system("cls");
        if(input == 1)
        {
            //   录入信息
            printf("请输入人员信息:\n");
            scanf("%s %d %lf %lf", name[numOfPerson],
&gender[numOfPerson], &height[numOfPerson], &weight[numOfPerson]);
            numOfPerson++;
        }
        else if(input == 2)
        {
            //   查看信息
            printf("显示人员信息\n");
            printf("名字 性别 身高 体重:\n");
            for(int i = 0; i < numOfPerson; i++)
            {
                printf("%s %d %.2f %.2f\n", name[i], gender[i], height[i],
weight[i]);
            }
            system("pause");
        }
        else
        {
            break;
        }
    }
    return 0;
}
```

11.1.3　数据聚合

虽然当前程序已经相当智能，但是代码中仍有一些不够完善的地方。每个人的信息被拆散了，各项信息被存储在不同的数组中。如果我们能将每个人的信息聚合在一个实体中，那么多个这样的实体组成一个数组，整体效果会更好。

在 C 语言中，我们可以通过引入一个新的关键字 struct 将不同类型的数据聚合在一个实体中。

```
struct {
    char name[20];
    int gender;
    double height;
    double weight;
}
```

在 C 语言中，struct 是一种自定义的复合数据类型，允许将不同类型的数据组合在一起。现在我们有了一个新的数据类型，这种由不同类型聚合而成的数据被称为结构体。

接下来，我们使用结构体定义一个包含 10 个元素的数组。尽管结构体很长，但无须担心，我们将它视为一个普通的 int。我们可以像声明一个 int 数组一样声明一个结构体数组。

```
int arr[10];
```

将 int 替换为上述的结构体即可定义结构体数组。

```
struct {
    char name[20];
    int gender;
    double height;
    double weight;
}arr[10];
```

这段代码成功地定义了一个结构体数组 arr，包含 10 个元素，每个元素都是一个结构体。那么，我们如何访问这个数组呢？其实也是类似的，例如，访问第一个元素。

```
arr[0];
```

但是，我们并不需要访问整个结构体，只需要访问结构体中的某一项。因此，我们可以使用成员运算符.（点号）结合字段名来访问结构体的每一项成员，例如：

```
arr[0].name;
arr[0].gender;
arr[0].height;
arr[0].weight;
```

上述代码成功访问了结构体数组的第一个元素中的名字、性别、身高和体重数据。

假设我们现在要输入第一个成员的信息，并将代码修改如下。

```
// 录入第一个成员信息
scanf("%s %d %lf %lf", arr[0].name, &arr[0].gender, &arr[0].height,
&arr[0].weight);
```

显示成员信息也是类似的，如下所示。

```
// 显示第一个成员信息
printf("%s %d %.2f %.2f\n", arr[0].name, arr[0].gender, arr[0].height,
arr[0].weight);
```

我们对之前的代码进行修改，具体代码见程序清单 11.4。

程序清单 11.4

```
#include <stdio.h>
```

```
#include <stdlib.h>
int main()
{
    // 1. 数组定义
    struct {
        char name[20];
        int gender;
        double height;
        double weight;
    }arr[10];

    int numOfPerson = 0;

    while(1)
    {
        system("cls");
        printf("1. 输入人员信息\n");
        printf("2. 显示人员信息\n");
        printf("3. 退出\n");

        int input;
        scanf("%d", &input);
        system("cls");
        if(input == 1)
        {
            printf("请输入人员信息:\n");
            // 2. 录入数据
            scanf("%s %d %lf %lf", arr[numOfPerson].name,
&arr[numOfPerson].gender, &arr[numOfPerson].height, &arr[numOfPerson].weight);
            numOfPerson++;
        }
        else if(input == 2)
        {
            printf("显示人员信息\n");
            printf("名字 性别 身高 体重:\n");
            for(int i = 0; i < numOfPerson; i++)
            {
                // 3. 显示数据
                printf("%s  %d  %.2f  %.2f\n", arr[i].name, arr[i].gender,
arr[i].height, arr[i].weight);
            }
            system("pause");
        }
        else
        {
            break;
        }
    }
    return 0;
}
```

现在，每个成员的数据被聚合在一个实体中。我们使用多个结构组成数组，可以轻松而自然地表示多个人员的信息。

查看图 11.3，之前我们需要手动组合 4 个数组中的元素来组成一个人员的信息，即

名字数组[n] + 性别数组[n] + 身高数组[n] + 体重数组[n] = 人员 n 的信息

现在，我们只需要使用一个数组的元素，并通过.的方式就可以访问 n 个人员的信息，即

数组[n].name + 数组[n].gender + 数组[n].height + 数组[n].weight = 人员 n 的信息

名字数组	Timmy	David	Jane
性别数组	1	1	2
身高数组	170.00	175.00	165.00
体重数组	60.00	65.00	55.00

	Timmy	David	Jane
成员信息数组	1	1	2
	170.00	175.00	165.00
	60.00	65.00	55.00

图 11.3　结构聚合信息

11.2　结 构 体

结构体（structure）是 C 语言中一种自定义复合数据类型，它允许将多个不同类型的数据元素（称为成员）组织在一起。结构体可用于存储具有多个属性的实体，例如，一个人员可能具有姓名、薪水等属性。这些相关属性可以通过结构体在一个数据结构中进行组织和管理，从而提高代码的可读性和维护性。

尽管结构体类型的定义较长，但其实它与 int 类型类似。正如在 int 后填写变量名可以声明一个整型变量一样，在结构体类型后添加变量名也可以声明一个结构体变量。

```
struct {
    char name[20];
    int gender;
    double height;
    double weight;
}timmy;
```

timmy 是由该结构体声明的变量，它包含 4 个成员。

要访问结构体的各个成员，需要使用成员运算符.与成员名。

```
timmy.name;
timmy.gender;
timmy.height;
timmy.weight;
```

接下来，我们为 timmy 变量的各个成员赋值。

```
strcpy(timmy.name, "Timmy");
```

```
timmy.gender = 1;
timmy.height = 170.00;
timmy.weight = 60;
```

有些读者可能会疑惑，为什么需要使用 strcpy 函数为 timmy.name 赋值，而不是直接将其写成 timmy.name = "Timmy"呢？

在这段代码中，timmy.name = "Timmy";的写法是错误的，因为 timmy.name 是一个字符数组，而不是一个字符指针。字符数组的内容不能直接使用赋值运算符进行赋值。要将字符串常量分配给字符数组，需要使用 strcpy()函数或其他适当的字符串复制方法。

11.2.1　结构体别名

现在，我们想要定义多个人员信息的结构体变量，例如：

```
struct {
    char name[20];
    int gender;
    double height;
    double weight;
}timmy;
struct {
    char name[20];
    int gender;
    double height;
    double weight;
}david;
struct {
    char name[20];
    int gender;
    double height;
    double weight;
}jane;
```

上述代码使用结构体定义了 timmy、david、jane 三个变量。由于这三个结构体变量的内部成员都是一致的，每次声明都要写一段很长的代码，这是非常烦琐的，因此我们是否可以只声明一次结构体类型，然后重复使用它呢？

当然可以，我们只需要给结构体类型定义一个别名，例如：

```
struct person{
    char name[20];
    int gender;
    double height;
    double weight;
}timmy;
struct person david;
struct person jane;
```

在这段代码中，第一次声明结构体变量时，我们在 struct 和{之间填写了一个结构体别名。如果以后需要使用这种结构，则只需使用 struct 加上该别名即可声明该结构体的变量。

事实上，我们还可以在最开始时进行结构体类型声明。这样，所有的结构体变量都可以使用该别名进行声明。这相当于先定义一个模板，然后使用该模板生成各个变量。

```
struct person{
    char name[20];
    int gender;
    double height;
    double weight;
};
struct person timmy;
struct person david;
struct person jane;
```

需要注意的是，如果结构体类型是在某个函数中声明的，那么其别名只能在该函数内部使用，例如：

```
void func1()
{
    struct person{
        char name[20];
        int gender;
        double height;
        double weight;
    };
    struct person timmy;
}
void func2()
{
    // 别名person无法在func2中使用
    struct person david;
}
```

在上述代码中，函数func1声明了一个结构体类型，它的别名为person。同时，函数func1使用该别名声明了一个结构体变量timmy。函数func2使用别名person声明了另一个结构体变量david，但是别名person无法在函数func2中使用，因此代码会编译报错。

如果需要在多个函数中使用结构体别名，可以将结构体声明放到函数外面，例如：

```
// 将结构体声明放到函数外
struct person{
    char name[20];
    int gender;
    double height;
    double weight;
};
void func1()
{
    struct person timmy;
}
void func2()
{
    struct person david;
}
```

11.2.2　初始化结构体

初始化结构体是为结构体中的成员分配初始值的过程。在定义结构体变量时，我们可以使用花括号（{}）为成员分配初始值。成员的初始化顺序应与结构体定义中的成员顺序一致。例如：

```
struct person timmy = {"timmy", 1, 170.00, 60.00};
```

结构体变量初始化的形式与数组初始化的形式类似。在声明时，结构体变量后跟等号 = 和初始化列表。结构体的初始化列表需要注意以下四点。

① 初始化列表由{}包括。

② {}内是结构体成员需要被初始化的值。

③ 初始化值应按照声明结构体成员的顺序依次排列。

④ 每个初始化值之间应用逗号（,）分隔。

对于第三点，person 结构体成员声明的顺序应依次为 name、gender、height、weight，对应的初始化列表中的初始化值顺序应为 "timmy"、1、170.00、60.00。这点需要严格执行。

以下是正确和错误的结构体变量初始化方式。

```
// 正确的初始化方式
struct person timmy = {"timmy", 1, 170.00, 60.00};
// 错误的初始化方式
struct person timmy = {1, "timmy", 170.00, 60.00}; // 类型不一致无法编译通过
struct person timmy = {"timmy", 1, 60.00, 170.00}; // 编译可以通过，但是身高和
                                                   // 体重数据被颠倒了
```

在上述代码中：第一个结构体变量的初始化列表顺序正确；第二个结构体变量的初始化列表顺序错误，因为第一个初始化值是一个整数，而不是字符数组，这将导致编译错误；第三个结构体变量的初始化列表可以编译通过，但是身高和体重数据被颠倒了。因此，我们需要严格按照成员声明的顺序，对初始化列表中的初始化值进行排列。

11.2.3　结构体数组

结构体数组由多个结构体类型的元素组成。在 C 语言中，我们可以像处理其他数据类型的数组一样处理结构体数组。例如：

```
struct person{
    char name[20];
    int gender;
    double height;
    double weight;
};
struct person people[3] = {
    {"timmy", 1, 170.00, 60.00},
    {"david", 1, 175.00, 65.00},
    {"jane", 2, 165.00, 55.00}
};
for(int i = 0; i < 3; i ++)
{
```

```
    struct person per = people[i];
    printf("%s ", per.name);
    printf("%d ", per.gender);
    printf("%.2f ", per.height);
    printf("%.2f\n", per.weight);
}
```

这段代码定义并初始化了一个大小为 3 的结构体数组 people，之后使用 for 循环输出了数组内的值。

结构体数组与基本类型数组类似，通过在方括号内填写数组元素的数量来声明。初始化列表也可用于初始化结构体数组，初始化列表中依次填每个结构体的初始化列表，每个结构体的初始化列表之间用逗号分隔。

我们可以通过在方括号内填写下标来访问结构体数组中的元素。同样地，下标也是从 0 开始的。

11.2.4　嵌套结构

在 C 语言中，结构体可以嵌套，也就是说，一个结构体可以包含另一个结构体作为其成员。这样做可以更好地表示复杂的数据结构。

例如，我们可以声明一个用于存储通信方式的结构体。

```
struct contact {
    char phone[20];
    char email[20];
};
```

现在，我们需要记录每个人员的通信方式。我们可以将上述的结构体添加到人员结构体中，作为其一个成员：

```
struct person{
    char name[20];
    int gender;
    double height;
    double weight;
    struct contact c;
};
```

在人员信息中，通信方式结构体为其第五个成员。因此，在人员信息初始化列表的第五个位置处，填写通信方式结构体的初始化列表，即可正确地对结构体进行初始化。

```
struct person timmy = {
    "timmy", 1, 170.00, 60.00, {"130123456678", "timmy@xxx.com"}
};
```

使用.加上字段名可以访问通信方式结构体的成员。如果想要访问其内部的成员，可以再次使用.加上字段名，例如：

```
struct person timmy = {
    "timmy", 1, 170.00, 60.00, {"130123456678", "timmy@xxx.com"}
};
printf("%s\n", timmy.c.phone);
printf("%s\n", timmy.c.email);
```

这样就可以分别输出 timmy 的电话号码和电子邮件地址。

11.2.5　指向结构体的指针

在 C 语言中，我们可以使用指针指向结构体。结构体指针可以用于间接访问结构体成员，以及将结构体作为函数参数或返回值进行传递，例如：

```
struct person timmy = {"timmy", 1, 170.00, 60.00};
struct person *pTimmy = &timmy;
```

和往常一样，加上星号（*）用于声明一个指针。我们可以使用取地址运算符&获取指针。

取出结构体指针值的操作，也和之前的操作类似。由于取地址&与取值*具有可逆关系，我们可以把指针先转为结构体再使用。

```
printf("%s\n", (*pTimmy).name);
printf("%d\n", (*pTimmy).gender);
printf("%.2f\n", (*pTimmy).height);
printf("%.2f\n", (*pTimmy).weight);
```

由于成员运算符.的优先级高于取值*，为了让取值*先运算，必须使用括号将*pTimmy 包括起来。

另外，C 语言提供了更加方便的写法，即成员间接运算符->。(*pTimmy).name 等价于 pTimmy->name，例如：

```
printf("%s\n", pTimmy->name);
printf("%d\n", pTimmy->gender);
printf("%.2f\n", pTimmy->height);
printf("%.2f\n", pTimmy->weight);
```

使用成员间接运算符->可以更加简洁地访问结构体指针的成员。

11.2.6　结构体在函数中传递

在 C 语言中，我们可以将结构体作为函数参数或返回值进行传递。通常有两种方式：传值和传指针。传值方式会将整个结构体的副本传递给函数，而传指针方式只会传递结构体的地址。

程序清单 11.5 展示了一个通过传值方式将结构体传递给函数的示例。

程序清单 11.5

```
#include <stdio.h>
struct person {
    char name[20];
    int gender;
    double height;
    double weight;
};
void change(struct person per)
{
    strcpy(per.name, "david");
    per.gender = 1;
```

```
    per.height = 175.00;
    per.weight = 65.00;
}
int main()
{
    struct person timmy = { "timmy", 1, 170.00, 60.00 };
    change(timmy);
    printf("%s\n", timmy.name);
    printf("%d\n", timmy.gender);
    printf("%.2f\n", timmy.height);
    printf("%.2f\n", timmy.weight);
    return 0;
}
```

在上述代码中，函数 change 被调用时，参数 per 是通过传值方式进行传递的。由于函数内的修改只会影响传入的副本而不是原始结构体，因此函数 change 对结构体 timmy 所做的修改不会被保留。因此，程序的输出结果如图 11.4 所示，仍然是原始的 timmy 的数据。

图 11.4　无法修改 timmy

在函数中传递结构体时，使用传值方式有以下几个潜在问题。

① 性能消耗：当结构体较大时，传值方式会将整个结构体的副本传递给函数。这会导致更多的内存和 CPU 时间被消耗在复制结构体数据上。相比之下，传指针方式只需传递结构体的地址，无论结构体有多大，都只需传递一个指针大小的数据。

② 原始结构体不会被修改：由于传值方式传递的是结构体的副本，函数内对结构体的修改不会影响到原始结构体。这在某些情况下可能不是你想要的结果，尤其是当你需要在函数内修改原始结构体时。传指针方式可以解决这个问题，因为它传递的是原始结构体的地址。

综上所述，尽管传值方式在结构体较小时是可行的，但在许多情况下，传指针方式更为有效和安全。传指针方式可以减少内存和 CPU 时间消耗，允许在函数内修改原始结构体，并避免潜在的错误。

程序清单 11.6 展示了一个通过传指针方式将结构体传递给函数的示例。

程序清单 11.6

```
#include <stdio.h>
struct person{
    char name[20];
    int gender;
    double height;
    double weight;
};
void change(struct person *per)
{
    strcpy(per->name, "david");
    per->gender = 1;
    per->height = 175.00;
    per->weight = 65.00;
}
int main()
{
    struct person timmy = {"timmy", 1, 170.00, 60.00};
```

```
    change(&timmy);
    printf("%s\n", timmy.name);
    printf("%d\n", timmy.gender);
    printf("%.2f\n", timmy.height);
    printf("%.2f\n", timmy.weight);
    return 0;
}
```

在上述代码中，函数 change 被调用时，参数 per 是通过传指针方式进行传递的。由于函数内修改的是原始结构体，因此函数 change 对结构体 timmy 所做的修改会得到保留。程序的输出结果如图 11.5 所示。

图 11.5　使用指针修改 timmy

11.2.7　结构体例题

题目：编写一个程序，实现一个简单的学生信息管理系统，用于存储和输出学生的姓名、年龄和成绩。要求使用结构体和结构体数组来实现。

以上的题目，请同学们独立思考并完成，答案在程序清单 11.7 中。

程序清单 11.7

```c
#include <stdio.h>
// 定义学生信息结构体
struct Student {
    char name[30];
    int age;
    float score;
};
// 定义一个函数，用于输出学生信息
void printStudentInfo(const struct Student* student) {
    printf("姓名: %s\n", student->name);
    printf("年龄: %d\n", student->age);
    printf("成绩: %.2f\n", student->score);
}
int main() {
    // 创建一个结构体数组，用于存储学生信息
    struct Student students[] = {
        {"Alice", 20, 89.5},
        {"Bob", 21, 78.0},
        {"Charlie", 22, 95.5},
    };
    // 获取数组的长度
    int numberOfStudents = sizeof(students) / sizeof(students[0]);
    // 遍历结构体数组，输出学生信息
    for (int i = 0; i < numberOfStudents; i++) {
        printf("学生 #%d\n", i + 1);
        printStudentInfo(&students[i]);
        printf("\n");
    }
    return 0;
}
```

11.3 联 合 体

在 C 语言中，联合体（union）是一种特殊的数据类型，它允许在相同的内存位置存储不同类型的数据。联合体的大小等于其最大成员的大小。使用联合体时，同一时刻只能访问其中一个成员，因为其他成员的数据会被覆盖。

联合体常用于节省内存空间，特别是在嵌入式系统或处理大量数据时。下面是一个简单的联合体示例。

```
union {
    char c;
    short s;
    long long ll;
}u;
```

联合体的语法非常类似于结构体的语法，几乎仅仅换了一个关键字而已。让我们来看看它们之间的差别。我们先使用 sizeof 分别测试它们的大小，具体代码见程序清单 11.8。

程序清单 11.8

```
#include <stdio.h>
int main()
{
    struct {
        char c;
        short s;
        long long ll;
    }s;
    union {
        char c;
        short s;
        long long ll;
    }u;
    printf("sizeof s %d\n", sizeof(s));
    printf("sizeof u %d\n", sizeof(u));
    return 0;
}
```

运行结果如图 11.6 所示，结构体 s 的大小为 16，而联合体
u 的大小为 8。

对于结构体来说，char 占用 1 字节，short 占用 2 字节，
long long 占用 8 字节。它们如果相邻紧密排列，则在逻辑上
将占用 11 字节。这两个结果似乎都有些奇怪，让我们输出它们成员的地址，详细地分析它们的内存分布情况，具体代码见程序清单 11.9。

```
sizeof s 16
sizeof u 8
```

图 11.6　struct 与 union 的大小

程序清单 11.9

```
#include <stdio.h>
int main()
```

```
{
    struct {
        char c;
        short s;
        long long ll;
    }s;

    union {
        char c;
        short s;
        long long ll;
    }u;
    printf("&s.c %d \n", &s.c);
    printf("&s.s %d \n", &s.s);
    printf("&s.ll %d \n\n", &s.ll);
    printf("&u.c %d \n", &u.c);
    printf("&u.s %d \n", &u.s);
    printf("&u.ll %d \n", &u.ll);
    return 0;
}
```

运行结果如图 11.7 所示，结构体 s 的成员 c、s 和 11 的首地址分别为 8649904、8649906 和 8649912。

根据结构体 s 的地址，我们画出了结构体 s 各个成员在内存中的分布情况，如图 11.8 所示。我们注意到在 char 和 short 类型之间留出了 1 字节的空间，而在 short 和 long long 类型之间留出了 4 字节的空间。

图 11.7　成员内存地址

这种现象被称为内存对齐。虽然这样做会浪费一些内存空间，但是对齐后的数据能够更快地被访问。因此，内存对齐可以提高数据访问速度。

内存对齐（memory alignment）是一种处理器、操作系统和编译器共同实现的优化策略，旨在提高数据访问速度。它要求数据在内存中以其自然边界对齐。具体来说，对于大小为 N 字节的数据类型，它的内存地址应该是 N 的整数倍。这是因为处理器在访问特定边界对齐的内存时，通常能更高效地读取和写入数据。内存对齐只需简单理解即可，无须深入探讨和研究。

下面我们来看看联合体中成员的内存分布情况。联合体 u 的成员 c、s 和 ll 在内存中的首地址都为 8649896，如图 11.9 所示。我们可以看到，联合体中不同成员的首地址是重叠的。

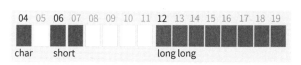

图 11.8　结构体的内存分布

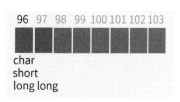

图 11.9　首地址重叠

11.3.1 联合体的性质

由于联合体中的各成员之间存在重叠的部分，存储一个成员后，将覆盖其他成员的数据。程序清单 11.10 展示了一个使用联合体的示例。

程序清单 11.10

```c
#include <stdio.h>
int main()
{
    union {
        char c;
        short s;
        long long ll;
    }u;
    u.c = 123;
    printf("u.c = %d\n", u.c);
    u.s = 0;
    printf("u.c = %d\n", u.c);
    return 0;
}
```

这段代码定义了一个联合体 u，包含了三个成员：char c、short s 和 long long ll。接下来，程序执行以下操作。

首先，程序将 123 赋值给 u.c，然后输出它。输出将显示 u.c = 123。

接着，程序将 0 赋值给 u.s。由于联合体成员共享同一内存空间，这将覆盖 u.c 的值。然后，程序再次输出 u.c 的值，输出将显示 u.c = 0。这是因为赋值给 u.s 的操作已经改变了共享的内存内容。程序执行结果如图 11.10 所示。

联合体由于共用了一段内存，存储一个成员后，将覆盖其他成员的数据，因此也被称为共用体。尽管这种行为看起来非常奇怪，但是它实际上有其独特的用途。

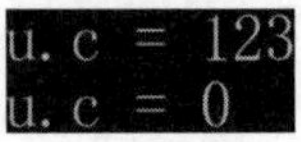

```
u.c = 123
u.c = 0
```

图 11.10 联合体中的成员被覆盖

11.3.2 联合体的应用

下面是一个使用联合体的应用示例。假设有一种信息它只有三种形态，即整数、浮点数和字符串，并且一次只能出现一种形态。

如果我们用结构体 struct 来存储这种信息，那么结构体中就需要准备三个不同类型的成员。由于一次只会出现一种形态，因此每次仅用一个成员，其他两个成员便会留空。另外，还需要一个整型的 type 成员来标记这一次是什么类型。例如：1 代表整型，2 代表浮点，3 代表字符串。根据上述的内容，我们可以写出如下的结构体。

```c
struct message{
    int type;
    int n;
    float f;
    char *str;
};
```

接下来，我们可以定义一个函数 printMsg，根据消息的 type 使用不同的方式处理消息。

```
void printMsg(struct message msg)
{
    switch (msg.type)
    {
    case 1:
        printf("%d\n", msg.n);
        break;
    case 2:
        printf("%f\n", msg.f);
        break;
    case 3:
        printf("%s\n", msg.str);
        break;
    }
}
```

程序清单 11.11 展示了完整的代码。

程序清单 11.11

```
#include <stdio.h>
struct message
{
    int type;
    int n;
    float f;
    char *str;
};
void printMsg(struct message msg)
{
    switch (msg.type)
    {
    case 1:
        printf("%d\n", msg.n);
        break;
    case 2:
        printf("%f\n", msg.f);
        break;
    case 3:
        printf("%s\n", msg.str);
        break;
    }
}
int main()
{
    struct message msg[3];
    //  第一条信息为整型，type 为 1
    msg[0].type = 1;
    msg[0].n = 123;
    //  第二条信息为浮点型，type 为 2
    msg[1].type = 2;
```

```
    msg[1].f = 3.1415926;
    //  第三条信息为字符串，type 为 3
    msg[2].type = 3;
    msg[2].str = "HelloWorld";
    for (int i = 0; i < 3; i++)
    {
        printMsg(msg[i]);
    }
    return 0;
}
```

这段代码定义了一个名为 message 的结构体，用于存储不同类型的数据（整数、浮点数和字符串）。

printMsg 函数接收一个 message 类型的参数，根据 type 成员的值来输出不同类型的数据。如果 type 为 1，则输出整数；如果为 2，则输出浮点数；如果为 3，则输出字符串。

在 main 函数中，我们创建了一个 message 类型的数组 msg，包含三个元素，并且为这三个元素分别赋值。第一个元素表示一个整数，所以将 type 设为 1。第二个元素表示一个浮点数，所以将 type 设为 2。第三个元素表示一个字符串，所以将 type 设为 3。

然后，我们使用一个 for 循环遍历数组，调用 printMsg 函数输出每个元素的值。

运行结果如图 11.11 所示，该程序成功输出了对应的值。

但是很显然，结构体中有两个成员变量是空置的，这样很容易造成内存的浪费。通过使用联合体，这三个不同类型的成员所占空间可以被合并为一个。我们将结构体修改如下。

图 11.11　struct 处理信息

```
struct message
{
    int type;
    union {
        int n;
        float f;
        char *str;
    }u;
};
```

当然，type 成员必须有，否则无法判断是什么类型的信息。收到消息后，程序还需要根据消息的 type 使用不同的方式进行处理。确定 type 后，程序从 msg 中找到联合体成员 u，再根据类型，并选择对应的成员进行处理。完整的代码见程序清单 11.12。

程序清单 11.12

```
#include <stdio.h>
struct message
{
    int type;
    union {
        int n;
        float f;
        char* str;
    }u;
};
```

```c
void printMsg(struct message msg)
{
    switch (msg.type)
    {
        case 1:
            printf("%d\n", msg.u.n);
            break;
        case 2:
            printf("%f\n", msg.u.f);
            break;
        case 3:
            printf("%s\n", msg.u.str);
            break;
    }
}
int main()
{
    struct message msg[3];
    //  第一条信息为整型，type 为 1
    msg[0].type = 1;
    msg[0].u.n = 123;
    //  第二条信息为浮点型，type 为 2
    msg[1].type = 2;
    msg[1].u.f = 3.14159;
    //  第三条信息为字符串，type 为 3
    msg[2].type = 3;
    msg[2].u.str = "HelloWorld";
    for (int i = 0; i < 3; i++)
    {
        printMsg(msg[i]);
    }
    return 0;
}
```

与前面的示例相比，这段代码将结构体中的 int n、float f 和 char *str 成员替换为一个名为 u 的联合体。联合体 u 包含三个成员：int n、float f 和 char *str。

这种改进能够节省内存空间，因为使用联合体只会为 int n、float f 和 char *str 中最大的成员分配空间。联合体成员共享内存，因此整个结构体占用的空间会减少。

另外，还有一种匿名嵌套的写法。嵌套的 union 中没必要写明成员名 u。在其后的使用中，union 中的成员被当作 message 的成员一样处理。

```c
struct message
{
    int type;
    union {
        int n;
        float f;
        char *str;
    };                              //   这里省略成员名 u 作为匿名嵌套成员
};
void printMsg(struct message msg)
```

```
{
    switch (msg.type)
    {
    case 1:
        printf("%d\n", msg.n);       // msg.u.n 被省略为 msg.n
        break;
    case 2:
        printf("%f\n", msg.f);       // msg.u.f 被省略为 msg.f
        break;
    case 3:
        printf("%s\n", msg.str);     // msg.u.str 被省略为 msg.str
        break;
    }
}
```

11.4 枚 举

在 11.3 节的示例中，我们使用数字来代表消息的类型——1 代表整型，2 代表浮点数，3 代表字符串。虽然使用数字可以达到预期的效果，但是当类型数量增多时，人们很难记住哪个数字对应哪种类型。

因此，C 语言提供了一种特殊的整型——枚举类型。在 C 语言中，枚举（enumeration）是一种用户自定义的数据类型，允许你为一组有名字的整数常量定义符号名。枚举也是一种方便且易于阅读的方法，用于表示一组相关的整数值，例如表示状态、错误代码等。

我们可以用有意义的英文单词来替代数字，这些英文单词可以自由命名，只要我们能够理解它们对应的类型即可。例如，我们可以将 1 表示的整型替换为 eInteger，将 2 表示的浮点数替换为 eFloat，将 3 表示的字符串替换为 eString。

枚举的定义使用关键字 enum，后跟枚举类型的名称以及由花括号括起来的枚举值列表，最后以分号结束。例如：

```
enum msgType{
    eInteger,
    eFloat,
    eString
};
```

为什么说枚举是一种特殊的整型呢？让我们用输出整型的方式来输出这几个枚举类型，具体代码见程序清单 11.13。

程序清单 11.13

```
#include <stdio.h>
enum msgType {
    eInteger,
    eFloat,
    eString
};
int main()
{
```

```
    printf("eInteger %d\n", eInteger);
    printf("eFloat %d\n", eFloat);
    printf("eString %d\n", eString);
    return 0;
}
```

运行结果如图 11.12 所示，我们发现 eInteger 的值为 0，eFloat 的值为 1，eString 的值为 2。这是因为枚举会从 0 开始，依次递增。

我们如果希望从 1 开始编号，则可以在 eInteger 后添加=1，例如：

```
enum msgType{
    eInteger = 1,                // 让枚举从 1 开始
    eFloat,
    eString
};
```

这样枚举就能够从 1 开始了，结果如图 11.13 所示。

图 11.12　枚举是整型

图 11.13　枚举从 1 开始

更特殊的是，你可以为枚举中的每个成员指定一个值，例如：

```
enum msgType{
    eInteger = 1,
    eFloat = 3,
    eString = 5
};
```

现在，我们可以使用枚举替代数字，对前面的信息类型判别的程序进行修改，完整代码见程序清单 11.14。

程序清单 11.14

```
#include <stdio.h>
enum msgType {
    eInteger,
    eFloat,
    eString
};
struct message
{
    enum msgType type;
    union {
        int n;
        float f;
        char* str;
    };
};
void printMsg(struct message msg)
{
    switch (msg.type)
```

```
    {
    case eInteger:
        printf("%d\n", msg.n);
        break;
    case eFloat:
        printf("%f\n", msg.f);
        break;
    case eString:
        printf("%s\n", msg.str);
        break;
    }
}
int main()
{
    struct message msg[3];
    //  第一条信息为整型，type 为 eInteger
    msg[0].type = eInteger;
    msg[0].n = 123;
    //  第二条信息为浮点型，type 为 eFloat
    msg[1].type = eFloat;
    msg[1].f = 3.14159;
    //  第三条信息为字符串，type 为 eString
    msg[2].type = eString;
    msg[2].str = "HelloWorld";
    for (int i = 0; i < 3; i++)
    {
        printMsg(msg[i]);
    }
    return 0;
}
```

在这段修改后的代码中，我们使用了枚举类型 enum msgType 来代替数字表示消息的类型。通过在枚举中定义有意义的符号名来表示不同的消息类型，代码变得更易于阅读和理解。

同时，我们在程序清单 11.14 中使用了类型定义，将枚举类型定义为 msgType。这样，在后续代码中，我们可以直接使用 msgType 来代表消息类型，这增加了代码的可读性。

第12章

作用域和预处理器

【本章导读】

欢迎来到第 12 章！在本章中，我们将深入探讨 C 语言中的一些核心概念，让你的编程知识更加完善。首先，会详细讲解"作用域"的概念，帮助你理解变量在代码中的生命周期和可访问性。然后，将介绍"预处理指令"的使用方法，它们能够在编译时对代码进行预先处理。紧接着，将介绍 typedef 的相关知识，让你能够为数据类型自定义别名。最后，将介绍"条件编译"的概念，它允许你的代码根据特定条件进行适应性调整。让我们共同在 C 语言的世界中继续探险吧！

【知识要点】

通过对本章内容的学习，你可以掌握以下知识。

（1）作用域。

（2）#define。

（3）typedef。

（4）条件编译。

12.1 标识符作用域

程序清单 12.1 展示了一个关于标识符作用域的示例。

程序清单 12.1

```
#include <stdio.h>
void func()
{
    int n;
    n = 100;
    printf("n in func %d\n", n);
```

```
}

int main()
{
    int n = 0;
    printf("n in main %d\n", n);
    func();
    printf("n in main %d\n", n);
    return 0;
}
```

在上述代码中，main 函数有一个名为 n 的变量，其初始值为 0，在 func 函数同样有一个名为 n 的变量，其被赋值 100。

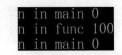

运行结果如图 12.1 所示。main 函数中的变量 n 始终保持为 0，而 func 函数中的变量 n 始终保持为 100。

图 12.1　main 和 func 两个函数中的变量独立

由此可见，func 函数中的变量 n 与 main 函数中的变量 n 并非同一个变量。在本节中，我们将引入作用域的概念，以便更清楚地描述和解释这种现象。

在 C 语言中，作用域定义了标识符在程序中可被访问的范围。C 语言共有三种作用域类型：块作用域、函数作用域和文件作用域。

12.1.1　块作用域

块作用域是指在代码块中定义的标识符的作用范围。这些标识符仅在它们所属的代码块内可见，而无法在代码块之外进行访问。例如：

```
{
    // 代码块 A
    xxxxxxxxxx
}
{
    // 代码块 B
    xxxxxxxxxx
}
```

在 C 语言中，由花括号包围的代码组成一个代码块，如上例代码所示，分别形成了代码块 A 和代码块 B。

假设我们在代码块 A 中声明一个整型变量 int n = 3。

```
{
    // 代码块 A
    xxxxxxxxxx
    int n = 3;
    xxxxxxxxxx
}
```

查看图 12.2，标识符 n 具有一定的使用范围。当变量声明在代码块内时，其使用范围从变量声明开始，一直到包含该声明的代码块结束。这段使用范围称为标识符 n 的块作用域。标识符 n 在这个作用域之外是不可访问的。例如，在代码块 A 中声明的变量 n 在代码块 B

中是不可访问的。

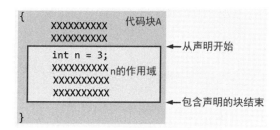

图 12.2　作用域的范围

实际上，我们常见的 if 语句、for 循环等都属于块作用域。具体代码见程序清单 12.2。

程序清单 12.2

```c
#include <stdio.h>
int main() {
    int a = 10;
    if (a > 5) {
        int b = 20;
        printf("b is %d\n", b);
    }
    printf("a is %d\n", a);
    return 0;
}
```

在此示例中，变量 b 的作用域仅限于 if 语句内部，因此该变量在 if 语句之外是不可访问的。

1. 同级代码块

现在我们来研究两个同级关系的代码块的情况。具体代码见程序清单 12.3。

程序清单 12.3

```c
#include <stdio.h>
int main()
{
    {
        int n;
        printf("&n=%llu\n", &n);
    }
    {
        float n;
        printf("&n=%llu\n", &n);
    }
    return 0;
}
```

程序清单 12.3 的两个代码块都定义了一个名为 n 的变量。运行结果如图 12.3 所示。我们输出两个变量 n 的地址，发现它们的地址并不相同。这表明它们并不指代同一个内存空间。

&n=1041470389108
&n=1041470389140

图 12.3　同名标识符地址不同

查看图 12.4，在代码块 A 中，标识符 n 具有作用域。一旦代码块 A 结束，标识符 n 就失去其作用域。因此，代码块 B 可以重新使用标识符 n。

若我们删除代码块 B 中变量 n 的定义，如图 12.5 所示，那么程序将无法编译，因为编译器无法识别代码块 B 中的标识符 n。

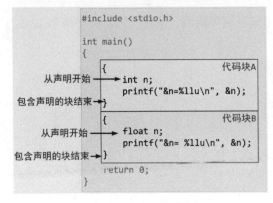

图 12.4　同名标识符地址不一致

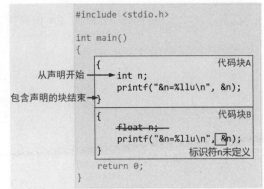

图 12.5　离开作用域后，标识符失效

2. 嵌套代码块

现在，我们调整代码，让代码块 A 包含代码块 B，使两个代码块形成嵌套关系。此外，代码块 B 中没有标识符 n 的声明。具体代码参阅程序清单 12.4。

程序清单 12.4

```c
#include <stdio.h>
int main()
{
    // 代码块A
    {
    int n;
    printf("&n=%llu\n", &n);
    // 代码块B
    {
        printf("&n=%llu\n", &n);
    }
    return 0;
    }
}
```

代码块 A 中定义了整型变量 n，而代码块 B 中没有任何定义，但是代码块 B 可以使用标识符 n。运行结果如图 12.6 所示，它们指代的都是同一个数据对象。这是为什么呢？

图 12.6　上下级代码块

首先，我们来确定标识符 n 的作用域范围，如图 12.7 所示。作用域从变量声明开始，即代码块 A 中的第一条语句，一直到包含声明的块结束，即代码块 A 结束。

代码块 B 恰好位于变量 n 的作用域范围内。因此，代码块 B 也能使用变量 n。

然而，如果将代码块 B 移动到变量 n 声明之前，如图 12.8 所示，那么代码块 B 将不再位于变量 n 的作用域范围内。这样，代码块 B 就无法使用变量 n 了。

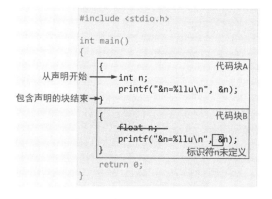

图 12.7　标识符 n 的作用域

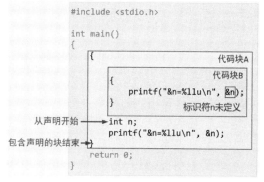

图 12.8　代码块在作用域外

3. 内层覆盖外层标识符

现在我们在代码块 B 中也定义一个标识符 n，参阅程序清单 12.5。

程序清单 12.5

```
#include <stdio.h>
int main()
{
    //  代码块 A
    {
        int n;
        printf("&n=%llu\n", &n);
        //  代码块 B
        {
            int n;
            printf("&n=%llu\n", &n);
        }
        return 0;
    }
}
```

我们知道，在同一个代码块内定义相同的标识符会出现标识符重定义错误。然而，在程序清单 12.5 中，代码块 A 内定义了一个标识符后，在代码块 A 内的代码块 B 中定义了一个同名标识符，这种情况却可以通过编译。这是因为两个标识符都具有自己的作用域，并且两个作用域为嵌套关系，如图 12.9 所示。

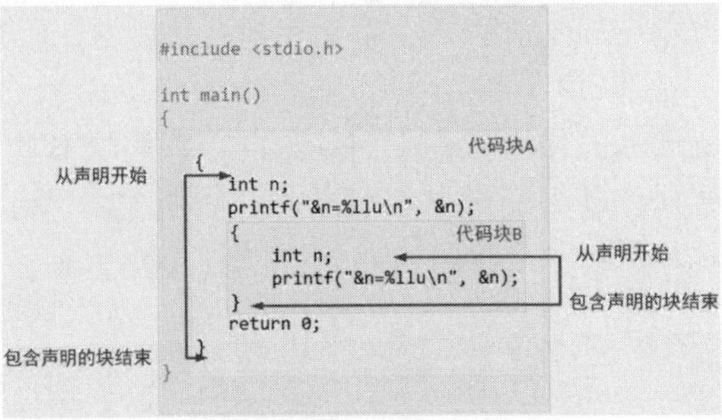

```
#include <stdio.h>

int main()
{
    int n;
    printf("&n=%llu\n", &n);
    {
        int n;
        printf("&n=%llu\n", &n);
    }
    return 0;
}
```
从声明开始   代码块A
代码块B
从声明开始
包含声明的块结束
包含声明的块结束

图 12.9　嵌套代码块

程序清单 12.5 的运行结果如图 12.10 所示。从结果来看，
这两个同名标识符指代的并不是同一个数据对象。

&n=444960930068
&n=444960930100

图 12.10　嵌套代码块运行结果

那么，我们如何确定标识符 n 应该指代哪个声明的数据对
象呢？这其实很简单，内层作用域将覆盖外层作用域。

查看图 12.11，第一个 printf 使用的标识符 n 指代在代码块 A 开头声明的变量 n，而第
二个 printf 使用的标识符 n 指代在代码块 B 开头声明的变量 n。

在代码块 B 后再加一个 printf，如图 12.12 所示。由于代码块 B 中的标识符 n 作用域已
结束，覆盖效果将消除。那么，它使用的标识符 n 将指代代码块 A 开头声明的变量 n。

```
#include <stdio.h>

int main()
{
    {                          代码块A
        int n;
        printf("&n=%llu\n", &n);
        {                      代码块B
            int n;
            printf("&n=%llu\n", &n);
        }
    }
    return 0;
}
```

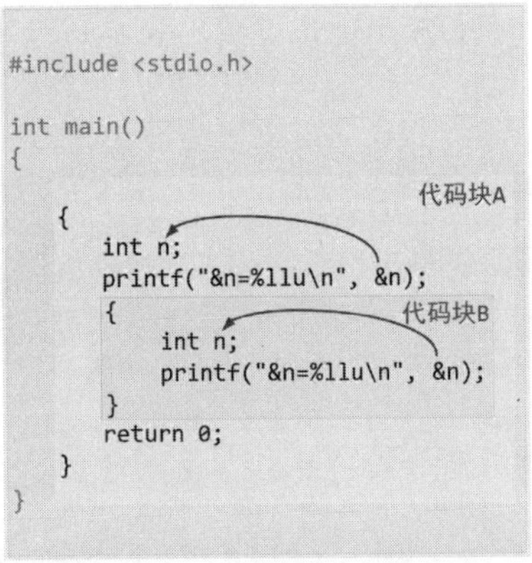

图 12.11　指代关系 1

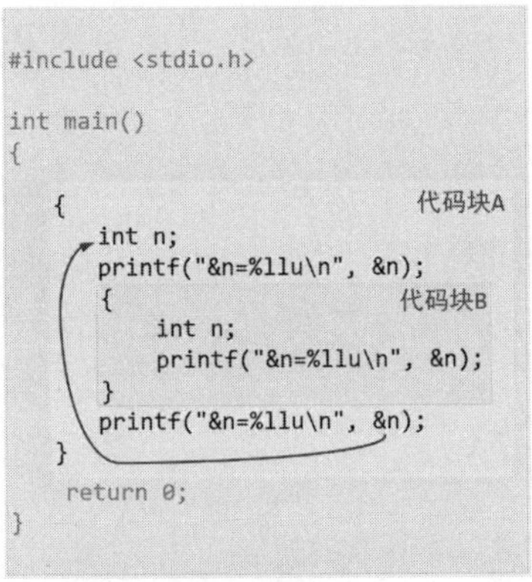

```
#include <stdio.h>

int main()
{
    {                          代码块A
        int n;
        printf("&n=%llu\n", &n);
        {                      代码块B
            int n;
            printf("&n=%llu\n", &n);
        }
        printf("&n=%llu\n", &n);
    }
    return 0;
}
```

图 12.12　指代关系 2

12.1.2　函数作用域

函数作用域是指在函数中定义的标识符的作用范围。这些标识符只在该函数内部可见，
超出该函数就无法访问。例如程序清单 12.6。

程序清单 12.6

```
#include <stdio.h>
void func()
{
    int n;
    n = 100;
    printf("n in func %d\n", n);
}
```

```
int main()
{
    int n = 0;
    printf("n in main %d\n", n);
    func();
    printf("n in main %d\n", n);
    return 0;
}
```

查看图 12.13，两个函数的花括号之间没有嵌套关系，所以这是两个同级的代码块。两个代码块中声明的变量的作用域互不重叠。main 函数中使用标识符 n 仅指代 main 函数中声明的变量 n。同理，func 函数中使用标识符 n 仅指代 func 函数中声明的变量 n。

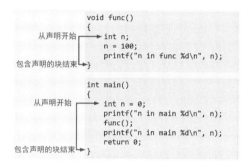

图 12.13　函数中的同名标识符

函数可以形成带花括号的块作用域，而参数列表中声明的标识符，作用范围为整个函数，例如：

```
void func(int p)
{
    printf("p = %d\n", p);
}
```

在上面的代码中，参数列表中声明了变量 p，那么变量 p 的作用域在函数花括号内。在整个函数花括号的范围内均可以使用这个变量 p。

需要注意的是，函数作用域中的变量生命周期也是有限的，它们在函数调用结束时被销毁。因此，在函数作用域中定义的变量也应该尽量避免在函数调用结束后继续使用。

12.1.3　文件作用域

在 C 语言中，文件作用域是指在一个源文件中定义的标识符的作用范围。这种作用域的标识符可以在整个文件中访问。文件作用域中定义的变量被称为全局变量，因为它们可以在整个文件中访问。

程序清单 12.7 是一个使用文件作用域的示例。

程序清单 12.7

```
#include <stdio.h>
int n = 0;
void func()
{
```

```
    printf("&n= %llu\n", &n);
}
int main()
{
    printf("&n= %llu\n", &n);
    func();
    printf("&n= %llu\n", &n);
    return 0;
}
```

在这个例子中，变量 n 是在花括号外声明的，那么它的作用范围是整个文件。运行结果如图 12.14 所示。可以看出，函数 func 与函数 main 中的标识符 n 指代的是同一个数据对象。

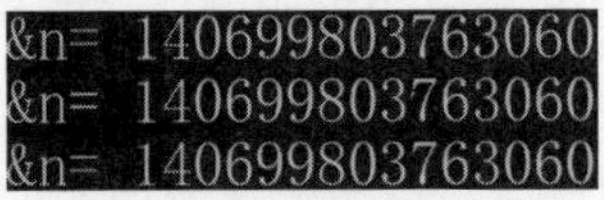

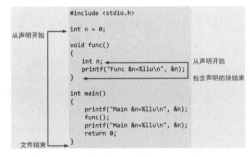

图 12.14　在花括号外声明标识符

查看图 12.15，在代码块外声明的标识符，它的作用范围从声明开始，直到该源文件结束。这种作用域被称作文件作用域。

查看图 12.16，如果在函数 func 中也声明了同名标识符 n，则和之前的处理原则一样，下级作用域将覆盖上级作用域。函数 func 中的标识符 n 仅指代函数 func 中声明的数据对象 n。函数 main 中的标识符 n 仅指代文件作用域中声明的数据对象 n。

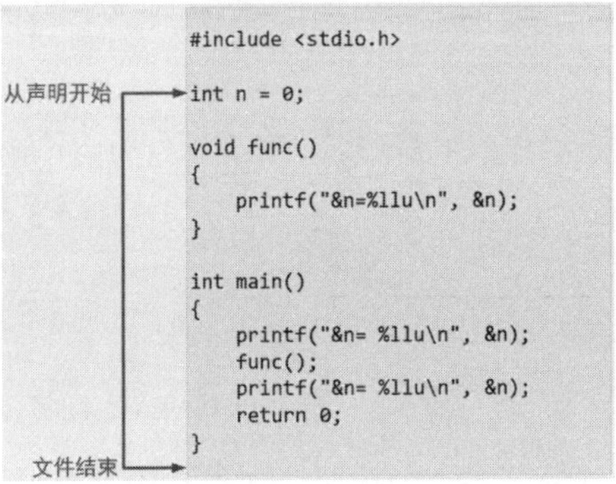

图 12.15　文件作用域　　　　　图 12.16　下级作用域将覆盖上级作用域

12.2　预处理指令

在 C 语言中，预处理指令是在编译过程中进行的一些预处理操作。它们并非 C 语言的语句，而是由预处理器处理的指令。预处理指令以井号（#）开头，通常出现在 C 语言源文件的开头。

在 3.4.2 节，我们学习了"符号常量"的概念，它是预处理指令中最常用的一种。

12.2.1　预处理指令的概念

源代码中以#开头的内容不属于 C 语言语句，而是预处理指令。在代码编译前，预处理器会先处理预处理指令，根据指令的含义修改 C 语言代码。修改后的代码会被另存为中间文件或直接输入编译器中，而不会保存到源文件中。因此，预处理器不会改动源文件。

以程序清单 12.8 为例，预处理指令#define 定义了一个符号常量，其值为 3。

程序清单 12.8

```c
#include <stdio.h>
# define PRICE 3                // 商品的价格为 3 元
int main()
{
    int num;
    int total = 0;
    // 买一件
    num = 1;
    total = num * PRICE;
    printf("num:%d total:%d\n", num, total);
    // 买两件
    num = 2;
    total = num * PRICE;
    printf("num:%d total:%d\n", num, total);
    // 买三件
    num = 3;
    total = num * PRICE;
    printf("num:%d total:%d\n", num, total);
    return 0;
}
```

查看图 12.17，预处理器会根据预处理指令的含义，将符号 PRICE 替换为 3，同时删除代码中的预处理指令。

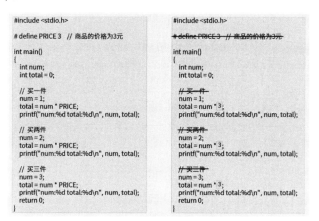

图 12.17　符号常量的预处理

经过预处理后，代码将变为程序清单 12.9 中的代码，接着编译器会对预处理后的代码进行编译。

程序清单 12.9

```c
#include <stdio.h>
int main()
{
    int num;
    int total = 0;
```

```
    num = 1;
    total = num * 3;
    printf("num:%d total:%d\n", num, total);

    num = 2;
    total = num * 3;
    printf("num:%d total:%d\n", num, total);

    num = 3;
    total = num * 3;
    printf("num:%d total:%d\n", num, total);
    return 0;
}
```

12.2.2　#define 预处理指令的用法

预处理指令#define 的用法非常丰富，前面我们仅使用它定义了一些符号常量。现在，我们来了解它的完整用法。

```
#define 宏 替换体
```

预处理器一旦在程序中找到宏，就会用替换体替换该宏。例如，在上面讨论的预处理器。

```
#define PRICE 3
total = num * PRICE;
```

预处理后，将会删除预处理指令#define PRICE 3，并将 PRICE 替换为 3。

```
total = num * 3;
```

宏的命名规则遵循 C 语言标识符的命名规则：只能使用字母、数字、下画线，且首字符不能是数字。替换体不仅限于值，它的形式非常丰富，唯一要求是替换后的代码仍能正常通过编译。

例如，程序清单 12.10 展示了一个正确的替换示例。

程序清单 12.10

```
#include <stdio.h>
# define INTGER int
# define FMT "n1 = %d, n2 = %d, n3 = %d"
# define VAR n3
int main()
{
    INTGER n1, n2, n3;
    n1 = 1;
    n2 = 2;
    VAR = 3;
    printf(FMT, n1, n2, VAR);
    return 0;
}
```

预处理器会进行如图 12.18 所示的替换操作。

```
#include <stdio.h>

# define INTGER int
# define FMT "n1 = %d, n2 = %d, n3 = %d"
# define VAR n3

int main()
{
  INTGER n1, n2, n3;
  n1 = 1;
  n2 = 2;
  VAR = 3;

  printf(FMT, n1, n2, VAR);
  return 0;
}
```

```
#include <stdio.h>

#define INTGER int
#define FMT "n1 = %d, n2 = %d, n3 = %d"
#define VAR n3

int main()
{
  int    n1, n2, n3;
  n1 = 1;
  n2 = 2;
  n3 = 3;

  printf( "n1 = %d, n2 = %d, n3 = %d" , n1, n2, n3 );
  return 0;
}
```

图 12.18　替换宏

运行结果如图 12.19 所示，代码能够成功运行。

从上面的示例中可以看出，宏的替换是无差别的，它仅把代码当作文本来处理，遇到宏就替换为宏对应的替换体。

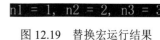

图 12.19　替换宏运行结果

① 将宏 INTGER 替换为 int。

② 将宏 VAR 替换为 n3。

③ 将宏 FMT 替换为"n1 = %d, n2 = %d, n3 = %d"。

然而，程序清单 12.11 展示了一个错误的替换示例，也是初学者经常会犯的错误。

程序清单 12.11

```
#include <stdio.h>
#define PI 3.1415926;
int main() {
    float r = 2.0;
    float area = PI * r * r;
    printf("圆的面积为 %f\n", area);
    return 0;
}
```

上面的示例在预处理指令#define 的末尾加上了一个分号。当在程序中使用该宏时，就会导致语法错误，例如下面的语句。

```
float area = PI * r * r;
```

会被替换如下。

```
float area = 3.1415926; * r * r;
```

很明显，多了一个分号导致了编译错误。为了避免这类错误，建议在定义宏时不要在末尾加分号。正确的定义应该如下。

```
#define PI 3.1415926
```

这样，当在程序中使用宏时，替换后的代码就可以被正确地编译和执行。

12.2.3　带参数的#define

在#define 中使用参数可以创建类似函数的宏函数。宏函数的使用格式如下。

```
#define 宏(参数1, 参数2, ..., 参数n) 替换体
```

例如，用于求 a 和 b 两个数的平均值的宏函数可以写成以下形式。

```
#define MEAN(a, b) (a + b)/2
```

在程序中，可以按照以下方式使用它。

```
int result;
result = MEAN(2, 4);
```

经过预处理后，宏被替换为以下形式。

```
int result;
result = (2 + 4)/2;
```

在参数 a 的位置填写了 2，因此在替换内容中，所有的 a 都将被替换为 2；在参数 b 的位置填写了 4，因此在替换内容中，所有的 b 都将被替换为 4。

尽管带参数的#define 定义的宏函数在使用方式上类似于函数，但其本质仍然是将宏替换为对应的替换内容。因此，如果将其简单地视为函数使用，则可能会出现问题。

现在写一个宏函数，它的作用是求一个数的平方。

```
#define SQUARE(x) x*x
```

接下来，使用这个宏函数。

```
int n = 2;
SQUARE(n);
SQUARE(n + 2);
100 / SQUARE(n);
SQUARE(++n);
```

如果 SQUARE 是一个函数，那么我们的预期结果如下。

① 函数参数为 2，2 的平方为 4。

② 函数参数为 2 + 2 的结果，即 4，4 的平方为 16。

③ 100 除以 2 的平方，即 100 / 4 = 25。

④ 参数的值为 3，3 的平方为 9。

运行结果如图 12.20 所示，其中除了第一条符合预期，其他的均不符合预期。我们将逐条探究其原因。

图 12.20　宏函数运行结果

1. SQUARE(n)

查看图 12.21，SQUARE(n)展开为 n*n。

将 2 代入运算，2*2 结果为 4。预期结果也是 4，因此运算结果符合预期。

2. SQUARE(n + 2)

查看图 12.22，SQUARE(n + 2)展开为 n + 2 * n + 2。

SQUARE(n)		n * n

图 12.21　SQUARE(n)

SQUARE(n + 2)	n+2 * n+2

图 12.22　SQUARE(n + 2)

将 2 代入运算，2 + 2 * 2 + 2，乘法的优先级高于加法，先算 2 * 2，再从左到右算加法，结果为 8。预期结果为 16，因此运算结果不符合预期。

我们的本意是希望 n + 2 作为一个整体优先进行运算。想要实现这个预期，需要使用括号将 n + 2 括起来。因此，我们将预处理命令修改为#define SQUARE(x) (x)*(x)，以 n + 2 作为它的参数，它展开后为(n + 2) * (n + 2)。这样可以保证结果正确。

3. 100 / SQUARE(n)

查看图 12.23，100 / SQUARE(n)展开为 100 / n * n。

将 2 代入运算，100 / 2 * 2，除法优先级与乘法一致，因此从左向右计算，结果为 100。预期结果为 25，因此运算结果不符合预期。

100/SQUARE(n)	100/n * n

图 12.23　100 / SQUARE(n)

我们的本意是希望 n * n 作为一个整体优先进行运算。但实际上，因为优先级问题可能被左右两边的运算符影响。因此，应该在 n * n 表达式两边添加括号，以确保它优先完成计算。因此，我们将预处理指令修改为#define SQUARE(x) (x * x)，使其展开后的表达式为 100 / (2 * 2)，从而保证结果正确。

4. SQUARE(++n)

查看图 12.24，SQUARE(++n)展开为++n * ++n。

在一个表达式中多次对同一个变量 n 使用++运算

SQUARE(++n)	++n * ++n

图 12.24　SQUARE(++n)

符，结果是不确定的。具体原因参见 5.2 节关于自增、自减运算符的讨论。

5. 保证宏函数按照预期运行

① 宏函数的参数应当作为一个整体，优先运算。在本例中为#define SQUARE(x) (x)*(x)。

② 宏函数展开后的表达式应当作为一个整体，以避免被左右运算符优先级影响。在本例中为#define SQUARE(x) (x * x)。

③ 结合①和②两点，本例中的宏函数应当修改为#define SQUARE(x) ((x)*(x))。

④ 若宏函数的替换体多次使用参数，那么不要在宏函数的参数内填自增、自减表达式。

由于宏函数仅仅是完成替换操作，将参数替换并拼接到替换体的表达式中，而不是先让参数运算得到结果后，再进行运算，因此为了保证参数不被其他运算符优先级影响，需要在参数两边加上括号。

此外，宏函数展开后的表达式如果作为一个更大表达式的子表达式，则可能会受到左右两边运算符优先级的影响。为了保证宏函数展开后的表达式能够优先计算，需要在替换体两边加上括号。

最后，为了避免在一个表达式中对同一个变量多次进行自增、自减操作，如果宏函数的替换体在一个表达式中多次使用同一个参数，则不要在宏函数的参数内填写自增、自减表达式。

12.2.4　宏函数的运算符

在 C 语言中，#和##是两个常用的宏函数运算符。#运算符可以将宏参数转换为字符串，##运算符可以将两个宏参数连接起来以形成一个新的标识符。

1. #（井号）

#运算符可以将宏参数转换为字符串，其语法格式为#参数。例如：

```
#define STR(x) #x
printf("%s\n", STR(Hello world));  // 输出 "Hello world"
```

在这个例子中，宏函数 STR 将其参数 x 转换为字符串，因此在 printf 函数中输出的是字符串"Hello world"。

程序清单 12.12 是一个更加复杂的示例。

程序清单 12.12

```c
#include <stdio.h>
#define FMT(varname) "The value of " #varname " is %d\n"
int main()
{
    int number = 123;
    printf(FMT(number), number);
    return 0;
}
```

FMT(number)的展开为"The value of " "number" " is %d\n"。在 C 语言中，相邻的字符串会被自动连接成一个完整的字符串。因此，"The value of " "number" " is %d\n"会被自动连接成"The value of number is %d\n"。因此，程序可以正常编译并输出结果，运行结果如图 12.25 所示。

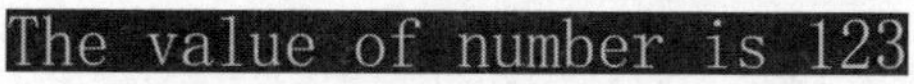

The value of number is 123

图 12.25　宏函数中#的例子

如果在宏函数中没有使用#，则 FMT(number)展开为"The value of " number " is %d\n"。

由于两个字符串之间出现了　个变量 number，不符合 printf 第一个参数需要字符串的写法，因此无法编译通过。

2. ##（双井号）

##运算符可以将两个宏参数连接起来以形成一个新的标识符，其语法格式为参数 1##参数 2。

例如，我们想要使用宏函数来表示如下的两组变量名。这两组变量名是有一定规律的，前缀为 group1 或 group2，后缀为 Apple 或 Orange。

```c
// 第一组变量, group1
int group1Apple = 1, group1Orange = 2;
// 第二组变量, group2
int group2Apple = 100, group2Orange = 200;
```

因此，我们可以使用宏函数来组合前缀与后缀，让它们成为一个完整的变量名。

```c
#define VARNAME(group, name) group ## name
```

在这个例子中，宏函数 VARNAME 将其两个参数连接起来形成一个新的标识符。例如，VARNAME(group1, Apple) 展 开 为 group1Apple，VARNAME(group1, Orange) 展 开 为 group1Orange，VARNAME(group2, Apple)展开为 group2Apple，VARNAME(group2, Orange)展开为 group2Orange。

如果不使用##，则会发生什么？

```c
#define VARNAME(group, name) group name
```

VARNAME(group1, Apple)展开为 group1 Apple，VARNAME(group1, Orange)展开为 group1 Orange，VARNAME(group2, Apple)展开为 group2 Apple，VARNAME(group2, Orange)展开为 group2 Orange。

不使用##，展开后的两个参数之间留有空格，无法正常使用。

那如果删除替换体中的空格呢？

```
#define VARNAME(group, name) groupname
```

现在，宏函数出现了问题，它具有两个参数：group 和 name。但是，替换体中没有与这两个参数对应的记号。因此，##的存在是有意义的。

3. 用法示例

程序清单 12.13 是一个完整的使用宏函数运算符的示例。

程序清单 12.13

```
#include <stdio.h>
#define FMT(group, name) "The value of " #group #name " is %d\n"
#define VARNAME(group, name) group ## name
int main()
{
    // 第一组变量，group1
    int group1Apple = 1, group1Orange = 2;
    // 第二组变量，group2
    int group2Apple = 100, group2Orange = 200;

    // 使用第一组
    printf(FMT(group1, Apple), VARNAME(group1, Apple));
    printf(FMT(group1, Orange), VARNAME(group1, Orange));

    // 使用第二组
    printf(FMT(group2, Apple), VARNAME(group2, Apple));
    printf(FMT(group2, Orange), VARNAME(group2, Orange));
    return 0;
}
```

运行结果如图 12.26 所示。

FMT(group1, Apple)展开为"变量" "group1" "Apple" "的值是%d\n"4 个相邻的字符串，而相邻的字符串会被自动连接成一个完整的字符串。

```
The value of group1Apple is 1
The value of group1Orange is 2
The value of group2Apple is 100
The value of group2Orange is 200
```

图 12.26　用法示例

VARNAME(group1, Apple)展开为 group1Apple，变为其中一个变量名。

其余的类似上面的处理。

代码预处理之后，将会变为如程序清单 12.14 所示。

程序清单 12.14

```
#include <stdio.h>
int main()
{
    // 第一组变量，group1
    int group1Apple = 1, group1Orange = 2;
    // 第二组变量，group2
    int group2Apple = 100, group2Orange = 200;

    // 使用第一组
```

```
    printf("The value of " "group1" "Apple" " is %d\n", group1Apple);
    printf("The value of " "group1" "Orange" " is %d\n", group1Orange);

    // 使用第二组
    printf("The value of " "group2" "Apple" " is %d\n", group2Apple);
    printf("The value of " "group2" "Orange" " is %d\n", group2Orange);
    return 0;
}
```

12.2.5 取消宏定义

当我们定义了一个宏后，我们如果需要更改宏的定义，那么可以重新定义它吗？例如程序清单 12.15，在将宏定义为 100 之后，又尝试将其重新定义为 101。

程序清单 12.15

```
#include <stdio.h>
#define NUM 100
#define NUM 101
int main()
{
    printf("%d\n", NUM);
    return 0;
}
```

在 Visual Studio 中，重复定义宏并不会导致编译报错，但是它会抛出一个警告，如图 12.27 所示。

```
已启动生成...
1>------ 已启动生成: 项目: HelloWorld, 配置: Debug x64 ------
1>demo.c
1>E:\project\HelloWorld\HelloWorld\demo.c(3,1): warning C4005: “NUM”: 宏重定义
1>E:\project\HelloWorld\HelloWorld\demo.c(2,1): message : 参见“NUM”的前一个定义
1>HelloWorld.vcxproj -> E:\project\HelloWorld\x64\Debug\HelloWorld.exe
1>已完成生成项目“HelloWorld.vcxproj”的操作。
========== 版本: 1 成功, 0 失败, 0 更新, 0 跳过 ==========
========== 占用时间 00:01.015 ==========
```

图 12.27 宏重定义

因此，更合适的做法是使用预处理指令#undef 取消这个宏的定义，然后重新定义它。具体代码见程序清单 12.16。

程序清单 12.16

```
#include <stdio.h>
#define NUM 100
// 取消宏定义 NUM
#undef NUM
// 重新定义宏 NUM 为 101
#define NUM 101
int main()
{
    printf("%d\n", NUM);
    return 0;
}
```

12.3　typedef 关键字

在 C 语言中，typedef 是一个关键字，用于为类型定义新的别名。为类型起别名的意义何在呢？

在 3.1 节中，我们了解了 C 语言标准并未规定整型数据类型的大小范围，而是将具体实现交由编译器和平台决定。

即 int 在 Visual Studio 平台中占用 4 字节，数据取值为-2147483648～2147483647。然而，在另一个平台上，int 可能仅占用 2 字节，数据取值为-32768～32767。

为了确保程序在不同平台上都能正确运行，不会因整型数据取值范围的差异导致错误，我们可以为整型定义一些别名。

表 12.1 展示了在 Visual Studio 平台上为整型定义的别名。

表 12.1　在 Visual Studio 平台上为整型定义的别名

整 型 类 型	空 间 大 小	别　　名
int	4	int32_t
short	2	int16_t
char	1	int8_t

表 12.2 展示了在其他平台上为整型定义的别名。

表 12.2　在其他平台上为整型定义的别名

整 型 类 型	空 间 大 小	别　　名
long	4	int32_t
int	2	int16_t
char	1	int8_t

别名 int32_t 表示占用 32 位二进制数、4 字节的整型。在 Visual Studio 平台中，int 类型占用 4 字节，因此别名 int32_t 对应的类型为 int。在另一个平台中，int 类型仅占用 2 字节，long 占用 4 字节。因此，为了保持大小一致，在另一个平台中，别名 int32_t 对应的类型为 long。

通过将整型类型用别名替代，我们在不同平台上进行编译时仅需更改别名对应的实际类型，就可以避免由于不同平台上整型数据取值范围的差异而导致的数据溢出问题。

12.3.1　typedef 关键字的概念

C 语言提供了 typedef 关键字，用于定义类型别名。typedef 的语法格式如下。

```
typedef 原有类型名 新的类型名;
```

例如，定义 int 的别名为 int32_t。

```
typedef int int32_t;
```

需要注意的是，这个别名的命名规则同样需要遵循标识符命名规则：只能使用字母、数字、下画线，且首字符不能是数字。

程序清单 12.17 展示了一个使用别名的完整示例。

程序清单 12.17

```
#include <stdio.h>
int main()
{
    typedef int int32_t;
    int32_t n = 123;
    printf("n = %d\n", n);
    return 0;
}
```

运行结果如图 12.28 所示。我们可以像使用普通类型一样使用类型别名。

n = 123

图 12.28　使用 int32_t

如果别名定义在代码块中，则具有块作用域。别名的作用域从声明开始，直至包含声明的代码块结束。查看图 12.29，函数 add 不在别名 int32_t 的作用域内，因此在函数 add 中无法使用别名 int32_t。

如果别名定义在代码块外，则具有文件作用域。查看图 12.30，别名的作用域从声明开始，直至该源文件结束，在整个作用域内均可使用别名 int32_t。

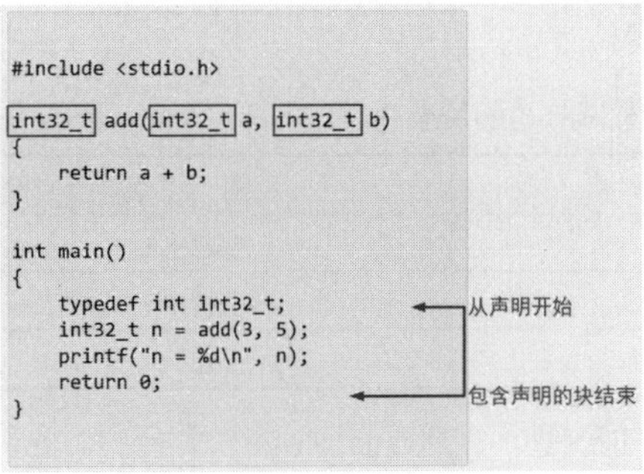

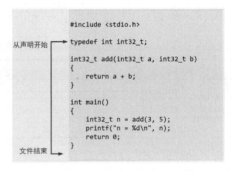

图 12.29　块作用域　　　　　　　图 12.30　文件作用域

12.3.2　typedef 和 struct 的关系

在 C 语言中，typedef 经常用于为 struct 关键字定义别名，使得使用结构体变量更加方便和易读。

在定义结构体类型时，我们可以使用 typedef 将结构体与新类型名绑定在一起，进而定义一个新的结构体类型别名。例如：

```
typedef struct{
    char name[20];
    int gender;
    double height;
    double weight;
} Person;
```

这个例子使用 typedef 关键字定义了一个新的结构体类型别名 Person。通过这样的方式，我们可以使用 Person 作为一个新的类型名来定义结构体变量，并且声明结构体变量无须使用关键字 struct。

```
Person p = {"timmy", 1, 170.00, 60.00};
```

程序清单 12.18 展示了完整的代码。

程序清单 12.18

```
#include <stdio.h>
typedef struct{
    char name[20];
    int gender;
    double height;
    double weight;
} Person;
int main()
{
    Person p = {"timmy", 1, 170.00, 60.00}; //  无须关键字 struct
    printf("name:%s\n", p.name);
    printf("gender:%d\n", p.gender);
    printf("height:%.2f\n", p.height);
    printf("weight:%.2f\n", p.weight);
    return 0;
}
```

运行结果如图 12.31 所示。

使用 typedef 时要注意，typedef 并没有创建任何新类型，它只是为某个已存在的类型增加了一个方便使用的别名。

图 12.31　结构示例

12.3.3　typedef 与#define 的区别

在 C 语言中，typedef 和#define 都是用于定义新的类型名或常量的关键字，但是它们的作用和使用方式有所不同。

1. 类型定义

typedef 用于给已有类型定义新的别名，从而创建一个新的类型名。例如：

```
typedef int Int32;
```

#define 用于定义预处理宏，它可以将一个标识符定义为某个常量或表达式，例如：

```
#define PI 3.1415926
```

注意：

#define 可以为值设置一个别名，而 typedef 只能用于给类型取别名。

2. 处理方式

#define 是由预处理器处理的，并且可以修改替换代码。代码经由预处理器处理后，再交由编译器进行编译。

typedef 是由编译器进行解释的，它不受预处理影响，在编译时直接由编译器处理。

12.3.4 提高整型可移植性

前面已经讨论了如何保证整型在不同平台上都能保证数值范围一致。事实上，C 语言标准已经考虑到了这个问题，因此整型类型的别名无须我们自己定义，编译器会根据本平台的整型范围大小，设置对应的别名。我们只需要包含头文件 stdint.h，即可使用这些别名。

图 12.32 展示了 Visual Studio 中各整型类型的别名，只需要打开头文件 stdint.h，即可看到这些别名的定义。

即使我们使用另一个编译器，它也会有自己的头文件 stdint.h。虽然它的写法可能与 Visual Studio 中的写法不一致，但是它一定能保证 int32_t 是 32 位、4 字节的有符号整型的别名。

程序清单 12.19 是一个使用整型别名的示例。

```
typedef signed char        int8_t;
typedef short              int16_t;
typedef int                int32_t;
typedef long long          int64_t;
typedef unsigned char      uint8_t;
typedef unsigned short     uint16_t;
typedef unsigned int       uint32_t;
typedef unsigned long long uint64_t;
```

图 12.32　Visual Studio 中的头文件 stdint.h

程序清单 12.19

```c
#include <stdio.h>
#include <stdint.h>
int main()
{
    int32_t n = 123;
    printf("n = %d\n", n);
    return 0;
}
```

另一个问题是如何保证 printf 函数的转换规范的可移植性。

例如，程序清单 12.19 的代码中，使用了%d 输出 int32_t。如果 int32_t 是整型 int 的别名，那么代码没有问题。但是，如果 int32_t 是整型 long 的别名，那么应该使用%ld 进行输出。

为了保证转换规范的可移植性，我们需要另一个头文件 inttypes.h。以 Visual Studio 为例，打开头文件 inttypes.h，可以找到以下定义。

```c
//   有符号
#define PRId8      "hhd"
#define PRId16     "hd"
#define PRId32     "d"
#define PRId64     "lld"
//   无符号
#define PRIu8      "hhu"
#define PRIu16     "hu"
#define PRIu32     "u"
#define PRIu64     "llu"
```

在 Visual Studio 中，int32_t 是整型 int 的别名。因此，输出 32 位有符号整型的宏 PRId32 的定义为"d"。

在其他平台中，头文件 inttypes.h 将根据本平台中整型的别名定义对应的转换规范。若 int32_t 是整型 long 的别名，则输出 32 位有符号整型的宏 PRId32 的定义为"ld"。

程序清单 12.20 是一个使用转换规范别名的示例。

程序清单 12.20

```
#include <stdio.h>
#include <inttypes.h>
int main()
{
    int32_t n = 123;
    printf("n = %" PRId32 "\n", n);
    return 0;
}
```

在 Visual Studio 中，"n = %" PRId32 "\n"会被替换为"n = %" "d" "\n"，而相邻的字符串将会被拼接为一个字符串，即"n = %d\n"。

在其他的平台中 int32_t 是整型 long 的别名，"n = %" PRId32 "\n"会被替换为"n = %""ld" "\n"，而相邻的字符串将会被拼接为一个字符串，即 "n = %ld\n"。

12.4 条 件 编 译

在 C 语言中，条件编译是一种预处理技术，可以根据不同的条件有选择性地编译代码。在之前的章节中，我们已经学习了分支结构，而条件编译类似于预处理中的分支结构。

12.4.1 #if 指令

在 C 语言中，#if 也是一种条件编译指令，它可以根据某个常量表达式的值有选择性地编译代码。#if 指令的语法格式如下。

```
#if 常量表达式
    编译的代码段
#endif
```

#if 指令要求条件表达式为一个常量表达式，其中不允许出现变量。此外，#if 指令还会将常量表达式的值计算出来，并根据计算结果选择是否编译代码段。如果常量表达式的值为真，则编译代码段；否则不编译代码段。

由于预处理指令中不使用花括号，因此无法将多条语句组成一条复合语句。因此，需要用#endif 指令标记指令块结束，并且即使#if 指令下仅有一条语句，也需要使用#endif 指令标记指令块结束。

程序清单 12.21 是一个使用#if 指令的示例。

程序清单 12.21

```
#include <stdio.h>
#define N 0
int main()
{
#if N == 1   //  常量表达式，无须括号
    printf("111111\n");
    printf("222222\n");
    printf("333333\n");
#endif      //  必须使用#endif 指令标记指令块结束
```

```
    printf("AAAAAA\n");
    printf("BBBBBB\n");
    printf("CCCCCC\n");
    return 0;
}
```

运行结果如图 12.33 所示。被#if 和#endif 指令包括的代码段不符合
条件，因此这段代码并没有被执行。

有的同学会有疑惑，为什么有了 if 关键字，还需要使用预处理指令
#if 呢？

图 12.33　分支流程

预处理中的#if：预处理指令将在编译前，由预处理器处理。预处理器
根据预处理指令的意图修改代码。类似于#define 指令，替换代码中出现的宏。#if 指令会根
据分支的走向，保留需要走向分支的代码，删除被跳过分支的代码。

关键字 if：编译后程序运行时，计算条件表达式的结果。根据表达式结果，让程序走向
不同的分支。

例如，程序清单 12.21 中的代码经过预处理后，将被修改为如程序清单 12.22 中的代码。

程序清单 12.22

```
#include <stdio.h>
int main()
{
    printf("AAAAAA\n");
    printf("BBBBBB\n");
    printf("CCCCCC\n");
    return 0;
}
```

如图 12.34 所示，由于在预处理时就需要计算条件表达式 N == 1 的结果，此时程序还未
编译并运行，不能使用任何变量，因此条件表达式必须为一个常量表达式。另外，N 是由
#define 定义的符号常量，值为 0，表达式结果为假。因此，由#if 到#endif 组成的指令块中的
代码将被删除。

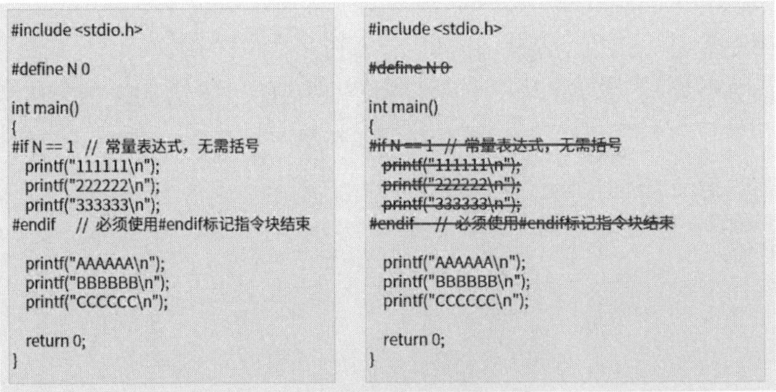

```
#include <stdio.h>

#define N 0

int main()
{
#if N == 1  // 常量表达式，无需括号
   printf("111111\n");
   printf("222222\n");
   printf("333333\n");
#endif   // 必须使用#endif标记指令块结束

   printf("AAAAAA\n");
   printf("BBBBBB\n");
   printf("CCCCCC\n");

   return 0;
}
```

```
#include <stdio.h>

#define N 0

int main()
{
#if N == 1  // 常量表达式，无需括号
   printf("111111\n");
   printf("222222\n");
   printf("333333\n");
#endif   // 必须使用#endif标记指令块结束

   printf("AAAAAA\n");
   printf("BBBBBB\n");
   printf("CCCCCC\n");

   return 0;
}
```

图 12.34　预处理分支结构修改代码

12.4.2　#else 指令

在 C 语言中，#else 是一种条件编译指令，用于在#if 指令的条件不成立时执行某段代码。

#else 指令的语法格式如下。

```
#if 常量表达式
    编译的代码段 1
#else
    编译的代码段 2
#endif
```

#if 指令计算常量表达式的值,并根据计算结果有选择性地编译代码段 1 或代码段 2。如果常量表达式的值为真,则编译代码段 1;否则编译代码段 2。

程序清单 12.23 是一个使用#else 指令的示例。

程序清单 12.23

```
#include <stdio.h>
#define N 0
int main()
{
#if N == 1
    printf("111111\n");
    printf("222222\n");
    printf("333333\n");
#else
    printf("AAAAAA\n");
    printf("BBBBBB\n");
    printf("CCCCCC\n");
#endif
    return 0;
}
```

在 12.4.1 节的代码中,无论表达式 N == 1 结果为真或假,后三条函数 printf 调用都不受影响。但是使用#else 指令后,它与#endif 指令将后三条函数 printf 组成指令块。仅当 N == 1 结果为假时,后三条函数 printf 调用语句才得以保留,如图 12.35 所示。

需要注意的是,#if 和#else 指令都必须与#endif 指令配对使用,以避免语法错误。

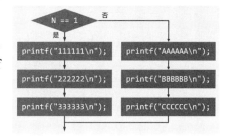

图 12.35　使用#else 指令的工作过程

12.4.3　#elif 指令

在 C 语言中,#elif 也是一种条件编译指令,用于在多个条件中选择一个条件执行某段代码。#elif 指令可以与#if 或#elif 指令一起使用,用于表示"否则,如果"的意思。#elif 指令的语法格式如下。

```
#if 常量表达式 1
    编译的代码段 1
#elif 常量表达式 2
    编译的代码段 2
#elif 常量表达式 3
    编译的代码段 3
...
```

```
#else
    编译的代码段 N
#endif
```

当#if 指令中的常量表达式 1 为假时，依次判断下一个#elif 指令中的常量表达式，直到找到一个为真的常量表达式，编译相应的代码段。如果所有的常量表达式都为假，则编译#else 指令中的代码段 N。

程序清单 12.24 是一个使用#elif 指令的示例。

程序清单 12.24

```
#include <stdio.h>
#define N 0
int main()
{
#if N == 1
    printf("111111\n");
    printf("222222\n");
    printf("333333\n");
#elif N == 2
    printf("AAAAAA\n");
    printf("BBBBBB\n");
    printf("CCCCCC\n");
#else
    printf("******\n");
#endif
    return 0;
}
```

查看图 12.36：当表达式 N == 1 成立时，保留输出数字的 printf 函数调用，其他 printf 函数调用均被删除；当表达式 N == 2 成立时，保留输出字母的 printf 函数调用，其他 printf 函数调用均被删除；其他情况下，保留输出星号的 printf 函数调用，其他 printf 函数调用均被删除。

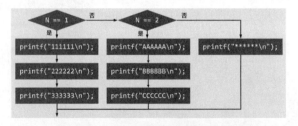

图 12.36　使用#elif 指令的工作过程

12.4.4　#ifdef 指令和#ifndef 指令

在 C 语言中，#ifdef 是一种条件编译指令，用于判断宏是否已经定义。#ifdef 指令的语法格式如下。

```
#ifdef 宏名
    编译的代码段
#endif
```

#ifdef 指令会根据宏名是否已经定义，选择是否编译代码段。若定义了该宏，则保留指令块内的代码；否则，删除代码块内的代码。

程序清单 12.25 是一个使用#ifdef 指令的示例。

程序清单 12.25

```
#include <stdio.h>
#define printNumber
int main()
{
#ifdef printNumber
    printf("111111\n");
    printf("222222\n");
    printf("333333\n");
#endif
#ifdef printLetter
    printf("AAAAAA\n");
    printf("BBBBBB\n");
    printf("CCCCCC\n");
#endif
    return 0;
}
```

该程序中定义了宏 printNumber，在#ifdef printNumber 中使用了该宏，因此保留了输出数字的 printf 函数调用，而指令#ifdef printLetter 会删除输出字母的 printf 函数调用。运行结果如图 12.37 所示。

图 12.37　输出数字

与之相反，#ifndef 是一种条件编译指令，用于判断宏是否未定义。#ifndef 指令的语法格式如下。

```
#ifndef 宏名
    编译的代码段
#endif
```

#ifndef 指令会根据宏名是否未定义，选择是否编译代码段。若未定义该宏，则保留指令块内的代码；否则，删除代码块内的代码。

程序清单 12.26 是一个使用#ifndef 的示例。

程序清单 12.26

```
#include <stdio.h>
#define printNumber
int main()
{
#ifndef printNumber
    printf("111111\n");
    printf("222222\n");
    printf("333333\n");
#endif
#ifndef printLetter
    printf("AAAAAA\n");
    printf("BBBBBB\n");
    printf("CCCCCC\n");
```

```
#endif
    return 0;
}
```

该程序中定义了宏 printNumber，在#ifndef printNumber 中使用了该宏，因此删除了输出数字的 printf 函数调用，而保留了输出字母的 printf 函数调用。运行结果如图 12.38 所示。

图 12.38　输出字母

第13章

多文件代码和存储类别

【本章导读】

欢迎阅读本书的第 13 章！在本章中，我们将讨论 C 语言的预处理指令#include，以及如何编写和使用头文件来实现多文件代码。通过学习这些知识点，你将能够更有效地组织和管理代码。此外，我们还将介绍头文件守卫的概念，让你轻松避免重复定义的问题。最后，本章还将涵盖存储类别的相关知识，让你对 C 语言有更深入的理解。在本章中，我们希望为你带来既有趣又实用的知识体验，帮助你更好地掌握 C 语言编程。

【知识要点】

通过对本章内容的学习，你可以掌握以下知识。

（1）#include。

（2）头文件。

（3）头文件守卫。

（4）静态变量。

13.1 多文件代码

在 C 语言中，预处理指令#include 对我们来说已经相当熟悉。从第一个输出"Hello World"的代码开始，预处理指令#include 几乎出现在每一段代码中。现在我们将深入探讨，为什么需要#include 指令？#include 指令有哪些使用方式？

13.1.1 预处理指令#include

程序清单 13.1 展示了我们最熟悉的输出"Hello World"的代码，我们假设该代码保存在源文件 main.c 中。

程序清单 13.1

```
#include <stdio.h>
int main()
{
    printf("Hello World\n");
    return 0;
}
```

当编译器从上至下编译源文件 main.c 时，编译器需要首先知道标识符 printf 是一个函数。接着在后面的代码中，我们可以将标识符 printf 作为函数来使用。编译器识别 printf 最常用的方式是使用预编译指令#include <stdio.h>。

C 语言的预处理指令#include 用于在程序中包含其他文件的内容。这个指令可以将其他头文件（header file）中定义的函数、变量和其他符号引入当前程序中，从而扩展当前程序的功能并使用其他库中的功能。因此，预处理指令#include 会将文件 stdio.h 中的代码复制到该预处理指令出现处，并删除该预处理指令。

我们暂且假设文件 stdio.h 包含了函数 printf 的定义。那么，经过预处理后，源文件 main.c 的源代码将变成以下代码。

```
int printf (const char * __format, ...)
{
    ...
    //具体实现
    ...
}
int main()
{
    printf("Hello World\n");
    return 0;
}
```

修改后的代码将另存为中间文件或直接输入编译器中，并不会保存到源文件中。所以，预处理器不会改动你的源文件。

经过预处理后，编译器使用修改后的代码进行编译。编译器首先会读取函数 printf 的定义。因此，在其后的 main 函数中调用 printf 函数可以通过编译。

#include 指令的基本语法格式为#include <头文件名> 或者#include "头文件名"。

#include 指令可以用两种方式引用头文件：一种是使用尖括号<>，这种方式告诉编译器在系统路径中查找指定的头文件；另一种是使用双引号""，这种方式告诉编译器在当前目录中查找指定的头文件，如果找不到，则在系统路径中查找指定的头文件。

对于 stdio.h 文件来说，它是编译器自带的文件，在编译器的包含目录中，因此使用尖括号即可找到该文件。对于双引号的使用场景，我们将在下面的示例中进行说明。

13.1.2　多文件代码

现在，我们将模仿 printf 的形式，编写一个简化版的 print 函数，并使其通过#include 来引用。我们的重点是了解如何使用#include 指令，而非如何完全模拟 printf 函数。因此，我们的 print 函数不需要实现得过于复杂。

在 Visual Studio 中，我们新建一个源文件，将文件名改为 print.c，并在源文件中编写如程序清单 13.2 所示的代码。

程序清单 13.2

```c
#include <stdio.h>
void print(const char *str)
{
    while(*str != '\0')
    {
        putchar(*str);
        str++;
    }
}
```

接下来，我们在源文件 main.c 中引用 print.c 文件，并使用 print 函数，如程序清单 13.3 所示。

程序清单 13.3

```c
#include <print.c>
int main()
{
    print("Hello World\n");
    return 0;
}
```

当我们尝试编译代码时，出现了一个编译错误（见图 13.1），告知我们无法打开包括文件 print.c。

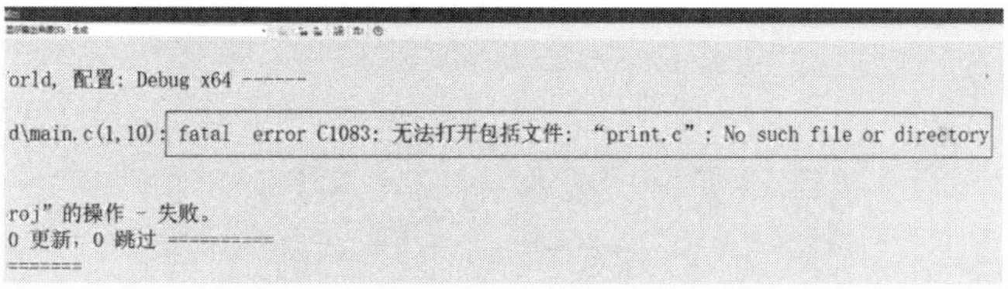

图 13.1　无法打开包括文件 print.c

这是因为使用尖括号形式的#include 指令只会在编译器的包含目录中搜索文件，而编译器的包含目录中并没有"print.c"文件。

为了解决这个问题，我们需要扩大搜索范围，这可以通过使用双引号形式的#include 指令来实现。#include 指令将首先在当前目录中搜索文件，若未找到，则继续搜索编译器的包含目录中是否存在该文件。

因此，我们需要修改代码，将尖括号形式更改为双引号形式，如程序清单 13.4 所示。

程序清单 13.4

```c
#include "print.c"                // 更改为双引号形式的#include 指令
int main()
{
    print("Hello World\n");
    return 0;
}
```

查看图 13.2，在尝试编译之后，我们发现出现了一个新的问题，这是一个链接错误：重定义了 print 函数。

动生成...
---- 已启动生成: 项目: HelloWorld, 配置: Debug x64 ------
in.c
int.obj : error LNK2005: print 已经在 main.obj 中定义
\project\HelloWorld\x64\Debug\HelloWorld.exe : fatal error LNK1169: 找到一个或多个多重定义的符号
完成生成项目"HelloWorld.vcxproj"的操作 - 失败。
====== 版本: 0 成功, 1 失败, 0 更新, 0 跳过 ==========
====== 占用时间 00:00.901 =========

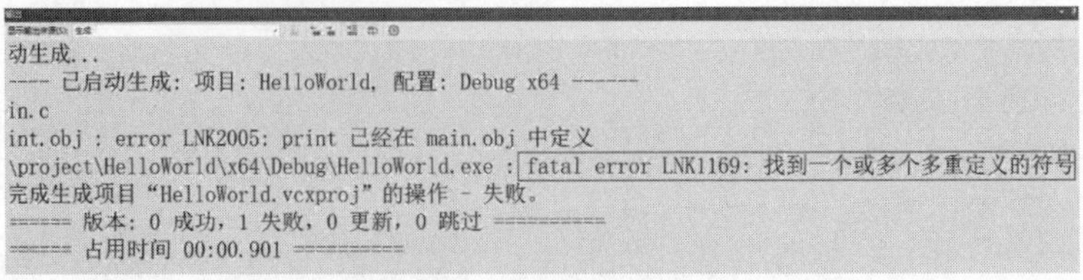

图 13.2 重定义了 print 函数

为何会出现链接错误呢？要深入了解这个问题，我们需要了解从代码到可执行文件的构建过程。

① 预处理：执行预处理指令，修改源代码。

② 编译：将预处理后的源代码转换为二进制目标文件。

③ 链接：将需要用到的目标文件合并为可执行文件。

查看图 13.3，对于每个源文件来说，编译器是独立编译的，并生成对应的目标文件。例如：源文件 main.c 经过编译后，生成目标文件 main.obj；print.c 文件经过编译后，生成目标文件 print.obj。编译完成后，链接器会启动并将所有需要的目标文件中的代码链接为一个可执行文件。

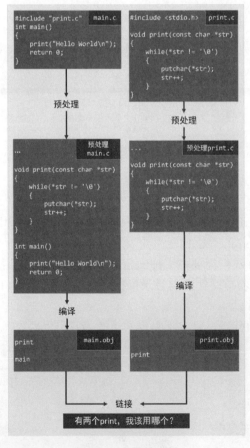

图 13.3 构建流程 1

为了正确编译源文件 main.c，我们需要包含 print.c 文件，以便先定义 print 函数，再使用它。目标文件 main.obj 中有一个 print 函数，而 print.obj 文件中也有一个 print 函数。在链接时，出现了同名函数的现象，因此链接失败。

那么，我们应该如何解决这个问题呢？关键在于编译器会分别编译每个源文件。在编译源文件 main.c 时，编译器无法识别 print 标识符具体代表什么。除了函数定义可以让编译器正确识别 print 标识符，函数声明也可以起到相同的作用。

我们将暂时从源文件 main.c 中删除#include 指令，并将其替换为函数 print 的声明，如程序清单 13.5 所示。

程序清单 13.5

```
void print(const char *str);
int main()
{
    print("Hello World\n");
    return 0;
}
```

查看图 13.4，在编译源文件 main.c 时，编译器尽管不知道 print 函数的具体实现细节，但知道这是一个函数，并且了解其接收的参数类型，因此编译可以继续进行。在编译生成的目标文件 main.obj 中，该目标文件指明需要 print 函数的实现。

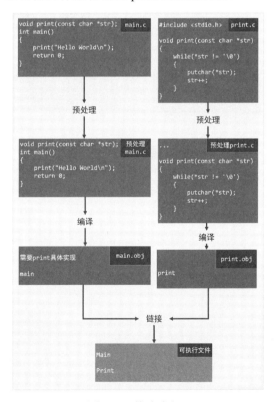

图 13.4 构建流程 2

在链接过程中，目标文件 main.obj 表示需要 print 函数的具体实现，而 print.obj 中恰好包含该函数的具体实现。这样，它们就可以被链接为一个可执行文件。

我们故意尝试删除文件 print.c 中的代码，看看会发生什么。

查看图 13.5，在链接过程中同样出现了错误。

```
|动生成...
───── 已启动生成: 项目: HelloWorld, 配置: Debug x64 ─────
rint.c
ain.obj : error LNK2019: 无法解析的外部符号 print, 函数 main 中引用了该符号
:\project\HelloWorld\x64\Debug\HelloWorld.exe : fatal error LNK1120: 一个无法解析的外部命令
完成生成项目 "HelloWorld.vcxproj" 的操作 - 失败。
═════ 版本: 0 成功, 1 失败, 0 更新, 0 跳过 ═════
═════ 占用时间 00:00.593 ═════
```

图 13.5　无法解析的外部符号

查看图 13.6，main.obj 文件中的 main 函数需要 print 函数的具体实现，而现在无法提供 print 函数的实现，因此出现链接错误。

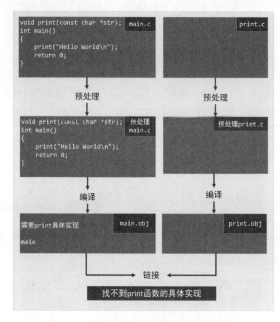

图 13.6　构建流程 3

现在我们恢复代码，继续往下讨论。

目前，print.c 文件中仅定义了一个函数。如果 print.c 文件中定义了多个函数，在其他文件中需要使用这些函数时，就需要重复声明这些函数。例如，如果 print.c 文件中定义了 N 个函数，那么在 main.c 源文件中需要使用这些函数时，就需要在 main.c 源文件中声明这些函数。

```c
void print1(const char *str);
void print2(const char *str);
void print3(const char *str);
void print4(const char *str);
void print5(const char *str);
...
void printN(const char *str);
```

那么，我们可以把这些声明单独写在一个文件里，哪个文件需要使用这些函数，就包含这个文件。此外，这种文件不需要经过编译器编译，仅供其他文件包含。具有这种性质的文件被称作头文件，与需要被编译器编译的文件不同，其后缀名为.h。

查看图 13.7，要创建头文件，可以在 Visual Studio 中右击"头文件"，选择"添加"，再选择"新建项"。

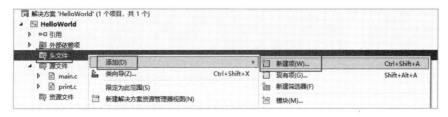

图 13.7　新建项

查看图 13.8，新建一个头文件。由于它是源文件 print.c 对应的头文件，因此我们将这个头文件命名为 print.h。

图 13.8　新建头文件

接着，我们将函数 print 的声明写入 print.h 头文件中。

```
void print(const char* str);
```

最后，我们将 main.c 源文件中的函数声明改为包含头文件 print.h。

```
#include "print.h"
int main()
{
    print("Hello World\n");
    return 0;
}
```

查看图 13.9，函数 print 的使用方式类似于函数 printf。在 main.c 源文件中仅需要包含头文件就可以使用该函数。

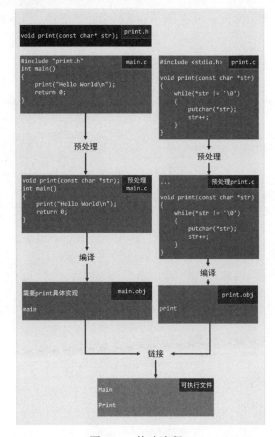

图 13.9　构建流程 4

13.2　更复杂的多文件代码

在本节中，我们将继续讨论关于多文件代码的话题，并探究一些更复杂的多文件代码实例。

13.2.1　多文件代码实现

假设我们要用多文件代码实现一个人员信息系统，包括录入和显示人员信息的功能。接下来，我们将按照以下步骤实现这个系统。

1. 人员信息录入与显示

首先，我们需要定义一个名为 Person 的结构体，它包括四个成员：名字、性别、身高和体重。在这里，我们用整型表示性别，其中 1 代表男性，2 代表女性。

```
typedef struct{
    char name[20];
    int gender;
    double height;
    double weight;
} Person;
```

接下来，定义一个用于录入人员信息的函数。该函数提示用户输入相应信息，并最终返回一个 Person 类型的结构体。

```
Person newPerson()
{
    Person p;
    printf("intput name (No more than %d letters):", 20);
    scanf("%s", p.name);
    printf("input gender (1.male 2.female):");
    scanf("%d", &p.gender);
    printf("intput height:");
    scanf("%lf", &p.height);
    printf("intput weight:");
    scanf("%lf", &p.weight);
    return p;
}
```

为了显示人员信息，我们使用 printPerson 函数。

```
void printPerson(const Person *p)
{
    printf("\nname\tgender\theight\tweight\n");
    printf("%s\t%d\t%.2f\t%.2f\n", p->name, p->gender, p->height, p->weight);
}
```

当调用 printPerson 函数时，函数实参会被传递给形参。如果传递的数据类型为 Person，则需要将整个结构体传递给函数，传递的数据量为 sizeof(Person)字节。为了减少函数间传递数据的开销，我们将传递结构体 Person 改为传递指针 Person *p。这样，函数间传递的数据量仅需 sizeof(Person *)字节。指针大小在 32 位程序中为 4 字节，在 64 位程序中为 8 字节，与传递整个结构体相比，这样传递数据的大小要小得多。

此外，printPerson 函数仅用于读取和显示每个人员的数据，而不修改任何信息。因此，我们在指针上使用 const 关键字将其限定为只读，以确保我们不会意外修改数据。同时，这样做可以让使用该函数的开发者明确地知道，这个函数不会修改 Person 结构体中的数据。

最后，在 main 函数中，我们声明一个 Person 结构体变量，并调用上述两个函数来录入和显示人员信息。

```
int main()
{
    Person p;
    p = newPerson();
    printPerson(&p);
    return 0;
}
```

程序清单 13.6 是完整的代码。

程序清单 13.6

```
//main.c
#include <stdio.h>
typedef struct{
    char name[20];
    int gender;
    double height;
```

```
        double weight;
}Person;

Person newPerson()
{
    Person p;
    printf("intput name (No more than %d letters):", 20);
    scanf("%s", p.name);
    printf("input gender (1.male 2.female):");
    scanf("%d", &p.gender);
    printf("intput height:");
    scanf("%lf", &p.height);
    printf("intput weight:");
    scanf("%lf", &p.weight);
    return p;
}

void printPerson(const Person *p)
{
    printf("\nname\tgender\theight\tweight\n");
    printf("%s\t%d\t%.2f\t%.2f\n", p->name, p->gender, p->height, p->weight);
}

int main()
{
    Person p;
    p = newPerson();
    printPerson(&p);
    return 0;
}
```

2. 对代码进行模块化

目前，我们的代码都写在 main.c 文件中。接下来，我们将进一步加强代码的模块化，将与人员信息相关的可复用代码抽离到单独的文件中。

首先，新建一个源文件，命名为 person.c。接着，将人员信息相关的代码从 main.c 文件移动到 person.c 文件中。注意，由于 person.c 文件中需要使用 printf 和 scanf 函数，我们需要包含头文件 stdio.h。具体代码如程序清单 13.7 所示。

程序清单 13.7

```
//person.c
#include <stdio.h>
#define NAME_LENGTH 20          // 定义一个符号常量，表示人员名称的最大长度
typedef struct{
    char name[NAME_LENGTH];
    int gender;
    double height;
    double weight;
}Person;

Person newPerson()
```

```
{
    Person p;
    printf("intput name (No more than %d letters):", NAME_LENGTH);
    scanf("%s", p.name);
    printf("input gender (1.male 2.female):");
    scanf("%d", &p.gender);
    printf("intput height:");
    scanf("%lf", &p.height);
    printf("intput weight:");
    scanf("%lf", &p.weight);
    return p;
}

void printPerson(const Person *p)
{
    printf("\nname\tgender\theight\tweight\n");
    printf("%s\t%d\t%.2f\t%.2f\n", p->name, p->gender, p->height, p->weight);
}
```

在上述代码中，我们将人员名称的最大长度定义为一个符号常量 NAME_LENGTH。这样，我们如果以后需要修改人员名称长度，只需要修改符号常量的值，所有引用该符号常量的地方都会自动更新。这样的做法既方便又避免了潜在的错误。

接下来，我们创建一个头文件 person.h，其中包含与人员信息相关的函数声明，如程序清单 13.8 所示。

程序清单 13.8

```
//person.h
Person newPerson();
void printPerson(const Person* p);
```

在 main.c 文件中，我们需要使用与人员信息相关的函数，因此需要声明这些函数。通过包含头文件 person.h，我们可以获得这些函数声明，具体代码参见程序清单 13.9。

程序清单 13.9

```
//main.c
#include "person.h"
int main()
{
    Person p;
    p = newPerson();
    printPerson(&p);
    return 0;
}
```

经过预处理之后，main.c 文件将变为以下代码。

```
Person newPerson();
void printPerson(const Person* p);
int main()
{
    Person p;
```

```
    p = newPerson();
    printPerson(&p);
    return 0;
}
```

但是，由于 main.c 文件中没有 Person 标识符的声明或定义，在编译 main.c 文件时将无法识别 Person 标识符，因此我们需要将 Person 结构体类型的定义和符号常量 NAME_LENGTH 也写入 person.h 文件中，如程序清单 13.10 所示。

程序清单 13.10

```
//person.h
#define NAME_LENGTH 20
typedef struct{
    char name[NAME_LENGTH + 1];
    int gender;
    double height;
    double weight;
}Person;
Person newPerson();
void printPerson(const Person* p);
```

现在，在预处理 main.c 文件后，代码将变为以下形式。

```
#define NAME_LENGTH 20
typedef struct{
    char name[NAME_LENGTH + 1];
    int gender;
    double height;
    double weight;
}Person;
Person newPerson();
void printPerson(const Person* p);
int main()
{
    Person p;
    p = newPerson();
    printPerson(&p);
    return 0;
}
```

有了 Person 标识符的声明，main.c 文件现在可以顺利编译。

然而，这种写法仍然不够理想，因为 person.h 和 person.c 文件中出现了重复的代码。尽管如此，整个程序仍然可以通过编译和链接构建成一个可执行文件。

这里你可能会有疑问，为什么代码中会出现重复的声明或定义，但构建过程中不会出现重定义错误？

这是因为重复的代码出现在不同的文件中。作用域分为以下两种。

① 块作用域：定义或声明在代码块内。

② 文件作用域：定义或声明在代码块外。

这些定义或声明都在函数外，因此它们的作用域都是文件作用域。由于重复代码位于不同文件中，作用域没有重叠，因此能够成功构建。

但是，如果以后需要调整代码，则必须确保这些调整同时进行。例如，如果 person.c 文件中的 Person 结构体类型增加了一个成员，则需要对 person.h 文件中的 Person 结构体类型进行相应的调整；否则，两个 Person 定义将不一致，它们尽管可以通过编译，但在运行时可能会发生崩溃。

如果能让它们使用同一份代码，那就更完美了。因此，我们将在 person.c 文件中删除重复的代码，并使用#include "person.h"指令包含 person.h 文件。这样，我们就能确保定义是唯一的。修改后的代码见程序清单 13.11、程序清单 13.12 和程序清单 13.13。

程序清单 13.11

```
//person.h
#define NAME_LENGTH 20
typedef struct {
    char name[NAME_LENGTH + 1];
    int gender;
    double height;
    double weight;
}Person;
Person newPerson();
void printPerson(const Person* p);
```

程序清单 13.12

```
//person.c
#include <stdio.h>
#include "person.h" //  定义或声明来自 person.h 文件
Person newPerson()
{
    Person p;
    printf("sizeof person in person.c %d", sizeof(Person));
    printf("intput name (No more than %d letters):", NAME_LENGTH);
    scanf("%s", p.name);
    printf("input gender (1.male 2.female):");
    scanf("%d", &p.gender);
    printf("intput height:");
    scanf("%lf", &p.height);
    printf("intput weight:");
    scanf("%lf", &p.weight);
    return p;
}

void printPerson(const Person* p)
{
    printf("\nname\tgender\theight\tweight\n");
    printf("%s\t%d\t%.2f\t%.2f\n", p->name, p->gender, p->height, p->weight);
}
```

程序清单 13.13

```
//main.c
#include "person.h"            //  定义或声明来自 person.h 文件
```

```
int main()
{
    Person p;
    p = newPerson();
    printPerson(&p);
    return 0;
}
```

在预处理之后，main.c 文件和 person.c 文件中关于人员的声明和定义都来自 person.h 文件。这样就能确保它们使用的是同一份代码。虽然 person.h 文件中的函数声明在 person.c 文件中没有必要出现，但这样做也无伤大雅。

3. 多文件代码小结

在本例中，我们有一系列与人员相关的函数。这些函数都聚集在一个单独的文件 person.c 中。

符号常量、宏函数、函数声明、结构体声明和类型定义都放在对应的头文件 person.h 中。

person.c 文件需要使用 person.h 文件中的声明和定义，因此，person.c 文件需要包含 person.h 文件。

最后，使用人员相关代码的程序，例如本例中的 main.c 文件，也需要包含 person.h 文件。总结如下。

① 源文件 person.c 包含函数定义。

② 头文件 person.h 包含符号常量、函数宏、函数声明、结构体声明和类型定义。

③ 源文件 person.c 需要头文件 person.h 中的声明和定义。因此，在源文件中需要添加 #include "person.h"。

④ 对于使用者，例如 main.c 文件，在包含头文件 person.h 后，即可使用头文件中的声明或定义以及调用头文件中声明过的函数。

13.2.2 头文件守卫

最后，我们还要讨论一个问题。文件 main.c 包含了头文件 person.h。但是，如果我们不小心写了两个相同的#include 指令，例如程序清单 13.14。

程序清单 13.14

```
#include "person.h"        // 对 person.h 文件包含一次
#include "person.h"        // 对 person.h 文件包含两次
int main()
{
    Person p;
    p = newPerson();
    printPerson(&p);
    return 0;
}
```

显然，经过预处理后，文件 main.c 中出现了标识符的多次声明或定义。例如，第一次定义 Person 类型后，它的作用域从声明开始到文件结束。紧接着，文件内出现了另一个 Person 的定义，两个同名标识符的作用域重叠。这种情况会导致文件 main.c 因为标识符重定义而编译失败。

这个问题很好解决，细心一点，不要写重复的#include 指令就行。但是，还有更加隐蔽的重复包含的问题，见程序清单 13.15。

程序清单 13.15

```
#include "person.h"
#include "students.h"
int main()
{
    Student s;
    s = newStudent();
    printStudent(&s);
    return 0;
}
```

文件 main.c 包含了头文件 person.h 和 students.h。假设，头文件 students.h 也包含了 person.h 头文件。这样，依然会导致头文件 person.h 被重复包含的问题。此外，若嵌套层次更加复杂，问题会比较难排查。

1. 头文件守卫

为了解决头文件被重复包含的问题，我们的目标是确保同一个头文件仅被包含一次，而不论其相互包含的顺序。

为了实现这个目标，我们可以使用条件编译。例如，在 person.h 文件中，我们可以添加以下代码。

```
#ifndef PERSON_H
#define PERSON_H
// 头文件代码
#endif
```

在上面的代码中，我们使用头文件守卫来保护头文件中的代码。让我们看看当文件 main.c 包含了两次 person.h 文件时，头文件守卫将如何工作。

```
// -----------第一次包含------------
#ifndef PERSON_H
#define PERSON_H
// person.h 头文件代码
#endif

// -----------第二次包含------------
#ifndef PERSON_H
#define PERSON_H
// person.h 头文件代码
#endif

int main()
{
    //...
}
```

预处理指令#ifndef 用于检查其后跟随的宏是否未定义。如果未定义宏，则保留从#ifndef 开始，直到#endif 结束的代码。如果已定义宏，则删除从#ifndef 开始，直到#endif 结束的代码。

在第一次包含头文件时，预处理指令#ifndef 检查到宏 PERSON_H 未定义。因此，将保留从#ifndef PERSON_H 开始，直到#endif 结束的代码。在这段代码内，宏 PERSON_H 被定义。

在第二次包含头文件时，预处理指令#ifndef 检查到宏 PERSON_H 已定义。因此，从#ifndef PERSON_H 开始直到#endif 结束的代码将被删除。

通过使用条件编译，我们可以有效地避免头文件被重复包含的问题。

2. 使用#pragma once 指令

#pragma once 指令也是用于防止头文件被重复包含的一种方法。它与头文件守卫有相同的作用，但使用起来更简单。

#pragma once 指令可以在头文件开头使用，告诉编译器这个头文件只需要被包含一次。如果已经包含过，就不再重复包含。使用该指令的格式如下。

```
#pragma once
// 头文件内容
```

与头文件守卫不同，#pragma once 指令不需要在头文件结尾处添加任何条件编译指令。当编译器遇到#pragma once 指令时，它会检查指令所在的头文件是否已经被包含过。如果已经包含，就跳过该头文件的编译，否则继续编译该头文件。

使用#pragma once 指令的优点是简单易用，无须定义任何宏，这可以大大减少头文件中的代码量，从而提高编译速度。然而，该指令属于编译器扩展，并非标准 C/C++语言的一部分，因此部分编译器可能不支持。另外，一些编程规范推荐使用头文件守卫，因为它具有更广泛的兼容性和可移植性。

13.3 存 储 类 别

在 12.1 节中，我们讨论了标识符的作用域。作用域定义了标识符在程序中的可见性和可用性。在标识符的作用域内，我们可以正常使用该标识符；然而在作用域之外，该标识符将不再具有任何意义。程序清单 13.16 是一个访问局部变量的错误示例。

程序清单 13.16

```
#include <stdio.h>
void func()
{
    int n = 100;
}
int main()
{
    func();
    printf("%d\n", n);
    return 0;
}
```

在上述代码中，标识符 n 是在函数 func 内部声明的，它的作用域从声明 int n = 100 开始，直至 func 函数结束。因此，在函数 main 中，标识符 n 不代表任何数据对象。试图编译这段代码会导致编译器报错，错误信息为未定义标识符 n。

那么，我们尝试另一种方法。我们既然无法在函数 main 中直接使用标识符来访问函数 func 内的整型变量 n，那么是否可以获取整型变量 n 的指针，并通过指针来访问它呢？

13.3.1　自动变量

程序清单 13.17 是一个使用指针来访问局部变量的示例。

程序清单 13.17

```c
#include <stdio.h>
int *func()
{
    int n = 100;
    return &n;
}

int main()
{
    int *pN = func();
    printf("%d\n", *pN);
    return 0;
}
```

在函数 func 中，我们获取整型变量 n 的指针，并将该指针返回函数 main。在函数 main 中，我们使用指针来访问整型变量 n。然而，编译该代码会出现一个警告，如图 13.10 所示。

```
输出
显示输出来源(S): 生成                     | ◁ | 🔲 | ≣ | ≣ | ⌕ |
启动生成...
> ------ 已启动生成: 项目: HelloWorld, 配置: Debug x64 ------
>main.c
>E:\project\HelloWorld\HelloWorld\main.c(5): warning C4172: 返回局部变量或临时变量的地址: n
>HelloWorld.vcxproj -> E:\project\HelloWorld\x64\Debug\HelloWorld.exe
>已完成生成项目 "HelloWorld.vcxproj" 的操作。
========== 版本: 1 成功, 0 失败, 0 更新, 0 跳过 ==========
========== 占用时间 00:01.075 ==========
```

图 13.10　编译结果

虽然我们可以运行这段代码并得到一个看似正常的结果，如图 13.11 所示，但这种做法是不正确的。

在默认情况下，任何在代码块内声明的变量都属于自动存储类别的变量。自动变量在程序执行到其所在代码块时被创建，在离开该代码块时被销毁。这段时间被称为变量的生命周期。

$$100$$

图 13.11　使用野指针

变量 n 一旦离开代码块，就会被销毁，原先分配给它的空间也会被释放。尝试访问一个已经被销毁的变量可能会导致错误。

实际上，为了说明一个变量是自动变量，C 语言提供了关键字 auto。你可以在变量声明之前添加 auto 关键字，以将其声明为自动变量。

程序清单 13.18 展示了一个使用自动变量的示例。

程序清单 13.18

```c
#include <stdio.h>
int *func()
```

```
{
    auto int n = 100;              //  可以省略关键字 auto
    return &n;
}
int main()
{
    auto int *pN = func();         //  可以省略关键字 auto
    printf("%d\n", *pN);
    return 0;
}
```

默认情况下，在代码块内声明的变量都是自动变量，不必将关键字 auto 写出来。因此，在 C 语言代码中，很少会看到 auto 关键字。

查看图 13.12，我们从作用域和生命周期的角度来分析变量 n。变量 n 的生命周期从包含变量 n 声明的代码块开始，直到包含声明的代码块结束。变量 n 的作用域从变量 n 的声明开始，直到包含声明的代码块结束。

在这里，要明确作用域和生命周期的区别。作用域是指标识符和数据对象之间的关联关系存在的区域。生命周期是指数据对象从创建到销毁的持续时间，即数据对象存在的周期。

在前面的代码中，虽然函数 func 返回了指向变量 n 的指针，但此时变量 n 的生命周期已经结束。该指针指向的是一个失效的空间，这种指针被称为野指针。访问野指针可能看起来正常，有时会崩溃，有时还会导致数据错乱，因为该空间可能已经在其他地方被重新利用了。

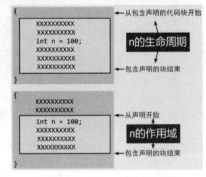

图 13.12 作用域与生命周期

由于自动变量拥有代码块内的作用域和生命周期，因此也被称为局部变量。

13.3.2 静态变量

静态变量是在程序运行期间始终存在的变量，它的生命周期从程序启动到程序结束。与局部变量和全局变量不同，静态变量具有特殊的作用域和存储方式。在 C 语言中，静态变量可以分为两种类型：文件作用域内的静态变量和函数作用域内的静态变量。

1. 文件作用域内的静态变量

在代码块外部声明的任何变量都属于静态存储类别的变量，它们将在程序启动时被创建，在程序结束时被销毁。与自动变量不同，如果静态变量没有初始化，则默认初始化为 0。程序清单 13.19 展示了一个文件作用域内的静态变量的示例。

程序清单 13.19

```
#include <stdio.h>
int n;
void func()
{
    n++;
}
int main()
```

```
{
    printf("n = %d\n", n);
    func();
    func();
    func();
    func();
    func();
    func();
    printf("n = %d\n", n);
    return 0;
}
```

让我们从作用域和生命周期的角度来分析变量 n。

查看图 13.13，变量 n 在代码块外部声明，具有文件作用域，从声明开始，直到文件结束。因此，函数 func 和函数 main 均可以使用标识符 n，并且它们指代同一个数据对象。

标识符 n 的生命周期将在程序启动时被创建，直到程序结束才被销毁。

运行结果如图 13.14 所示。变量 n 在程序启动时被创建，变量 n 的声明中没有为其初始化，因此默认初始化为 0。由于变量 n 具有文件作用域，因此函数 func 和函数 main 均可使用该变量。函数 printf 第一次输出结果为 0。之后，函数 func 被调用了 6 次，每次变量 n 加 1。最后，函数 main 再次使用 printf 输出变量 n，输出结果为 6。

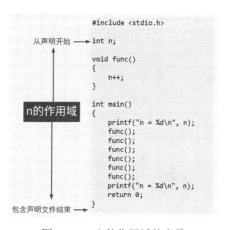

图 13.13　文件作用域的变量

2. 函数作用域内的静态变量

图 13.14　文件作用域静态变量示例

在函数内部定义的静态变量具有函数作用域，只能在该函数内部使用。与自动变量不同，函数作用域内的静态变量不会在函数调用结束时被销毁，而是在程序运行期间一直存在，直到程序结束才会被销毁。

定义函数作用域内的静态变量的格式如下。

```
static int n = 0;
```

我们使用关键字 static 来指明变量 n 为静态存储类型。如果静态变量没有初始化，那么默认初始化为 0。

程序清单 13.20 是一个定义函数作用域内的静态变量的示例。

程序清单 13.20

```
#include <stdio.h>
void func()
{
    static int n = 0;
    printf("n = %d\n", n);
    n++;
}
```

```
int main()
{
    func();
    func();
    func();
    func();
    func();
    func();
    return 0;
}
```

变量 n 声明在代码块内，因此它具有块作用域：从函数 func 中的变量声明开始，直到函数 func 结束，而标识符 n 的生命周期则是在程序启动时被创建，直到程序结束才被销毁。

运行结果如图 13.15 所示，每调用一次 func 函数，变量 n 的值就会增加 1。

我们如果想让函数 main 直接访问操作变量 n，那么可以通过该数据对象的指针来操作该数据对象。此外，该数据对象的生命周期与程序的生命周期一致，不用担心指针指向了已经失效的数据对象。具体代码见程序清单 13.21。

图 13.15　在函数 func 内使用变量 n

程序清单 13.21

```
#include <stdio.h>
int *func()
{
    static int n;
    n++;
    return &n;
}

int main()
{
    int *pN = func();
    printf("n = %d\n", *pN);
    func();
    printf("n = %d\n", *pN);
    func();
    printf("n = %d\n", *pN);
    func();
    printf("n = %d\n", *pN);
    func();
    printf("n = %d\n", *pN);
    func();
    printf("n = %d\n", *pN);
    return 0;
}
```

运行结果如图 13.16 所示。

关于静态变量 n，我们可能会有一些疑问，就是当 func 函数被多次调用时，是否意味着每次调用 func 函数时，变量 n 都会被重新声明一次？那么，每次调用 func 函数时，变量 n 的值都应该从 0 开始，怎么会逐渐递增呢？

实际上，在程序清单 13.20 中，变量 n 只会被声明一次。因为变量 n 是一个静态变量，它只会被声明一次，且其生命周期为程序的整个运行期间，不会因为函数调用的结束而被

图 13.16　通过指针访问数据对象

销毁。这说明静态变量 n 在程序的不同调用之间保持了其值，并且在每次调用 func 函数时都能记住上一次的值，实现了变量状态的保持。

3. 静态变量的外部链接

静态变量默认情况下具有内部链接，只能在当前文件内部访问，其他文件无法访问。我们如果需要将静态变量的作用域扩展到整个程序中，可以使用关键字 extern 将其声明为具有外部链接。

在使用 extern 关键字声明静态变量时，我们需要在变量名前加上 extern 关键字，并在其他文件中定义该变量。这样，编译器在链接时会将变量的声明和定义关联起来，使得变量的作用域扩展到整个程序中。

下面是一个示例，它在源文件 main.c 中声明了一个文件作用域的静态变量 n，如程序清单 13.22 所示。

程序清单 13.22

```c
//main.c
#include <stdio.h>
#include "other.h"
int n = 123;    // 此处定义静态变量 n
int main()
{
    printf("n in main %d\n", n);
    other();
    return 0;
}
```

接着，我们创建 other.h 头文件和 other.c 源文件，如程序清单 13.23 和程序清单 13.24 所示。在 other.c 源文件中，我们使用 extern 关键字外部链接 main.c 源文件中的静态变量。

程序清单 13.23

```c
//other.h
#pragma once
void other();
```

程序清单 13.24

```c
//other.c
#include <stdio.h>
extern int n;                    // 外部链接静态变量 n
```

```
void other()
{
    printf("n in other %d\n", n);
}
```

通过这种方式，我们可以在整个程序中通过变量名 n 来访问该静态变量，并且该变量的值将在不同的文件之间共享。

图 13.17 展示了外部链接静态变量的过程。

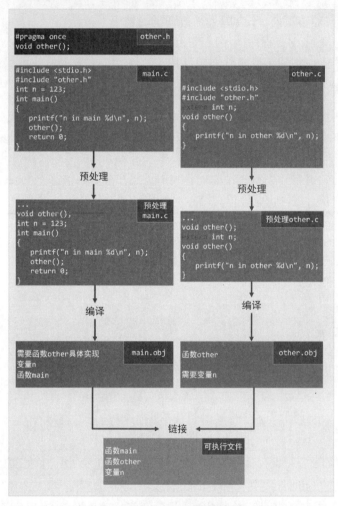

图 13.17　外部链接静态变量

4. 限于本文件使用的静态变量

需要注意的是，如果将静态变量声明为具有外部链接，那么在其他文件中定义该变量时，变量名不能加上 static 关键字。如果加上 static 关键字，则该变量仍然具有内部链接，并且只能在当前文件内部访问，无法扩展到整个程序中。

例如，我们将上面 main.c 文件中的静态变量 n 加上 static 关键字，见程序清单 13.25。

程序清单 13.25

```
//main.c
```

```
#include <stdio.h>
#include "other.h"
static int n = 123;                     //  仅限 main.c 文件使用的变量 n
int main()
{
    printf("n in main %d\n", n);
    other();
    return 0;
}
```

　　这里的 static 并不是声明它是一个静态变量的意思，而是限定了变量 n 的作用域只在当前文件内部。这样做的好处在于，该变量 n 仅限于本文件使用。即使在其他源文件中声明了同名全局变量，也不会发生符号重定义。同时，其他源文件也无法通过 extern int n 链接到具有 static 关键字的全局变量。

第*14*章

文件操作

【本章导读】

在本章中，我们将深入探讨 C 语言中的文件操作。首先，我们将介绍文件的基本概念，如文本模式与二进制模式。接着，我们将讨论如何使用标准库中的文件 I/O 函数（包括 fopen、fclose、fread、fwrite、fgetc、fputc、fgets、fputs、fscanf、fprintf 等），用于打开、关闭、读取和写入文件。此外，我们还将探讨文件指针操作（如 ftell、fseek 和 rewind），以实现对文件内容的随机访问。本章将为你提供关于 C 语言文件操作的全面指南，使你能够在实际开发中自信地应对各种文件处理任务。

【知识要点】

通过对本章内容的学习，你可以掌握以下知识。

（1）创建文件。

（2）读取文件。

（3）写入文件。

14.1　创建和写入文件

在 C 语言中，文件扮演着至关重要的角色。

首先，文件是操作系统中用于存储数据的基本单位，C 语言提供了一系列函数来实现对文件的读写操作。通过文件，程序可以实现对数据的永久存储，确保关键信息在程序执行完毕后不会丢失。

其次，文件可以作为程序之间交换数据的媒介。通过使用相同的文件格式，不同的程序可以轻松地共享和交换数据，从而提高数据处理的灵活性和效率。

在 C 语言中，我们可以使用标准库中的文件 I/O 函数（如 fopen、fclose、fread、fwrite 等）来实现对文件的基本操作。

14.1.1 fopen 函数

在 C 语言中，fopen 是一个用于打开文件的库函数，该函数在 stdio.h 头文件中。fopen 函数可以用来创建新文件或打开现有文件，并返回一个 FILE 指针，该指针用于在后续的文件 I/O 操作中引用该文件。

函数原型如下。

```
FILE *fopen (const char * filename, const char * mode);
```

参数说明：

- filename：一个常量字符指针，指向要打开或创建的文件路径，可以使用相对路径或绝对路径。
- mode：一个常量字符指针，指定文件打开的模式。

这里我们先介绍以下两种文件打开模式。

- r：以只读方式打开文件，文件必须存在。
- w：以写入方式打开文件。如果文件不存在，则创建；如果文件存在，则删除原内容。

返回值：

- 成功：返回一个指向 FILE 类型的指针，后续文件 I/O 操作需要使用这个指针。
- 失败：返回 NULL，可能是因为文件不存在、权限不足或其他原因导致文件无法打开。

例如，我们可以使用相对路径 data.txt，在当前的项目的目录下创建一个名为 data.txt 的文件（见图 14.1）。

图 14.1　创建文件

当然，也可以在 Windows 上使用形如 F:/projects/data.txt 的绝对路径，这意味着将在 F 盘的 projects 文件夹中创建 data.txt 文件。具体代码见程序清单 14.1。

程序清单 14.1

```
#include <stdio.h>
int main()
{
    // 创建一个名为 data.txt 的文件
    FILE *pFile = fopen("data.txt", "w");
    if(pFile == NULL)
    {
        // 文件创建失败
        return -1;
    }
    // 文件创建成功
    return 0;
}
```

函数 fopen 的第一个参数为字符串，内容为需要操作的文件路径，第二个参数也为字符串，内容为文件的操作模式。程序运行后，我们即可在项目目录中看到 data.txt 文件。当然，我们没有写入任何内容，因此这个文件是一个空文件。

📢 **注意：**

有些同学在运行程序清单 14.1 时可能会遇到报一个 error C4996 错误，这提示我们 fopen 是一个不安全的函数。实际上，我们已经在关于 scanf 函数的章节中处理了这个错误。想要了解解决方案的同学可以参考 4.2.1 节。

14.1.2　fprintf 函数

在 C 语言中，fprintf 是一个用于将格式化的输出写入指定文件中的库函数，该函数在 stdio.h 头文件中。与 printf 函数类似，fprintf 函数也可以使用格式字符串和参数列表，但它会将格式化后的字符串写入一个 FILE 指针指向的文件中，而不是输出到屏幕上。

fprintf 函数的使用方法和 printf 函数非常类似，相当于在 printf 函数的第一个参数前加了一个文件结构指针参数，用于指明操作哪个文件。其使用方法和 printf 函数类似。

函数原型如下。

```
int fprintf (FILE * stream, const char * format, ...);
```

参数说明：

- stream：一个指向 FILE 类型的指针，指示要写入数据的文件。fopen 函数通常用于打开文件并获取此指针。
- format：一个常量字符指针，指定格式字符串。格式字符串中可以包含普通字符和转换说明符，用于控制输出的格式。转换说明符以%符号开始，后跟一个或多个标志、宽度、精度和类型字符。
- ...：可变参数列表，与格式字符串中的转换说明符一一对应。根据转换说明符的类型，传入相应的参数。

以下代码展示了如何使用 fprintf 函数将数据输出到文件中。

```
int n = 123;
double f = 3.1415;
char ch = 'A';
fprintf(pFile, "%d\n", n);
fprintf(pFile, "%f\n", f);
fprintf(pFile, "%c\n", ch);
```

其中 pFile 就是我们之前创建的文件的指针。运行程序之后，可以得到如图 14.2 所示的文件。

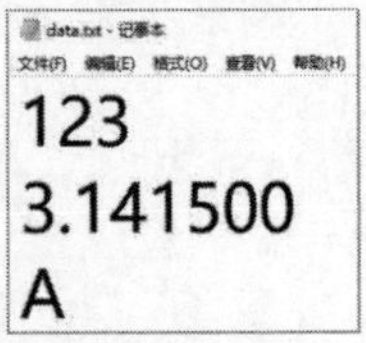

14.1.3　fclose 函数

在 C 语言中，fclose 是一个用于关闭文件的库函数，该函数在 stdio.h 头文件中。我们在使用 fopen 函数打开一个文件并完成文件 I/O 操作后，应使用 fclose 函数关闭文件，以便释放系统资源和确保将数据正确地写入文件中。

图 14.2　输出数据到文件中

函数原型如下。

```
int fclose(FILE *stream);
```

参数说明：

stream：一个指向 FILE 类型的指针，指示要关闭的文件。fopen 函数通常用于打开文件并获取此指针。

我们运用前面所学的函数，将代码编写完整，具体代码见程序清单 14.2。

程序清单 14.2

```
#include <stdio.h>
int main()
{
    // 创建一个名为 data.txt 的文件
    FILE *pFile = fopen("data.txt", "w");
    if(pFile == NULL)
    {
        // 文件创建失败
        return -1;
    }
    // 文件创建成功

    int n = 123;
    double f = 3.1415;
    char ch = 'A';

    // fprintf 函数的第一个参数是文件结构指针，随后的参数与 printf 函数的参数一致
    fprintf(pFile, "%d\n", n);
    fprintf(pFile, "%f\n", f);
    fprintf(pFile, "%c\n", ch);

    // 关闭文件
    fclose(pFile);
    return 0;
}
```

这里我们使用 fclose 函数关闭了通过 fopen 函数打开的文件。在实际编程中，务必确保在完成文件操作后关闭文件，以避免资源泄露和数据损坏。虽然在很多现代编译器和操作系统中，程序正常退出时会自动关闭所有打开的文件，但依赖这种行为是不良编程习惯，因为这可能导致跨平台兼容性问题和潜在的资源泄露。

14.1.4　文本模式与二进制模式

在 C 语言中，文件可以以文本模式（text mode）或二进制模式（binary mode）打开。两种模式主要在数据读写方式和行尾符处理上有所区别。

1. 文本模式

文本模式主要用于处理文本文件，如纯文本文件、源代码文件等。在文本模式下，文件中的数据按照字符序列进行处理。当读写文件时，C 语言会自动处理行尾符。在不同的操作

系统中，行尾符的表示方式可能不同。

查看图 14.3，我们使用十六进制查看器，打开之前创建的 data.txt 文件，仔细研究这个文件的组成（这里使用的是 Visual Studio Code，如果没有查看器也没关系，理解内容即可）。

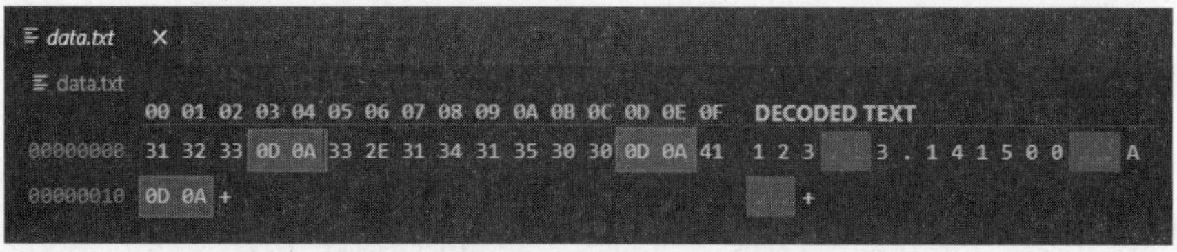

图 14.3　Windows 系统中的文件组成

很明显，这个文件中记录了刚刚写入字符的 ASCII 码。例如：字符'1'的 ASCII 码为十六进制 31。字符'2'的 ASCII 码为十六进制的 32。字符'3'的 ASCII 码为十六进制的 33。

按照逻辑，字符'3'后面应当为换行符'\n'。但是在文件中，第一行末尾可见字符'3'与第二行开头可见字符'3'之间居然有两个字符。

这两个字符的 ASCII 码为十六进制的 0D 和 0A。我们只要查一查 ASCII 表就会发现，十六进制的 0A 是我们熟悉的换行，转义序列为'\n'。十六进制的 0D 的意义为回车，转义序列为'\r'。

为什么会出现回车和换行两个字符呢？

这是历史原因。在早期的电传打字机上，有一个部件叫"字车"，类似于打印机的喷头。"字车"从最左端开始，每打一个字符，"字车"就向右移动一格。当打满一行字后，"字车"需要回到最左端。这个动作被称作"回车"（return carriage）。

但是，仅仅做了"回车"还不够，我们还需要将纸张向上移一行，让"字车"对准新的空白一行，否则两行字将被重叠打印在一起。这个动作被称作"换行"。

随着时代的发展，字符不仅仅只打印在纸上。例如，在屏幕上显示字符时，无须"字车"。因此，当人们将开始新的一行引入计算机上时，分成了两种惯例：

① 沿用这两个动作，使用\r\n（回车+换行）。

② 简化为仅使用\n（换行）。

两类具有代表性的系统分别使用了其中一种惯例：

① Windows：使用\r\n（回车+换行）表示行尾。

② UNIX/Linux/macOS：使用\n（换行）表示行尾。

当以文本模式在不同操作系统中读写文件时，C 语言会自动转换行尾符，使得程序员无须关注底层的行尾符差异。例如，在 Windows 系统中，当以文本模式读取一个包含\r\n 行尾符的文件时，C 语言会将其转换为\n，反之亦然。

正是因为 C 语言把文件的输入和输出数据当作一行行的文本来处理，所以在换行时才会出现这种自动转换的现象。这种文件操作模式被称作文本模式。

2. 二进制模式

二进制模式主要用于处理二进制文件，如图片、音频、可执行文件等。在二进制模式下，文件中的数据按照字节序列进行处理，不会对数据进行任何转换。这意味着程序员需要自行处理字节序列和数据结构。

当以二进制模式读写文件时，C 语言不会进行任何行尾符转换，而是会按文件内容原样进行读取或写入。这使得二进制模式适用于非文本文件和对数据内容敏感的场景。

在使用 fopen 函数打开文件时，我们可以通过指定模式来选择文本模式或二进制模式。我们只需要在函数 fopen 的第二个参数的字符串中添加字符 b，代表二进制 binary。例如：

文本模式：fopen("data.txt", "r")（只读方式打开文本文件）。

二进制模式：fopen("data.txt", "rb")（只读方式打开二进制文件）。

📢 **注意：**

在一些操作系统（如 UNIX/Linux/macOS）中，文本模式和二进制模式没有区别，因为这些系统使用统一的行尾符（\n）。然而，在跨平台编程时，为了确保代码的兼容性和可移植性，仍然建议根据实际需求选择合适的文件模式。

14.2　读 取 文 件

在 C 语言中，我们可以使用多种函数来读取文件内容。

14.2.1　fscanf 函数

在 C 语言中，fscanf 是一个用于从文件中读取格式化输入的库函数，该函数在 stdio.h 头文件中。与 scanf 函数类似，fscanf 函数根据格式字符串从文件中读取数据，并将读取的数据存储到指定的变量中。不同之处在于，fscanf 函数从一个 FILE 指针指向的文件中读取数据，而不是从标准输入（如键盘）中读取数据。

函数原型如下。

```
int fscanf (FILE * stream, const char * format, ...);
```

参数说明：

- stream：一个指向 FILE 类型的指针，指示要从中读取数据的文件。fopen 函数通常用于用户打开文件并获取此指针。
- format：一个常量字符指针，指定格式字符串。格式字符串中可以包含普通字符和转换说明符，用于控制输入的格式。转换说明符以%符号开始，后跟一个或多个标志、宽度、精度和类型字符。
- ...：可变参数列表，与格式字符串中的转换说明符一一对应。根据转换说明符的类型，传入相应的指针参数以接收读取的数据。

程序清单 14.3 展示了如何使用 fscanf 函数从文件中读取数据。在这个例子中，我们以只读模式"r"打开文件。

程序清单 14.3

```
#include <stdio.h>
int main()
{
    FILE* pFile = fopen("data.txt", "r");
    if (pFile == NULL)
    {
```

```
    return -1;
}
int n;
double f;
char ch;
fscanf(pFile, "%d", &n);
fscanf(pFile, "%lf", &f);
fscanf(pFile, "%c", &ch);
printf("%d\n", n);
printf("%f\n", f);
printf("%c\n", ch);
fclose(pFile);
return 0;
}
```

运行结果如图 14.4 所示。

fscanf 函数成功地从文件中读取了前两个数据，但未能正确读取第三个数据。这是因为第三个 fscanf 函数中的%c 占位符期望获取一个字符，而上一行末尾正好有一个换行符'\n'。因此，第三个 fscanf 函数实际上读取了'\n'并赋值给了变量 ch。

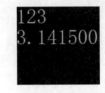

图 14.4　使用 fscanf 函数从文件中读取的数据

为了解决这个问题，我们可以使用类似于 getchar 函数的 fgetc 函数，从文件中读取一个字符并吸收这个换行符'\n'。

14.2.2　fgetc 函数

在 C 语言中，fgetc 是一个用于从文件中读取单个字符的库函数，该函数在 stdio.h 头文件中。fgetc 函数从一个 FILE 指针指向的文件中读取一个字符，并返回该字符的 ASCII 码，如果到达文件末尾或遇到读取错误，则返回 EOF（end of file）。

函数原型如下。

```
int fgetc (FILE * stream);
```

参数说明：

stream：一个指向 FILE 类型的指针，指示要从中读取字符的文件。fopen 函数通常用于打开文件并获取此指针。

返回值：

● 成功：返回读取到的字符的 ASCII 码。

● 失败：返回 EOF。

现在，我们使用 fgetc 函数吸收换行符'\n'，从而对程序清单 14.3 的代码进行修改。完整代码见程序清单 14.4。

程序清单 14.4

```
#include <stdio.h>
int main()
{
    FILE* pFile = fopen("data.txt", "r");
    if (pFile == NULL)
```

```
    {
        return -1;
    }
    int n;
    double f;
    char ch;
    fscanf(pFile, "%d", &n);
    fscanf(pFile, "%lf", &f);
    // 吸收上一行末尾的'\n'
    fgetc(pFile);
    fscanf(pFile, "%c", &ch);
    printf("%d\n", n);
    printf("%f\n", f);
    printf("%c\n", ch);
    fclose(pFile);
    return 0;
}
```

运行结果如图 14.5 所示，文件中的三个数值均被正确地读取了。

接下来，我们讨论 fgetc 函数在遇到文件结尾或失败时返回的 EOF。EOF 是一个表示文件结束的标识符，在 C 语言中，它通常被定义为一个整数常量-1，并被包含在 stdio.h 头文件中。当使用文件 I/O 函数（如 fgetc、fscanf 等）读取文件时，如果到达文件末尾或遇到读取错误，这些函数会返回 EOF 值，以便程序员判断文件是否已经读取完毕。

图 14.5 读取三个数值

例如，在使用 fgetc 函数逐字符读取文件时，我们可以通过检查该函数返回值是否为 EOF 来判断文件是否已经读取完毕。

```
int ch;
while ((ch = fgetc(file)) != EOF) {
    // 处理读取到的字符
}
```

在这个示例中，当 fgetc 函数返回 EOF 时，while 循环结束，表示文件已经被完全读取。

14.2.3 判断文件状态

那么，如何区分文件是否已被读取完毕，或者是否确实遇到了错误？在 C 语言中，我们可以使用 ferror 和 feof 两个函数来判断文件状态。

● ferror 函数：用于检查文件是否发生错误。如果在对文件进行操作时发生错误，ferror 函数将返回一个非零值。

ferror 函数原型如下。

```
int ferror(FILE *stream);
```

● feof 函数：用于检查文件是否已经到达末尾。如果文件读取到达末尾，feof 函数将返回一个非零值。

feof 函数原型如下。

```
int feof(FILE *stream);
```

在 fgetc 函数返回 EOF 后，我们可以再次根据上述两个函数来判断文件是否已经结尾，或者是否遇到了错误。程序清单 14.5 是一个判断文件状态的示例。

程序清单 14.5

```c
#include <stdio.h>
int main()
{
    FILE* pFile = fopen("data.txt", "r");
    if (pFile == NULL)
    {
        return -1;
    }
    char ch;
    while(1)
    {
        ch = fgetc(pFile);
        if (ch == EOF)
        {
            //  文件结尾或者遇到其他错误
            if (feof(pFile) != 0 )          //  测试文件是否结尾
            {
                printf("end of file\n");
            }
            else if(ferror(pFile) != 0)     //  测试文件是否读写出错
            {
                printf("file access error\n");
            }
            break;
        }
        putchar(ch);
    }
    fclose(pFile);
    return 0;
}
```

运行结果如图 14.6 所示。我们可以清楚地知道，由于文件已经结尾，因此无法继续读取该文件。

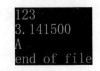

图 14.6　测试文件已结尾

14.2.4　fgets 函数

在 C 语言中，fgets 是一个用于从文件中读取一行字符串的库函数，该函数在 stdio.h 头文件中。fgets 函数从一个 FILE 指针指向的文件中读取一行字符串（包括换行符），并将读取的字符串存储到指定的字符数组中。当到达指定的最大字符数或遇到文件末尾时，读取操作会停止。

fgets 函数原型如下。

```c
char * fgets (char * str, int count, FILE * stream);
```

参数说明：

● str：一个字符指针，指向一个字符数组，用于存储从文件中读取的字符串。读取的字符串会以空字符（\0）结尾。

- count：一个整数，表示从文件中读取的最大字符数（包括空字符）。它通常被设置为字符数组的大小。

- stream：一个指向 FILE 类型的指针，指示要从中读取字符串的文件。fopen 函数通常用于打开文件并获取此指针。

例如，我们先声明一个具有 100 字节的 char 类型数组，数组名为 str，用于存储从文件中读取的一行字符串。如果文件中的一行字符串超过 100 个字符，将这一行字符串放置到 str 数组中将导致越界。因此，我们可以使用第二个参数 count 来限制读取的最大字符数。

```
char buffer[100];
fgets(buffer, 100, pFile);
```

返回值：

- 成功：返回指向字符数组的指针（即参数 str）。

- 失败：如果在读取过程中遇到错误或到达文件末尾，则返回 NULL。

程序清单 14.6 是一个使用 fgets 函数的示例。在运行程序之前，需要确保文件中有内容。

程序清单 14.6

```
#include <stdio.h>
int main()
{
    FILE* pFile = fopen("data.txt", "r");
    if (pFile == NULL)
    {
        return -1;
    }
    char buffer[100];
    while(fgets(buffer, 100, pFile) != NULL)
    {
        printf("%s", buffer);
    }
    fclose(pFile);
    return 0;
}
```

运行结果如图 14.7 所示。

图 14.7　使用 fgets 函数读取一行字符串

14.3　写　入　文　件

C 语言有多种函数可以用于将数据写入文件中。

14.3.1 fputc 函数

在 C 语言中，fputc 是一个用于向文件中写入单个字符的库函数，该函数在 stdio.h 头文件中。fputc 函数将一个字符（以整数形式表示的 ASCII 码）写入一个 FILE 指针指向的文件中。fputc 函数原型如下。

```
int fputc (int ch, FILE * stream);
```

参数说明：

- ch：要写入文件中的字符。fputc 函数通常以整数形式传递字符的 ASCII 码。
- stream：一个指向 FILE 类型的指针，指示要写入字符的文件。fopen 函数通常用于打开文件并获取此指针。

返回值：

- 成功：返回写入的字符的 ASCII 码。
- 失败：返回 EOF。

现在，我们使用 fputc 函数实现如下需求：使用指针 p 遍历"HelloWorld\n"字符串，直到指针指向的字符为'\0'。在遍历过程中的每个字符，都被 fputc 函数写入文件中。具体代码见程序清单 14.7。

程序清单 14.7

```c
#include <stdio.h>
int main()
{
    FILE* pFile = fopen("data.txt", "w");   // 写模式
    if (pFile == NULL)
    {
        return -1;
    }
    char str[] = "HelloWorld\n";
    char *p = str;
    while(*p != '\0')
    {
        // 向文件中写入一个字符
        fputc(*p, pFile);
        p++;
    }
    fclose(pFile);
    return 0;
}
```

运行程序后，文件 data.txt 成功写入了 HelloWorld 字符串，如图 14.8 所示。

我们如果想在第一行之后再增加更多的"Hello World"，那么再次运行上面的程序是否可行？

答案是否定的，因为 fopen 函数使用的是"w"写入模式，它会将文件清空再进行写入。

图 14.8　成功写入 HelloWorld 字符串

为了保留原有内容，并继续在文件尾部添加新内容，我们需要使用追加模式 a。a 代表单词 append 的首字母。具体代码见程序清单 14.8。

程序清单 14.8

```c
#include <stdio.h>
int main()
{
    FILE* pFile = fopen("data.txt", "a");        //  追加模式
    if (pFile == NULL)
    {
        return -1;
    }
    char str[] = "HelloWorld\n";
    char *p = str;
    while(*p != '\0')
    {
        fputc(*p, pFile);
        p++;
    }
    fclose(pFile);
    return 0;
}
```

多次运行程序清单 14.8 中的代码，你会发现文件中有了多行 HelloWorld，如图 14.9 所示。

注意：

代码从未将'\0'写入文件中，文件中的每一行都由换行符进行分隔。此外，'\0'并不标记文件结尾。我们可以通过文件操作函数的返回值和 feof 函数的返回值来判断文件是否已到达结尾。

图 14.9　多行 HelloWorld

14.3.2　fputs 函数

在 C 语言中，fputs 是一个用于向文件中写入字符串的库函数，该函数在 stdio.h 头文件中。fputs 函数将一个以空字符（'\0'）结尾的字符串写入一个 FILE 指针指向的文件中。

fputs 函数的原型如下。

```c
int fputs (const char * str, FILE * stream);
```

参数说明：

- str：一个指向以空字符结尾的字符串的常量字符指针。
- stream：一个指向 FILE 类型的指针，指示要写入字符串的文件。fopen 函数通常用于打开文件并获取此指针。

返回值：

- 成功：返回一个非负值。
- 失败：返回 EOF。

程序清单 14.9 展示了一个使用 fputs 函数的示例。

程序清单 14.9

```
#include <stdio.h>
int main()
{
    FILE* pFile = fopen("data.txt", "w");
    if (pFile == NULL)
    {
        return -1;
    }
    char str[] = "Have a good time\n";
    for(int i = 0 ; i < 5; i ++)
    {
        // 向文件中写入五行"Have a good time\n"
        fputs(str, pFile);
    }
    fclose(pFile);
    return 0;
}
```

运行结果如图 14.10 所示，文件成功写入了五行 Have a good time。

图 14.10 写入五行 Have a good time

现在，我们来观察一个有趣的现象。在程序清单 14.9 的基础上，在关闭文件前添加 system("pause")代码，让程序在这个地方暂停一下，见程序清单 14.10。

程序清单 14.10

```
#include <stdio.h>
#include <stdlib.h>
int main()
{
    FILE* pFile = fopen("data.txt", "w");       // 写模式
    if (pFile == NULL)
    {
        return -1;
    }
    char str[] = "Have a good time\n";
    for(int i = 0 ; i < 5; i ++)
    {
        fputs(str, pFile);
    }
    // 关闭文件前，先暂停一下
    system("pause");
    fclose(pFile);
```

```
        return 0;
}
```

运行代码后，程序确实在关闭文件前暂停了，如图 14.11 所示。我们会发现，在暂停之前，写入数据的 fputs(str, pFile)语句已经执行完毕。然而，当我们打开文件 data.txt 时，文件内却没有任何内容。

按任意键让程序继续运行，暂停结束后，文件内出现了内容，如图 14.12 所示。

图 14.11　未刷新文件缓存区

图 14.12　刷新文件缓存区

14.3.3　fflush 函数

为了解释上述现象，我们需要了解 C 语言中提供的文件操作函数是带有缓存的，数据首先被写入缓存中。当缓存中的数据积累到一定数量时，数据会被一起写入文件中。因此，在刚刚暂停时，数据仍然在缓存区内，尚未被写入文件中。

只有当缓存区的数据被写入文件中时，数据才真正被保存在文件中。此时，缓存区的数据将被清空，这个过程被称为刷新缓存。

当文件被关闭或程序结束时，缓存会被刷新。因此，在调用 fclose 函数之后，文件内容会出现。除此之外，我们还可以主动调用 fflush 函数来主动刷新文件缓存。

在 C 语言中，fflush 是一个用于刷新文件缓冲区的库函数，该函数在 stdio.h 头文件中。当程序执行文件 I/O 操作时，操作系统通常会使用缓冲区来临时存储数据，以提高性能。fflush 函数可以强制将文件缓冲区中的数据写入文件中，以确保数据被立即保存。

fflush 函数的原型如下。

```
int fflush (FILE * stream);
```

现在，我们对程序清单 14.10 的代码进行修改，在程序暂停前刷新缓存区，具体代码见程序清单 14.11。

程序清单 14.11

```
#include <stdio.h>
#include <stdlib.h>
int main()
{
    FILE* pFile = fopen("data.txt", "w");           // 写模式
    if (pFile == NULL)
    {
        return -1;
    }
    char str[] = "Have a good time\n";
    for(int i = 0 ; i < 5; i ++)
```

```
    {
        fputs(str, pFile);
    }
    //  刷新文件缓存区后暂停程序
    fflush(pFile);
    system("pause");
    fclose(pFile);
    return 0;
}
```

在这个示例中，fflush 函数在 for 循环结束后立即被调用，以确保数据被立即写入 data.txt 文件中。

14.3.4 文件偏移

在 C 语言中，文件偏移（也称为文件指针或文件位置）表示当前在文件中的位置，用于读取和写入操作。当使用 fopen 函数打开一个文件时，文件偏移通常被设置为文件开头（对于读模式）或文件结尾（对于追加模式）。

实际上，文件结构中保存了一个表示当前文件读写位置的指针。在 fopen 函数打开文件后，这个指针指向文件中的第一个字节。当任意文件操作函数读写相应长度的字节后，指针也会偏移相应的长度。

例如：每次 fgetc 函数获取一个字节时，文件指针都会向后移动一个字节，如图 14.13 所示；每次 fgets 函数获取一行字符时，文件指针都会向后移动到下一行开始，如图 14.14 所示。

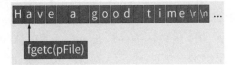

图 14.13 fgetc 函数读取一个字符

图 14.14 fgets 函数获取一行字符

除此之外，要在 C 语言中操作文件偏移，还可以使用以下几个函数。

1. fseek 函数

fseek 函数用于设置文件偏移至指定位置。

fseek 函数原型如下。

```
int fseek(FILE * stream, long offset, int origin);
```

参数说明：
- stream：一个指向 FILE 类型的指针，指示要设置偏移量的文件。
- offset：一个长整数，表示相对于 origin 的偏移量。它可以为正数（向前移动文件指针）或负数（向后移动文件指针）。
- origin：一个整数，表示偏移的参考点。它可以是以下三个常量之一：SEEK_SET（从文件开头计算偏移）、SEEK_CUR（从当前文件指针位置计算偏移）或 SEEK_END（从文件末尾计算偏移）。

例如，若要从文件开头偏移 5 字节，使文件指针指向'a'，可使用以下代码。

```
fseek(pFile, 5, SEEK_SET);
```

图 14.15 展示了偏移的过程。

若要从文件结尾偏移-5 字节，使文件指针指向'i'，可使用以下代码。

```
fseek(pFile, -5, SEEK_END);
```

图 14.16 展示了偏移的过程。需要注意的是，SEEK_END 是从文件最后一个字符的下一个开始进行偏移的，而不是从最后一个字符\n 开始偏移。

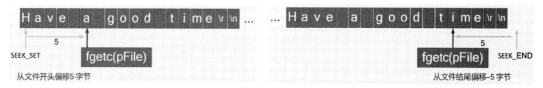

图 14.15 从文件开头偏移 5 字节   图 14.16 从文件结尾偏移-5 字节

程序清单 14.12 是一个使用 fseek 函数设置文件偏移至指定位置的示例。

程序清单 14.12

```c
#include <stdio.h>
int main()
{
    FILE* pFile = fopen("data.txt", "r");
    if (pFile == NULL)
    {
        return -1;
    }
    char ch;
    // 从文件开头偏移 5 字节
    fseek(pFile, 5, SEEK_SET);
    ch = fgetc(pFile);
    putchar(ch);
    // 从文件结尾偏移-5 字节
    fseek(pFile, -5, SEEK_END);
    ch = fgetc(pFile);
    putchar(ch);
    fclose(pFile);
    return 0;
}
```

运行结果如图 14.17 所示。

2. ftell 函数

ftell 函数用于获取当前文件偏移。

ftell 函数原型如下。

图 14.17 使用 fseek 函数设置文件偏移

```
long ftell (FILE * stream);
```

返回值：

● 成功：返回当前文件偏移。

● 失败：返回-1L。

例如，我们可以将文件指针先偏移到末尾，再获取文件指针当前的位置，就能知道该文件有多少字节，即该文件的大小。具体代码见程序清单 14.13。

程序清单 14.13

```c
#include <stdio.h>
int main()
{
    FILE* pFile = fopen("data.txt", "r");
    if (pFile == NULL)
    {
        return -1;
    }
    // 偏移到文件结尾
    fseek(pFile, 0, SEEK_END);
    // 获取当前文件指针位置
    long length = ftell(pFile);
    printf("size of file %ld\n", length);
    fclose(pFile);
    return 0;
}
```

运行结果如图 14.18 所示。

3. rewind 函数

在 C 语言中，rewind 函数用于将文件指针（文件偏移）重置回

`size of file 90`

图 14.18 文件大小

文件的开头位置。这个函数非常有用，特别是在处理文件时需要多次从头开始读取或操作的情况下。

rewind 函数原型如下。

```c
void rewind(FILE *stream);
```

返回值：无返回值。

14.3.5 更新文件

我们如果想要将文件中每个字符串"Have a good time\n"的首字母 H 改为小写的 h，那么应该怎么做呢？

我们需要读取文件中的每个字符，若读到字符 H，则将其修改为 h。那么，我们可以使用更新模式来同时读取和写入文件，根据需要读取文件的部分内容，在文件中更新或添加数据。下面是各种更新模式的描述。

（1）"r+" 模式：以读/写方式打开一个已存在的文件。文件指针（文件偏移）初始位置在文件开头。如果文件不存在，则打开该文件失败。

（2）"w+" 模式：以读/写方式打开一个文件。如果文件存在，则内容会被清空。如果文件不存在，则会创建一个新文件。文件指针初始位置在文件开头。

（3）"a+" 模式：以读/写方式打开一个文件，追加模式。如果文件不存在，则会创建一个新文件。文件指针初始位置在文件末尾，但我们可以用 fseek 函数对其进行调整。

为了达到我们的需求，我们选用保留源文件内容的 "r+" 更新模式。下面的代码中，我们使用 fgetc 函数读取文件中的每个字符，若读到字符'H'，则用 fputc 函数将其修改为'h'。需要注意的是，fgetc 函数读取到字符'H'后，文件指针已经指向了下一个字符。因此，若读取到字符'H'，则需要将文件指针向前移动 1 字节，再进行修改。

```c
char ch;
while(1)
{
    ch = fgetc(pFile);
    if (ch == EOF)
    {
        break;
    }
    if (ch == 'H')
    {
        //  文件指针向前移动 1 字节
        fseek(pFile, -1, SEEK_CUR);
        ch = fputc('h', pFile);
        if (ch == EOF)
        {
            break;
        }
    }
}
```

但是，尝试运行上面的这段代码，可能会发现运行结果和我们的预期不一样。对于以更新模式+打开的文件，需要注意以下几点。

① 文件从写操作转换为读操作前，必须使用 fflush、fseek 或 rewind 其中一个函数。

② 文件从读操作转换为写操作前，必须使用 fseek 或 rewind 其中一个函数。

因此，上述的代码结果不正确，也是由于缺少了添加这样的函数。如果仅需要读写操作转换，但无须变动文件指针，则可以在当前位置处偏移 0 字节。

```c
fseek(pFile, 0, SEEK_CUR);
```

检查上面的代码，读转写时已经调用过 fseek 函数了。写转读时，可以使用 fflush 函数或 fseek 函数来偏移 0 字节，修改后的代码见程序清单 14.14。

程序清单 14.14

```c
#include <stdio.h>
int main()
{
    FILE* pFile = fopen("data.txt", "r+");
    if (pFile == NULL)
    {
        return -1;
    }
    char ch;
    while (1)
    {
        ch = fgetc(pFile);
        if (ch == EOF)
        {
```

```
        break;
    }
    if (ch == 'H')
    {
        //  读转写
        fseek(pFile, -1, SEEK_CUR);
        ch = fputc('h', pFile);
        if (ch == EOF)
        {
            break;
        }
        //  写转读
        fflush(pFile);
    }
}
fclose(pFile);
return 0;
}
```

运行结果如图 14.19 所示，文件中的字符 H 被修改为小写的 h。

图 14.19　字符 H 被修改为小写的 h

14.4　更多操作方式

在前面的章节中，我们已经学习了如何将数据保存到文件中，以及从文件中获取数据。但是，文件中的所有数据都是以字符串的形式保存的。

例如，使用 fprintf 函数将数据写入文件中，这些数据将被转换成字节序列并保存在文件中，这些字节序列通常可以被解释为字符串。同样地，使用 fscanf 函数从文件中读取数据时，该函数会将文件中的字符串转换为对应类型的数据，并将其保存在对应的变量中。

除了字符串的形式，C 语言中还提供了以二进制形式进行保存和读取数据的方法。

14.4.1　以二进制形式保存数据

数据可以不经过任何处理，直接以二进制形式保存为文件。

1. fwrite 函数

在 C 语言中，fwrite 函数用于将指定数量的数据从给定的内存区域写入文件中。这个函数通常用于将数据（如整数、浮点数、结构体等）以二进制形式写入文件中。

fwrite 函数原型如下。

```
size_t fwrite(const void *buffer, size_t size, size_t count, FILE *stream);
```

参数说明：

- buffer：一个指向要写入数据的内存区域的指针。
- size：每个数据项的大小（以字节为单位）。
- count：要写入的数据项数量。
- stream：一个指向 FILE 类型的指针，指示要写入数据的文件。

返回值：

- 成功：fwrite 返回实际写入的数据项数量。当成功写入所有数据项时，返回值应等于 count。
- 失败：返回值可能小于 count。你可以使用 ferror 函数来检查是否发生错误。

下面通过一个实际例子，解释函数 fwrite 各个参数的具体意义。我们使用一个整型数组，将该数组中的数值直接以二进制形式保存为文件。具体代码见程序清单 14.15。

程序清单 14.15

```
#include <stdio.h>
int main()
{
    FILE *pFile = fopen("data.txt", "w");
    if(pFile == NULL)
    {
        return -1;
    }
    int numbers[8] = {1, 12, 123, 1234, 12345, 10, 123456, 1234567};
    // 将数组 numbers 分为 1 块，每一块 sizeof(numbers) 大小
    fwrite(numbers, sizeof(numbers), 1, pFile);
    fclose(pFile);
    return 0;
}
```

第一个参数 buffer 是要写入文件中的数据的首地址。如果传递的参数是数组 numbers，则当该数组出现在表达式中时，它将会被转换为首元素指针，指向第一个 int 元素，类型为 int *，其内部保存了数组的首地址。函数参数 buffer 为 void *类型的指针，而 void *类型的指针可以接收任何类型的指针。当 int *类型的指针被传递给 void *类型的指针时，指针类型信息将丢失，仅留下首地址信息。

第二个参数 size 和第三个参数 count 表示 fwrite 函数将要写入的数据分为 count 块，每一块为 size 字节。例如：

① 将数组 numbers 分为 1 块，每一块为 sizeof(numbers) 大小。

② 将数组 numbers 分为 8 块，每一块为 sizeof(int) 大小。

以上两种方式都能将整个数组写入文件中。以下两种写法都是正确的。

```
// 将数组 numbers 分为 1 块，每一块 sizeof(numbers) 大小
fwrite(numbers, sizeof(numbers), 1, pFile);
// 将数组 numbers 分为 8 块，每一块 sizeof(int) 大小
fwrite(numbers, sizeof(int), 8, pFile);
```

第四个参数 stream 是使用 fopen 函数打开文件时返回的文件结构指针。

fwrite 函数返回成功写入文件的数据块的数量。

① 将数组 numbers 分为 1 块。如果写入成功，那么它将返回 1；如果写入失败，那么它将返回 0。

② 将数组 numbers 分为 8 块。如果写入成功，那么它将返回 8；如果写入部分成功，那么它将返回小于 8 且大于 0 的数值；如果写入失败，那么它将返回 0。

2. 探究文件内容

查看图 14.20，编译并运行代码后，如果使用文本编辑器打开文件，则会发现文本编辑器无法正确读取文件内容。因为，目前文件存储的不是一个一个的字符，而是各种数值的二进制表示。

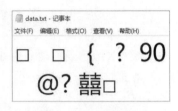

我们如果使用十六进制编辑器打开文件，如图 14.21 所示，则可以在其中找到数组中的各个元素的数值。由于数组的元素为 int 类型，占用 4 字节，因此在文件中以 4 字节为一组来观察其二进制数据。

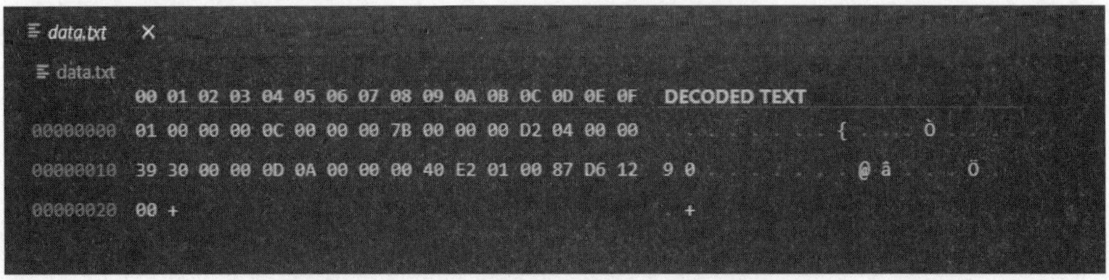

图 14.20　文本编辑器乱码

图 14.21　十六进制编辑器打开二进制文件

查看图 14.22，前 4 个字节为 01 00 00 00。如果这 4 个字节的二进制被看作 int 类型，那么它的十进制数值为 1。

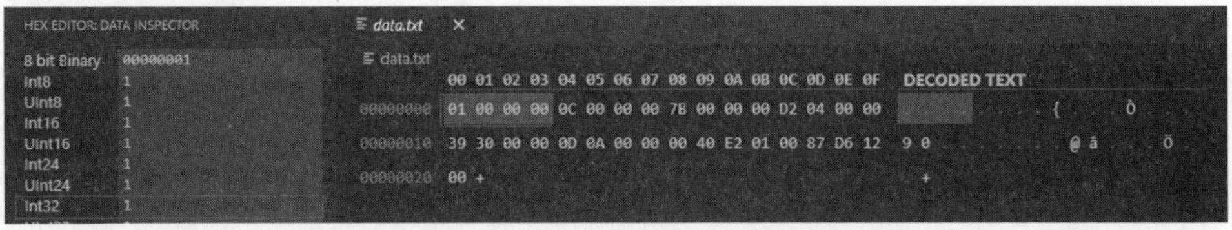

图 14.22　数据 01 00 00 00 的十进制数值为 1

查看图 14.23，数据 0C 00 00 00，其十进制数值为 12。

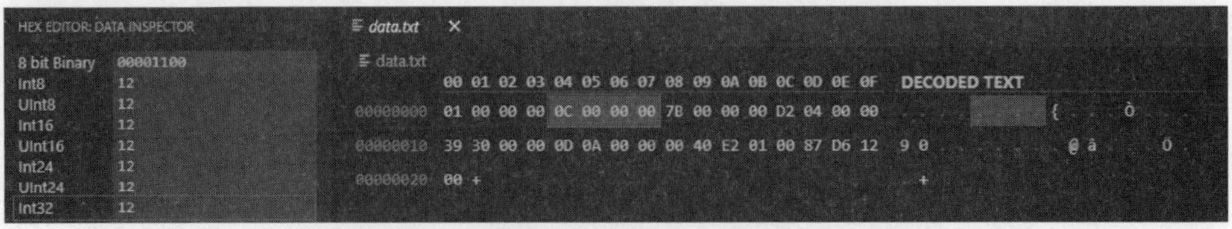

图 14.23　数据 0C 00 00 00 的十进制数值为 12

查看图 14.24，数据 7B 00 00 00，其十进制数值为 123。

图 14.24　数据 7B 00 00 00 的十进制数值为 123

查看图 14.25，数据 D2 04 00 00，其十进制数值为 1234。

图 14.25　数据 D2 04 00 00 的十进制数值为 1234

查看图 14.26，数据 39 30 00 00，其十进制数值为 12345。

图 14.26　数据 39 30 00 00 的十进制数值为 12345

查看图 14.27，数据 0A 00 00 00，其十进制数值为 10。注意，这里有一个特殊的地方。字节 0A 是 int 类型数值 0A 00 00 00 的第 1 个字节，刚好为'\n'的 ASCII 码。在文本模式下，字符'\n'将会被自动替换为'\r''\n'，再输出到文件中，其 ASCII 码为十六进制 0D 0A。因此，在文件中，数据 0A 00 00 00 前会出现一个 0D。

图 14.27　数据 0A 00 00 00 的十进制数值为 10

查看图 14.28，数据 40 E2 01 00，其十进制数值为 123456。

图 14.28　数据 40 E2 01 00 的十进制数值为 123456

查看图 14.29，数据 87 D6 12 00，其十进制数值为 1234567。

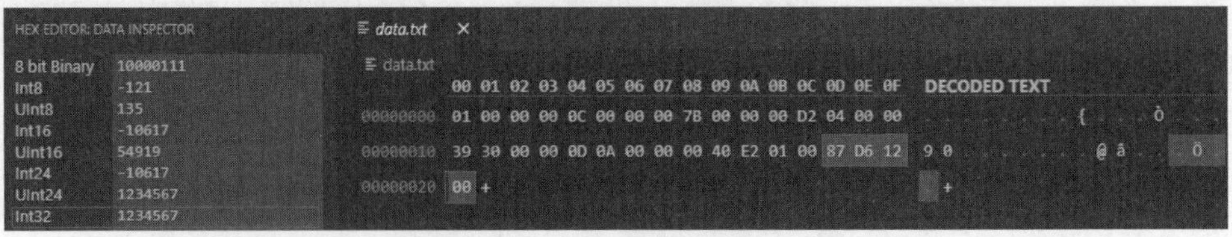

图 14.29　数据 87 D6 12 00 的十进制数值为 1234567

3．二进制模式

让我们回顾刚刚自动为文件中的字节 0A 前添加 0D 的地方。

字节 0A 是数值 int 类型的数值 0A 00 00 00 的第 1 个字节，刚好为'\n'的 ASCII 码。在文本模式下，字符'\n'将会被自动替换为'\r''\n'，再输出到文件中，其 ASCII 码为十六进制 0D 0A。因此，数据 0A 00 00 00 前会出现一个 0D。

但是很显然，这里的字节 0A 并不代表换行，而是与其他三个十六进制字节一起表示一个 int 类型的数据。因此，以二进制形式将数据存储为文件并不需要做这个转换。

默认情况下，文件是以文本模式打开的，文本模式下会做如上换行符的转换。

```
FILE *pFile = fopen("data.txt", "w");
```

在函数 fopen 的第二个参数中，添加字符 b。以二进制模式打开文件，二进制模式将不进行换行符的转换。

```
FILE *pFile = fopen("data.txt", "wb");
```

查看图 14.30，字节 0A 前不会再自动添加 0D 了。

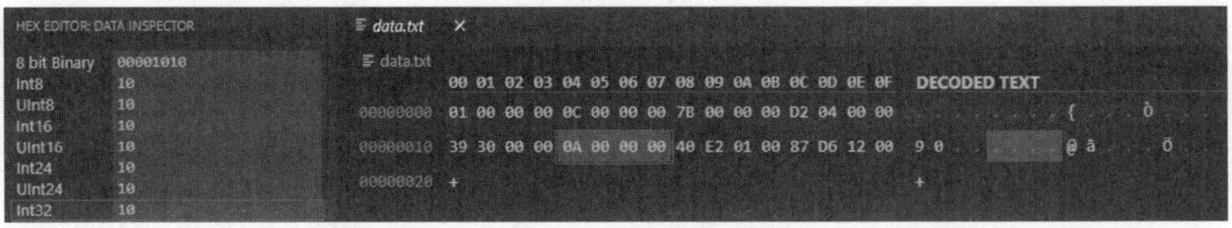

图 14.30　0x10 二进制模式

14.4.2　从文件中读取二进制数据

在 C 语言中，fread 函数用于从文件中读取指定数量的数据并将其存储到给定的内存区域中。这个函数通常用于从二进制文件中读取数据（如整数、浮点数、结构体等）。

fread 函数原型如下。

```
size_t fread(void *buffer, size_t size, size_t count, FILE *stream );
```

参数说明：

- buffer：一个指向要读取数据的内存区域的指针。
- size：每个数据项的大小（以字节为单位）。
- count：要读取的数据项数量。
- stream：一个指向 FILE 类型的指针，指示要读取数据的文件。

返回值：

- 成功：fread 返回实际读取的数据项数量。当成功读取所有数据项时，返回值应等于 count。

● 失败：返回值可能小于 count。你可以使用 ferror 函数来检查是否发生错误。

fread 函数的各个参数用法类似于 fwrite 函数，不同的是将写入换成了读取。fread 函数将从文件中读取 count 块数据，每一块数据大小为 size，并将读取的数据存储到以 buffer 为首地址的空间中。返回值为成功读取的块的数量。程序清单 14.16 是一个使用 fread 函数读取固定大小数据的示例。

程序清单 14.16

```c
#include <stdio.h>
int main()
{
    FILE *pFile = fopen("data.txt", "r");
    if(pFile == NULL)
    {
        return -1;
    }

    int numbers[8] = {0};
    //  每块读取 sizeof(numbers)字节，一共读取 1 块
    fread(numbers, sizeof(numbers), 1, pFile);
    for(int i = 0; i < 8; i++)
        printf("%d\n", numbers[i]);
    fclose(pFile);
    return 0;
}
```

运行结果如图 14.31 所示。

除了读取固定大小的数据，fread 函数还可以每次读取 1 字节的数据，直到文件结尾或接收到的数据存满空间，见程序清单 14.17。

程序清单 14.17

图 14.31　使用 fread 函数读取固定大小的数据

```c
#include <stdio.h>
void fileEofOrError(FILE *pFile)
{
    if (feof(pFile) != 0 )              //  测试文件是否结尾
    {
        printf("end of file\n");
    }
    else if(ferror(pFile) != 0)         //  测试文件是否读写出错
    {
        printf("file access error\n");
    }
}

int main()
{
    FILE *pFile = fopen("data.txt", "r");
    if(pFile == NULL)
    {
```

```
        return -1;
    }

    int numbers[8] = {0};
    // 接收数据的首地址
    char *p = (char *)(numbers);
    // 已读取的字节
    int count = 0;
    while(1)
    {
        // 如果数组已经填满 8 个元素，则不继续读取
        if (count >= sizeof(numbers))
        {
            printf("numbers is full\n");
            break;
        }
        // 每块读取 1 字节，一共读取 1 块
        int get = fread(p, 1, 1, pFile);
        if (get == EOF)
        {
            fileEofOrError(pFile);
            break;
        }
        p++;
        count++;
    }
    for(int i = 0; i < 8; i++)
        printf("%d\n", numbers[i]);

    fclose(pFile);
    return 0;
}
```

由于 fread 函数每次读取 1 字节并将其存储到第一个参数指示的地址中，因此在下一次读取前，需要将接收数据的地址向后移动 1 字节。我们将数组首地址存储到一个 char *类型的指针 p 中。fread 函数将读取到的 1 字节数据存储到指针 p 保存的地址中。在下一次读取开始前，执行 p++，使得指针 p 中保存的地址向后移动 1 字节。

🔊 **注意：**

文件中的数据可能超过 numbers 数组的长度，因此需要在程序中判断已读取的数据大小。若数组中已经装满元素，则不应该继续读取了，否则会造成数组越界。代码中使用 count 记录已经读取的数据大小，当 count 大于数组长度 sizeof(numbers)时，读取应当停止。在读取结束后，使用循环输出 numbers 数组中的每个元素。

另外，在使用 fread 函数后，需要检查它是否读取到了文件末尾或者是否存在读写错误。这里使用了 fileEofOrError 函数来实现这个功能。如果 fread 函数读取到文件末尾，则 fileEofOrError 函数输出 end of file；如果 fread 函数发生读写出错，则 fileEofOrError 函数输出 file access error。

第15章

位操作、动态内存管理和主函数参数

【本章导读】

在本章，我们将探讨 C 语言中的位操作运算符、动态内存管理及主函数参数。首先，通过位操作运算符，你将学会如何高效地处理二进制数据，如按位与、按位或和按位异或等。接着，我们将深入了解动态内存管理的概念，包括如何使用 malloc 和 free 函数来分配和释放内存。最后，我们将讨论主函数参数的使用，这将帮助你更好地理解命令行参数在 C 程序中的应用。本章旨在为你提供 C 语言高级功能的实用知识，帮助你编写更为高效和灵活的代码。

【知识要点】

通过对本章内容的学习，你可以掌握以下知识。

（1）位操作。

（2）malloc 函数。

（3）主函数参数。

15.1 位 操 作

在 C 语言中，字节（byte）是计算机内存中的基本单位。一个字节通常由 8 位（bit）组成，每个位可以表示 0 或 1。这种用 0 和 1 表示一个数字的方式，我们称之为二进制。在本节中，我们将探讨如何直接操作数据的二进制位。

15.1.1 十进制转二进制

为了将十进制数据转换为二进制数据，可以使用短除法。例如，如果我们需要将十进制数 42 转换为二进制数，可以按照以下步骤进行操作。

（1）在被除数 42 的左下角写上符号|___，表示将对其进行短除运算。

（2）在符号|___的左边写上除数 2。

（3）计算被除数除以除数的商和余数：42 / 2 = 21 ... 0。

（4）将商 21 填入符号|___下方，将余数 0 填入右侧。

图 15.1 展示了这个过程。

现在我们已经完成了一次短除运算，接下来将商作为新的被除数，重复上述步骤。

（1）在被除数 21 的左下角写上符号|___，表示将对其进行短除运算。

（2）在符号|___的左边写上除数 2。

（3）计算被除数除以除数的商和余数：21 / 2 = 10 ... 1。

（4）将商 10 填入符号|___下方，将余数 1 填入右侧。

图 15.2 展示了这个过程。

然后，我们继续将商作为新的被除数，重复上述步骤，直至商为 0。图 15.3 显示了完整的短除法计算结果。

最后，我们从下往上逆序读右侧的余数 101010。这就是十进制数 42 对应的二进制数。

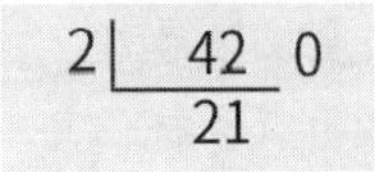

图 15.1 42/2 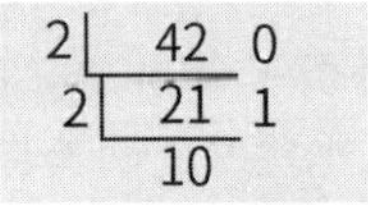　　　　　图 15.2 21/2 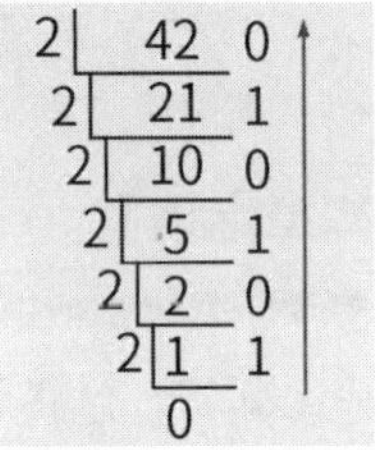　　　　　图 15.3 短除 42

现在，我们可以将这个二进制数转换回十进制数，验证它是否等于 42。要将二进制数转换为十进制数，我们可以将二进制数的各位乘以其所在位的位权，然后将所有乘法结果累加起来，得到转换后的十进制结果。

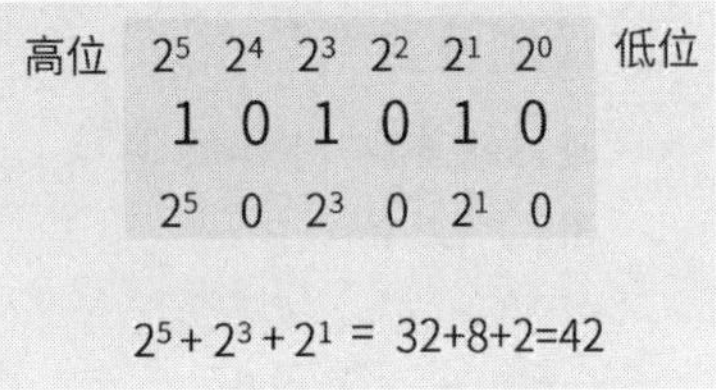

图 15.4 高位与低位

例如，对于二进制数 101010，高位在左，低位在右，如图 15.4 所示。最低位的位权为 2 的 0 次方，此后的位权依次加 1 次方。高位具有更大的位权，低位具有较小的位权。从最高位开始：

① 第 1 位的位权为 2^5，该位为 1，积为 2^5。

② 第 2 位的位权为 2^4，该位为 0，积为 0。

③ 第 3 位的位权为 2^3，该位为 1，积为 2^3。

④ 第 4 位的位权为 2^2，该位为 0，积为 0。

⑤ 第 5 位的位权为 2^1，该位为 1，积为 2^1。

⑥ 第 6 位的位权为 2^0，该位为 0，积为 0。

将所有的乘法结果累加起来，得到其十进制表示。

$$2^5 + 2^3 + 2^1 = 32 + 8 + 2 = 42$$

15.1.2　十进制转二进制函数

接下来，我们将把十进制转二进制的过程编写成程序。我们尝试编写一个名为 printBinary 的函数，该函数可以接收一个无符号字符类型的参数，并将其转换为二进制表示，然后进行输出。我们暂时将二进制位数限制为最多 8 位。代码如下。

```
void printBinary(unsigned char dec)
{
    unsigned int quotient;          // 商
    unsigned int remainder;         // 余数
    while(dec > 0)
    {
        // 求除 2 的余数
        remainder = dec % 2;
        // 求除 2 的商
        quotient = dec / 2;
        // 输出商
        printf("%d", remainder);
        // 商作为新的被除数
        dec = quotient;
    }
    putchar('\n');
}
```

在这个程序中，变量 dec 表示短除法运算中的被除数。变量 quotient 用于存储除以 2 的商，变量 remainder 用于存储除以 2 的余数。每次计算后，我们使用 printf 输出余数，然后使用商作为新的被除数继续进行短除法运算，直至被除数为 0。

接下来，我们尝试将十进制数 42 作为参数传递给函数 printBinary。

```
printBinary(42);
```

运行程序后，输出结果为 010101，如图 15.5 所示。由于上述代码中是按照顺序输出余数的，所以输出结果是低位在前，高位在后。

如果希望高位在前，低位在后，则需要逆序输出每一次计算的余数。我们将参数 dec 的二进制表示存储在一个长度为 8 的字符数组 bits 中，每个数组元素分别保存每一位的二进制状态。在计算余数之后，我们不再直接进行输出，而是将余数存储在 bits 数组的 count 索引对应的元素中。随后，count 自增 1，以便将新的余数存储在下一个数组元素中。修改后的代码如下。

010101

图 15.5　直接输出的结果

```
void printBinary(unsigned char dec)
{
    // 存储 dec 的每一位二进制状态
    char bits[8];
    int count = 0;
    int quotient;                   // 商
    int remainder;                  // 余数
    while(dec > 0)
    {
        // 求除以 2 的余数
        remainder = dec % 2;
        // 求除以 2 的商
        quotient = dec / 2;
        // 商作为新的被除数
        dec = quotient;
        // 将余数保存到 bits
        bits[count] = remainder;
```

```
        count++;
    }
    // 逆序输出有数据的二进制位
    for (int i = count - 1; i >= 0; i--)
        printf("%d", bits[i]);
}
```

在循环结束后，共有 count 个二进制位被存储在 bits 数组中。从数组的 count－1 索引开始，逆序输出这些二进制位，直至索引 0，即可得到从高位到低位的转换结果。运行结果如图 15.6 所示。

101010

在这个改进的版本中，我们考虑了当参数 dec 为 0 时的情况。

图 15.6　正确的转换结果

若 dec 为 0，原先的代码将无法进入 while(dec＞0)循环，因此没有输出。为了处理这种情况，我们可以直接在函数开头检查 dec 是否为 0，如果为 0，则直接输出 0 并返回。代码修改如下。

```
void printBinary(unsigned char dec)
{
    // 若 dec 为 0，输出 0 并返回
    if (dec == 0)
    {
        printf("0\n");
        return;
    }
    // 若 dec 非 0，短除计算余数，逆序输出
    char bits[8];
    int count = 0;
    int quotient;
    int remainder;
    while(dec > 0)
    {
        remainder = dec % 2;
        quotient = dec / 2;
        dec = quotient;
        bits[count] = remainder;
        count++;
    }
    for (int i = count - 1; i >= 0; i--)
        printf("%d", bits[i]);
    putchar('\n');
}
```

然后，我们考虑将 unsigned char 类型的变量 dec 的 8 个二进制位全部进行输出。在这个改进的版本中，我们将 bits 数组初始化为 0。在计算完余数后，从数组的最后一个元素开始逆序输出，直至数组的第一个元素。这样，我们不再需要对 dec 为 0 的情况进行特殊处理。当 dec 为 0 时，不会进入 while 循环，将直接输出 8 个 0。代码修改如下。

```
void printBinary(unsigned char dec)
{
    // 数组初始化为 0
    char bits[8] = {0};
    int count = 0;
```

```
    int quotient;
    int remainder;
    while(dec > 0)
    {
        remainder = dec % 2;
        quotient = dec / 2;
        dec = quotient;
        bits[count] = remainder;
        count++;
    }
    //  逆序输出所有二进制位
    for (int i = 8 - 1; i >= 0; i--)
        printf("%d", bits[i]);
    putchar('\n');
}
```

运行结果如图 15.7 所示，数据二进制最高位前的两个 0 也被输出了。

图 15.7　输出所有二进制位

15.1.3　位运算符

在 C 语言中，位运算符是一组用于执行二进制数（通常表示为整数）的位级操作的运算符。这些运算符直接操作整数的二进制位，因此通常具有非常高的速度和效率。位运算符能够深入操作数的内部，并根据非 0 值或 0 值将二进制位视为真或假，然后进行逻辑运算。

以下是 C 语言中的位运算符。

① 位逻辑与&。

② 位逻辑或|。

③ 位逻辑异或^。

④ 位逻辑非~。

为了更好地理解这些位逻辑运算符的特性，我们选取两个整数 170 和 102，并使用前述的 printBinary 函数输出它们的二进制表示形式。

```
printBinary(170);
printBinary(102);
```

运行结果如图 15.8 所示。将十进制数 170 作为 printBinary 函数的参数，它将输出 170 对应的二进制数 10101010。将十进制数 102 作为 printBinary 函数的参数，它将输出 102 对应的二进制数 01100110。

```
10101010
01100110
```

图 15.8　170、102 转二进制

接下来，我们对这两个数值分别进行各种位逻辑运算，以观察其运算结果。

1. 位逻辑与&

尝试对 170 和 102 进行位逻辑与运算。

```
printf("%hhu\n", 170 & 102);
printBinary(170 & 102);
```

运行结果如图 15.9 所示，表达式 170&102 的结果为十进制 34，二进制 00100010。让我们来分析为何得到这个结果。

位逻辑与&操作会深入字节内部，并对二进制位进行逻辑与运算。如果两个位同时为真（1），则运算结果为真（1）；否则，运算结果为假（0）。

查看图 15.10，从左至右两个操作数的第 1 个二进制位分别为 1 和 0。1 & 0 结果为假，因此得到结果 0。

图 15.9　位逻辑与

查看图 15.11，从左至右两个操作数的第 2 个二进制位分别为 0 和 1。0 & 1 结果为假，因此得到结果 0。

查看图 15.12，从左至右两个操作数的第 3 个二进制位分别为 1 和 1。1 & 1 结果为真，因此得到结果 1。

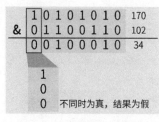

图 15.10　1&0

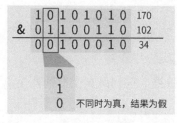

图 15.11　0&1

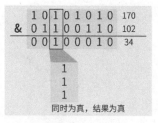

图 15.12　1&1

查看图 15.13，从左至右两个操作数的第 4 个二进制位分别为 0 和 0。0 & 0 结果为假，因此得到结果 0。

以此类推，后面 4 个二进制位的运算与前面一致，最终的结果为 00100010。

接下来，将最终的二进制结果 00100010 转换为十进制，从最高位开始：

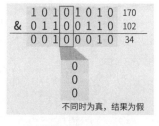

图 15.13　0&0

① 第 1 位权值为 2^7，该位为 0，积为 0。

② 第 2 位权值为 2^6，该位为 0，积为 0。

③ 第 3 位权值为 2^5，该位为 1，积为 2^5。

④ 第 4 位权值为 2^4，该位为 0，积为 0。

⑤ 第 5 位权值为 2^3，该位为 0，积为 0。

⑥ 第 6 位权值为 2^2，该位为 0，积为 0。

⑦ 第 7 位权值为 2^1，该位为 1，积为 2^1。

⑧ 第 8 位权值为 2^0，该位为 0，积为 0。

将所有乘积累加起来，得到其十进制表示。

$$2^5 + 2^1 = 32 + 2 = 34$$

因此，位逻辑与运算 170 & 102 得到的十进制结果为 34，二进制结果为 00100010。

2. 位逻辑或|

尝试对 170 和 102 进行位逻辑或运算。

```
printf("%hhu\n", 170 | 102);
printBinary(170 | 102);
```

运行结果如图 15.14 所示，表达式 170|102 的十进制结果为 238，二进制结果为 11101110。

接下来分析为什么会得到这个结果。

位逻辑或 | 运算将深入字节内部，对二进制位进行逻辑或运算。如果两个位同时为假（0），则运算结果为假（0）；否则，运算结果为真（1）。

图 15.14　位逻辑或

查看图 15.15，从左至右两个操作数的第 1 个二进制位分别为 1 和 0。1 | 0 结果为真，因此得到结果 1。

查看图 15.16，从左至右两个操作数的第 2 个二进制位分别为 0 和 1。0 | 1 结果为真，因此得到结果 1。

查看图 15.17，从左至右两个操作数的第 3 个二进制位分别为 1 和 1。1 | 1 结果为真，因此得到结果 1。

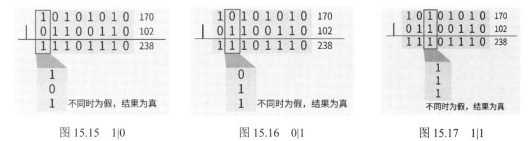

图 15.15　1|0　　　　　图 15.16　0|1　　　　　图 15.17　1|1

查看图 15.18，从左至右两个操作数的第 4 个二进制位分别为 0 和 0。0 | 0 结果为假，因此得到结果 0。

以此类推，后面 4 个二进制位的运算与前面一致，最终的结果为 11101110。

接下来，将最终的二进制结果 11101110 转换为十进制，从最高位开始：

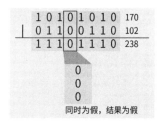

图 15.18　0|0

① 第 1 位权值为 2^7，该位为 1，积为 2^7。
② 第 2 位权值为 2^6，该位为 1，积为 2^6。
③ 第 3 位权值为 2^5，该位为 1，积为 2^5。
④ 第 4 位权值为 2^4，该位为 0，积为 0。
⑤ 第 5 位权值为 2^3，该位为 1，积为 2^3。
⑥ 第 6 位权值为 2^2，该位为 1，积为 2^2。
⑦ 第 7 位权值为 2^1，该位为 1，积为 2^1。
⑧ 第 8 位权值为 2^0，该位为 0，积为 0。

将所有乘积累加起来，得到其十进制表示。

$2^7 + 2^6 + 2^5 + 2^3 + 2^2 + 2^1 = 128 + 64 + 32 + 8 + 4 + 2 = 238$

因此，位逻辑或运算 170 | 102 得到的十进制结果为 238，二进制结果为 11101110。

3. 位逻辑异或^

尝试对 170 和 102 进行位逻辑异或运算。

```
printf("%hhu\n", 170 ^ 102);
printBinary(170 ^ 102);
```

运行结果如图 15.19 所示，表达式 170 ^ 102 的十进制结果为 204，二进制结果为

11001100。接下来分析为什么会得到这个结果。

位逻辑异或 ^ 运算将深入字节内部，对二进制位进行逻辑异或运算。若两个位不同时，运算结果为真（1）；否则，运算结果为假（0）。

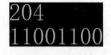

图 15.19　逻辑异或

查看图 15.20，从左至右两个操作数的第 1 个二进制位分别为 1 和 0。1 ^ 0，两个位不同，结果为真，因此得到结果 1。

查看图 15.21，从左至右两个操作数的第 2 个二进制位分别为 0 和 1。0 ^ 1，两个位不同，结果为真，因此得到结果 1。

查看图 15.22，从左至右两个操作数的第 3 个二进制位分别为 1 和 1。1 | 1，两个位相同，结果为假，因此得到结果 0。

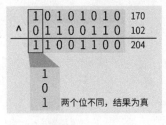
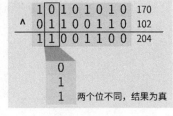
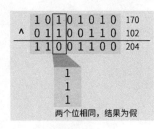

图 15.20　1^0　　　　　　图 15.21　0^1　　　　　　图 15.22　1^1

查看图 15.23，从左至右两个操作数的第 4 个二进制位分别为 0 和 0。0 | 0，两个位相同，结果为假，因此得到结果 0。

以此类推，后面 4 个二进制位的运算与前面一致，最终的结果为 11001100。

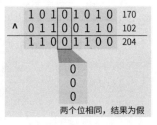

图 15.23　0^0

接下来，将最终的二进制结果 11001100 转换为十进制，从最高位开始：

① 第 1 位权值为 2^7，该位为 1，积为 2^7。

② 第 2 位权值为 2^6，该位为 1，积为 2^6。

③ 第 3 位权值为 2^5，该位为 0，积为 0。

④ 第 4 位权值为 2^4，该位为 0，积为 0。

⑤ 第 5 位权值为 2^3，该位为 1，积为 2^3。

⑥ 第 6 位权值为 2^2，该位为 1，积为 2^2。

⑦ 第 7 位权值为 2^1，该位为 0，积为 0。

⑧ 第 8 位权值为 2^0，该位为 0，积为 0。

将所有乘积累加起来，得到其十进制表示。

$2^7 + 2^6 + 2^3 + 2^2 = 128 + 64 + 8 + 4 = 204$

因此，位逻辑异或运算 170 ^ 102 得到的十进制结果为 204，二进制结果为 11001100。

4. 位逻辑非~

前面介绍了几个双目位逻辑运算符，它们会对运算符左右两边的运算对象进行计算，并得到一个结果。接下来将介绍的位逻辑非是一个单目运算符，它仅对其右侧的运算对象进行计算。现在，让我们尝试对 170 和 102 进行位逻辑非运算。

```c
printf("%hhu\n", ~170);
printBinary(~170);
```

```
printf("%hhu\n", ~102);
printBinary(~102);
```

运行结果如图 15.24 所示。表达式~170 的结果是十进制数 85，二进制数 01010101。表达式~102 的结果是十进制数 153，二进制数 10011001。接下来，我们来分析为什么会得到这样的结果。

位逻辑非~会深入字节内部，并对二进制位执行逻辑非运算。如果二进制位为真（1）时，则运算结果为假（0）；如果二进制位为假（0）时，则运算结果为真（1）。

图 15.24　~170 和~102

换句话说，位逻辑非运算会翻转运算对象的所有二进制位。查看图 15.25，二进制位 1 变为 0，二进制位 0 变为 1。

接下来，将~170 最终的二进制结果 01010101 转换为十进制，从最高位开始：

```
~ 1 0 1 0 1 0 1 0   170
  0 1 0 1 0 1 0 1    85
  翻转所有二进制位

~ 0 1 1 0 0 1 1 0   102
  1 0 0 1 1 0 0 1   153
  翻转所有二进制位
```

图 15.25　翻转二进制位

① 第 1 位权值为 2^7，该位为 0，积为 0。
② 第 2 位权值为 2^6，该位为 1，积为 2^6。
③ 第 3 位权值为 2^5，该位为 0，积为 0。
④ 第 4 位权值为 2^4，该位为 1，积为 2^4。
⑤ 第 5 位权值为 2^3，该位为 0，积为 0。
⑥ 第 6 位权值为 2^2，该位为 1，积为 2^2。
⑦ 第 7 位权值为 2^1，该位为 0，积为 0。
⑧ 第 8 位权值为 2^0，该位为 1，积为 2^0。
将所有乘积累加起来，得到其十进制表示。

$2^6 + 2^4 + 2^2 + 2^0 = 64 + 16 + 4 + 1 = 85$

因此，位逻辑非运算~170 得到的十进制结果为 85，二进制结果为 01010101。

接下来将~102 最终的二进制结果 10011001 转换为十进制，从最高位开始：

① 第 1 位权值为 2^7，该位为 1，积为 2^7。
② 第 2 位权值为 2^6，该位为 0，积为 0。
③ 第 3 位权值为 2^5，该位为 0，积为 0。
④ 第 4 位权值为 2^4，该位为 1，积为 2^4。
⑤ 第 5 位权值为 2^3，该位为 1，积为 2^3。
⑥ 第 6 位权值为 2^2，该位为 0，积为 0。
⑦ 第 7 位权值为 2^1，该位为 0，积为 0。
⑧ 第 8 位权值为 2^0，该位为 1，积为 2^0。
将所有乘积累加起来，得到其十进制表示。

$2^7 + 2^4 + 2^3 + 2^0 = 128 + 16 + 8 + 1 = 153$

因此，位逻辑非运算~102 得到的十进制结果为 153，二进制结果为 10011001。

15.1.4　左移和右移

左移（<<）是将一个整数的二进制位向左移动指定的位数，右侧用 0 填充。例如：

```
printBinary(231);
printBinary(231 << 1);
```

```
printBinary(231 << 2);
printBinary(231 << 3);
```

运行结果如图 15.26 所示。

图 15.27 展示了左移的步骤。

图 15.26　左移结果

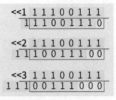

图 15.27　左移

右移（>>）是将一个整数的二进制位向右移动指定的位数。对于无符号类型，空出来的位置用 0 填充；对于有符号类型，空出来的位置用 0 或 1 填充。这取决于编译器。例如：

```
printBinary(231);
printBinary(231 >> 1);
printBinary(231 >> 2);
printBinary(231 >> 3);
```

运行结果如图 15.28 所示。

图 15.29 展示了右移的步骤。

图 15.28　右移结果

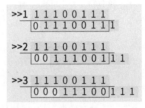

图 15.29　右移

15.2　动态内存管理

在 C 语言中，动态内存管理是一种在程序运行时根据需要动态分配和释放内存的技术。动态内存管理的主要优点是灵活性，因为程序可以根据实际需求分配适当大小的内存，而不是在编译时预先确定。

例如，现在有一个需求。我们希望先输入一个整数 n，接着输入以空格分隔的 n 个整数，然后求出这 n 个整数中最大的数。

输入：

```
10
8 6 4 1 2 5 7 9 3 0
```

输出：

```
9
```

为了容纳这 n 个整数，我们可以定义一个稍微大一点的数组，例如：

```
int n;
int arr[20];
```

在用户输入 n 的值后，循环 n 次，输入 n 个数据，读取用户输入的 n 个数。

```
// 输入 n
scanf("%d", &n);
// 循环 n 次，输入 n 个数据
for (int i = 0; i < n; i++)
{
    scanf("%d", &arr[i]);
}
```

声明一个变量 max，暂时认为第一个元素为最大的，并将 arr[0]赋值给 max。接着，将 max 与数组中的前 n 个元素依次比较，把较大的放入 max 中。这样就找到了输入的 n 个数据中最大的数。

```
// 暂时认为第一个元素为最大的
int max = arr[0];
// max 与各个元素比较，把较大的放入 max 中
for (int i = 0; i < n; i++)
{
    if (arr[i] > max)
        max = arr[i];
}
printf("%d\n", max);
```

通过上述的方式，似乎确实能够找到最大的元素。但是这里的特殊性在于，数据量 n 是不确定的，它是由用户输入决定的。对于不同的输入，数据量 n 可能会出现以下 3 种情况：

① 如果 n 小于 20，则仅使用数组 arr 中的 n 个元素，后续的 20 - n 个元素被闲置。

② 如果 n 等于 20，则数组 arr 中所有元素均被使用到。

③ 如果 n 大于 20，则数组 arr 无法容纳多于 20 个元素的数据。

第一种情况会造成有空的元素被闲置，而第三种情况会造成数组无法容纳所有需要输入的数据。因此，我们可以考虑等待用户输入 n 后，再确定数组的元素个数。

15.2.1 变长数组

通常，在声明数组时，我们会将数组的元素个数预先确定。在数组元素个数的方括号中填写常量或常量表达式，确定数组元素个数。例如，下面两个数组的元素数量均为 10。

```
int arr1[10];
int arr2[5 + 5];
```

或者，我们省略方括号中数组元素的数量，但必须要有初始化列表，并根据初始化列表中元素的数量，确定数组元素的数量。下面的数组声明中，虽然方括号中没有填写元素数量，但初始化中有 10 个元素。因此，数组也将有 10 个元素。

```
int arr3[] = {1, 2, 3, 4, 5, 6, 7, 8, 9, 10};
```

此外，还有一种比较特殊的声明数组的方法。在数组元素个数的方括号中填写一个变量，这样可以创建一个变长数组，例如：

```
int n;
```

```
scanf("%d", &n);
int arr[n];
printf("sizeof of arr %d\n",sizeof(arr));
```

然而，当我们尝试在 Visual Studio 中运行上述代码时，却发现报错了。这是因为变长数组已经从 C 语言标准中移除了，编译器不一定会支持变长数组的特性，因此这个方法是不可行的。

15.2.2　申请内存空间

更通用的方法是使用 stdlib.h 头文件中的 malloc 函数，从内存中申请一段连续的内存空间。

malloc 是 C 语言中的一个内存分配函数，用于在内存上分配指定大小的连续内存空间。malloc 函数是 C 语言中动态内存管理的核心函数之一，使用 malloc 函数分配的内存在函数返回后不会被自动释放，因此需要在适当的时候手动释放内存，以防止内存泄漏。

函数 malloc 的原型如下。

```
void* malloc(size_t size);
```

参数：

size：要分配的内存大小，以字节为单位。通常使用 sizeof 操作符确定数据类型的大小。

返回值：

① 如果内存分配成功，那么 malloc 函数将返回一个指向新分配内存的指针（void* 类型）。

② 如果内存分配失败（例如，请求的内存大小超过可用内存），那么 malloc 函数将返回 NULL。

我们一旦通过 malloc 函数成功地申请了内存空间，就可以根据需要将返回的指针转为任意类型的指针。只要通过指针访问内存，就不能超过这段内存空间的大小。程序清单 15.1 是一个使用 malloc 函数的示例。

程序清单 15.1

```
#include <stdio.h>
#include <stdlib.h>
int main()
{
    int *pInt = NULL;
    pInt = malloc(sizeof(int));
    double *pDouble = NULL;
    pDouble = malloc(sizeof(double));
    *pInt = 123;
    *pDouble = 3.1415926;
    printf("%d %f", *pInt, *pDouble);
    return 0;
}
```

运行结果如图 15.30 所示。malloc(sizeof(int)) 申请了 4 字节的内存空间，若申请成功，它将返回一个 void* 类型的指针，其数值为成功申请的内存空间的首地址。我们可以把这 4 字节的内存空间用于存储 int 类型的数据。只需通过赋值将 void* 转换为 int*，然后对 int* 类型的指针进行取值，接着将该值赋值给该指针。

同样，malloc(sizeof(double))申请了 8 字节的内存空间，若申请成功，它将返回一个 void*
类型的指针，其数值为成功申请的内存空间的首地址。我
们可以把这 8 字节的内存空间用于存储 double 类型的数
据，只需通过赋值将 void*转换为 double*，然后对 double*
类型的指针进行取值，接着将该值赋值给该指针。

123 3.141593

图 15.30　使用 malloc 函数申请空间

在 C 语言中，void *可以通过赋值转换为其他类型的指针。

```
int *pInt = NULL;
pInt = malloc(sizeof(int));
double *pDouble = NULL;
pDouble = malloc(sizeof(double));
```

另外，一定要严格保证使用指针访问成功申请的内存空间时，不要超过申请时预定的空
间大小，例如：

```
double *pDouble = NULL;
pDouble = malloc(sizeof(int));
*pDouble = 3.1415926;
```

上面的代码申请了 sizeof(int)，即 4 字节大小的空间。若申请成功，它将返回一个 void*
类型的指针，其数值为成功申请的内存空间的首地址。接着，我们把它转换为 double*类型
的指针，并赋值给 pDouble。但是，若对 pDouble 指针使用取值运算符*，将访问从首地址开
始的 8 字节的内存空间，超出了申请时预定的 4 字节空间，这种做法可能导致程序崩溃。

若需要动态地创建一个有 10 个 int 元素的数组，那么需要申请 sizeof(int) * 10 字节的内
存空间，或者也可以写成 sizeof(int[10])。

```
int *pArr = NULL;
// 申请 sizeof(int) * n，转换为 int *使用
pArr = malloc(sizeof(int) * 10);
// 给数组元素赋值
for (int i = 0; i < 10; i++)
    pArr[i] = i;
// 输出数组元素
for (int i = 0; i < 10; i++)
    printf("%d ", pArr[i]);
```

之前讨论的都是 malloc 函数成功申请到内存的情况，作为一个稳健的程序应当也考虑
失败的情况。若 malloc 函数申请内存空间失败，它将返回 NULL。为 NULL 指针取值将导致程序崩溃。建议每次通过 malloc 函数申请内存空间时都对返回值进行判断。

```
int *pInt = NULL;
pInt = malloc(sizeof(int));
// 判断 malloc 函数是否成功申请了内存空间
if (pInt != NULL)
{
    // 若不为 NULL，则再次使用这个指针
    *pInt = 123;
    printf("%d", *pInt);
}
```

15.2.3 释放内存空间

在使用 malloc 函数申请内存空间并完成使用后，务必记得使用 free 函数对这段内存空间进行释放。

free 是 C 语言中用于释放之前通过 malloc 函数分配的内存空间的内存释放函数。free 函数也是 C 语言中动态内存管理的核心函数之一。当不再需要使用动态分配的内存时，调用 free 函数将内存归还给操作系统，以避免内存泄漏。

函数 free 的原型如下。

```
void free (void* ptr);
```

参数：

ptr：指向要释放的内存块的指针。这个指针应该是之前由 malloc 函数返回的指针。如果传递给 free 函数的指针不是这个函数返回的指针，或者已经被释放过，将导致未定义行为。

注意事项：

① 如果 ptr 是 NULL，则 free 函数不执行任何操作。

② 尝试释放已经释放过的内存（称为双重释放）将导致未定义行为。

③ 使用 free 函数释放内存后，不要再次访问已释放的内存区域。

以下是一个使用 malloc 函数和 free 函数的简单示例。

```
int *pInt = NULL;
pInt = malloc(sizeof(int));
if (pInt != NULL)
{
    *pInt = 123;
    printf("%d", *pInt);
    // 释放内存空间
    free(pInt);
}
```

上述代码申请了 sizeof(int) 字节内存空间，用作 int 类型。内存使用完毕后，我们利用 free 函数对内存空间进行释放。free 函数的参数是 void* 类型的指针，而 void* 类型的指针可以接收任何类型的指针。因此，我们可以直接将 pInt 传递给 free 函数，无须进行类型转换。

如果仅调用 malloc 函数申请内存空间，而未调用 free 函数释放内存空间，则成功申请的内存空间将保留直至程序结束。这期间程序所占用的内存空间会逐渐增大，直至无可分配空间，无法再成功申请内存空间。程序清单 15.2 展示了一个未释放内存的示例。

程序清单 15.2

```
#include <stdio.h>
#include <stdlib.h>
int main()
{
    while (1)
    {
        void* p = malloc(1024 * 1024);
        printf("%d\n", p);
```

```
    }
    return 0;
}
```

这种情况通常是由于申请了内存空间，但忘记释放内存空间导致的。应及时释放不再使用的内存空间。

如程序清单 15.2 中的代码所示，申请的内存空间首地址存储在指针 p 中，下一次新申请的内存空间首地址会覆盖上一次的首地址。由于没有保存内存空间的首地址，因此程序将无法再通过任何方式使用或释放这些内存空间，这种现象被称为内存泄漏。具有内存泄漏问题的代码若长时间运行，会导致程序所占用的内存空间逐渐增大，直至没有可分配的内存空间，并无法再成功申请内存空间。

15.2.4　从函数中返回指针

由于通过 malloc 函数申请的内存空间直至调用 free 函数对其进行释放或程序结束前都是有效的，因此将指向 malloc 函数申请的内存空间的指针从函数中返回是合法的。程序清单 15.3 展示了一个从函数中返回指针的示例。

程序清单 15.3

```
#include <stdio.h>
#include <stdlib.h>
int *func()
{
    int *pInt = NULL;
    pInt = malloc(sizeof(int));
    if (pInt != NULL)
    {
        *pInt = 123;
    }
    return pInt;
}
int main()
{
    int *p = func();
    if (p != NULL)
    {
        printf("%d", *p);
        // 使用完记得释放
        free(p);
    }
    return 0;
}
```

运行结果如图 15.31 所示。

在函数 func 中，申请了 sizeof(int)字节内存空间，若申请成功，将整

123

型数据 123 存储在这段内存空间中，并将指向这段内存空间的指针 pInt

图 15.31　返回指针

作为返回值进行返回。

在 main 函数中，调用函数 func 并获取返回的 int *类型的指针 p。需要注意的是，由于

不能保证 func 函数返回的指针一定有效，因此这里还需要判断指针是否为空。若指针不为空，则可以使用它。内存使用完毕后，使用 free 函数释放内存空间。

若在函数中申请一段内存空间作为数组使用，则可以将数组首元素指针从函数中进行返回。在被调函数结束后，主调函数依然可以通过数组首元素指针偏移访问数组的所有元素。但是，务必要注意偏移时不要访问超过内存空间预定大小的位置，并在内存使用完毕后，释放内存空间。程序清单 15.4 展示了一个使用 malloc 函数申请数组空间的示例。

程序清单 15.4

```c
#include <stdio.h>
#include <stdlib.h>
int *func(int n)
{
    int *pArr = NULL;
    pArr = malloc(sizeof(int) * n);
    if (pArr == NULL)
    {
        //  申请失败，直接返回 NULL
        return pArr;
    }
    //  申请成功，给每个元素赋值
    for (int i = 0; i < n; i++)
        pArr[i] = i;
    return pArr;
}

int main()
{
    //  数组长度为 n，n 初始化为 10
    int n = 10;
    //  获取数组首元素指针
    int *p = func(n);
    if (p != NULL)
    {
        //  通过首元素指针偏移访问所有数组元素
        for (int i = 0; i < n; i++)
            printf("%d ", p[i]);
        //  使用完记得释放
        free(p);
    }
    return 0;
}
```

在 func 函数中，申请了 sizeof(int) * n 字节内存空间。如果申请失败，并且此时 pArr 为 NULL，则直接返回 pArr；如果申请成功，在为每个元素赋值后，则返回数组首元素指针 pArr。

在 main 函数中，调用函数 func 并获取返回的 int *类型的指针 p，它指向一个 int 类型数组的首元素。需要注意的是，由于不能保证 func 函数返回的指针一定有效，因此这里还需要判断指针是否为空。若指针不为空，则可以使用它。通过首元素指针偏移可以访问所有数组元素。但是，首元素指针最多向后偏移 9 个元素。若继续向后偏移，将导致越界访问。最后，不要忘记将首元素指针传递给 free 函数以释放内存空间。

15.3　主函数参数

在 C 语言中，main 函数可以接收命令行参数。在本节中，我们将讨论 main 函数的参数类型以及如何使用这些参数。

在探讨主函数参数之前，我们应了解为什么需要这些参数以及这些参数是由谁传递的。

15.3.1　ping 命令

让我们尝试使用命令提示符来执行 ping.exe 可执行文件。首先，打开命令提示符窗口，如图 15.32 所示。

```
Microsoft Windows [版本 10.0.19044.2846]
(c) Microsoft Corporation。保留所有权利。

C:\Users\linge>_
```

图 15.32　命令提示符

接下来，我们需要执行 ping.exe 可执行文件。由于 ping.exe 文件位于系统的搜索路径中，我们可以在命令提示符中直接输入 ping.exe 并按 Enter 键，也可以省略后缀名，直接输入 ping 并按 Enter 键，这样命令提示符就会在系统搜索路径中找到该可执行文件并执行它。执行 ping 后，会显示 ping 的用法以及各种可用参数，如图 15.33 所示。

```
C:\Users\linge>ping

用法: ping [-t] [-a] [-n count] [-l size] [-f] [-i TTL] [-v TOS]
           [-r count] [-s count] [[-j host-list] | [-k host-list]]
           [-w timeout] [-R] [-S srcaddr] [-c compartment] [-p]
           [-4] [-6] target_name

选项:
    -t             Ping 指定的主机，直到停止。
                   若要查看统计信息并继续操作，请键入 Ctrl+Break;
                   若要停止，请键入 Ctrl+C。
    -a             将地址解析为主机名。
    -n count       要发送的回显请求数。
    -l size        发送缓冲区大小。
    -f             在数据包中设置"不分段"标记(仅适用于 IPv4)。
    -i TTL         生存时间。
    -v TOS         服务类型(仅适用于 IPv4。该设置已被弃用，
                   对 IP 标头中的服务类型字段没有任何
                   影响)。
    -r count       记录计数跃点的路由(仅适用于 IPv4)。
    -s count       计数跃点的时间戳(仅适用于 IPv4)。
    -j host-list   与主机列表一起使用的松散源路由(仅适用于 IPv4)。
    -k host-list   与主机列表一起使用的严格源路由(仅适用于 IPv4)。
    -w timeout     等待每次回复的超时时间(毫秒)。
    -R             同样使用路由标头测试反向路由(仅适用于 IPv6)。
                   根据 RFC 5095，已弃用此路由标头。
                   如果使用此标头，某些系统可能丢弃
                   回显请求。
    -S srcaddr     要使用的源地址。
    -c compartment 路由隔离舱标识符。
    -p             Ping Hyper-V 网络虚拟化提供程序地址。
    -4             强制使用 IPv4。
    -6             强制使用 IPv6。
```

图 15.33　ping 命令

ping 可执行文件用于向目标主机发送网络请求，目标主机收到请求后将返回响应。通常，ping 用于测试目标主机和网络是否正常。现在，让我们测试本地计算机与 223.5.5.5 之间的连接是否正常，例如：

```
ping 223.5.5.5
```

执行结果如图 15.34 所示。我们可以看到计算机向目标主机 223.5.5.5 发送了 4 次请求，目标主机也回复了这 4 次请求。从发送请求到收到回复，每次耗时约为 12 毫秒。这些信息表明，我们的计算机与目标主机 223.5.5.5 之间的连接是畅通的。

现在，让我们测试本地计算机与 baidu.com 之间的连接是否正常。

```
ping baidu.com
```

执行结果如图 15.35 所示。我们可以看到向目标主机 baidu.com 发送了 4 次请求，目标主机也回复了这 4 次请求。每次从发送请求到收到回复，耗时约为 39 毫秒。这些信息表明，我们的计算机与目标主机 baidu.com 之间的连接同样是畅通的。

图 15.34　ping ip 地址　　　　　　　　　图 15.35　ping baidu

在 Windows 系统下，ping 在发送 4 次请求后将自动终止。我们可以通过添加参数-t 让 ping 持续发送请求，直到按 Ctrl + C 快捷键停止它。

```
ping baidu.com -t
```

执行结果如图 15.36 所示。使用-t 参数后，在 ping 发送 8 次请求之后，我们通过按 Ctrl + C 快捷键停止程序。

接下来，我们测试无法收到回复的情况，尝试向 10.0.0.0 发送请求。

```
ping 10.0.0.0
```

执行结果如图 15.37 所示。我们可以看到向目标主机 10.0.0.0 发送了 4 次请求，但每次目标主机都没有回复，直到等待时间超时。这些信息表明，我们的计算机与目标主机 10.0.0.0 之间无法建立连接。

图 15.36　使用参数-t　　　　　　　　　图 15.37　ping 10.0.0.0

通过尝试使用 ping 命令向不同的目标主机发送请求，我们引出了一个问题：不同的目标主机名和选项是如何被传递到程序中的？

根据我们之前学过的知识，我们可以通过调用 scanf 等函数获取输入。但是，我们如果使用 scanf 等输入函数，则需要先运行可执行程序。程序只有在执行到输入函数时才会读取输入。然而，当我们使用 ping 命令时，我们需要输入的字符串被附加在可执行程序名 ping 之后，例如：

```
ping baidu.com -t
```

输入命令并按 Enter 键后，命令提示符才会执行程序 ping.exe。显然，此时程序尚未运行。因此，这种机制与调用 scanf 等输入函数不同。实际上，在程序执行后，这些命令字符串会被传递到主函数的参数中。程序可以通过主函数参数获取这些命令字符串。

15.3.2　main 函数参数

main 函数可以接收参数，其定义如下。

```
int main(int argc, char **argv)
{
    return 0;
}
```

更改 main 函数的声明以接收两个参数：int argc 和 char **argv。

参数解释：

- int argc：命令行参数的个数。argc 的值至少为 1，因为程序名称本身也被视为一个参数。
- char **argv：一个字符串数组，包含命令行参数。

例如，当我们使用以下命令启动 ping 可执行文件时：

```
ping baidu.com -t
```

若主函数带有参数，那么 argc 的值为 3，即命令包含 3 个由空格分隔的字符串。argv 是一个 char ** 类型的指针，它指向一个元素类型为 char *的数组的首元素。数组中的元素分别指向各个字符串的首字符。这 3 个字符串分别为 ping、baidu.com、-t。

有两种等价的方法可以从二级指针 argv 获取字符串首元素指针：

① 使用指针移动和取值运算符。

② 使用下标。

使用取值运算符的写法如图 15.38 所示。*argv 指向第一个字符串的首字母，*(argv + 1) 指向第二个字符串的首字母，*(argv + 2)指向第三个字符串的首字母。

使用下标的写法如图 15.39 所示。argv[0]指向第一个字符串的首字母，argv[1] 指向第二个字符串的首字母，argv[2] 指向第三个字符串的首字母。

char **	char *	char []
argv →	*argv →	ping
	*(argv+1) →	baidu.com
	*(argv+2) →	-t

图 15.38　使用取值运算符的写法

char **	char *	char []
argv →	argv[0] →	ping
	argv[1] →	baidu.com
	argv[2] →	-t

图 15.39　使用下标的写法

15.3.3　使用主函数参数

程序清单 15.5 展示了一个主函数参数的示例。

程序清单 15.5

```c
#include <stdio.h>
int main(int argc, char **argv)
{
    printf("%d\n", argc);
    for(int i = 0; i < argc; i++)
    {
        printf("%s\n", argv[i]);
    }
    return 0;
}
```

查看图 15.40，在编译成功后，我们可以查看可执行文件的名称和所在目录。可执行文件位于目录 E:/project/vs_demo/x64/Debug 中。可执行文件名为 vs_demo.exe。

接下来，我们打开命令提示符，尝试输入 vs_demo，运行结果如图 15.41 所示。

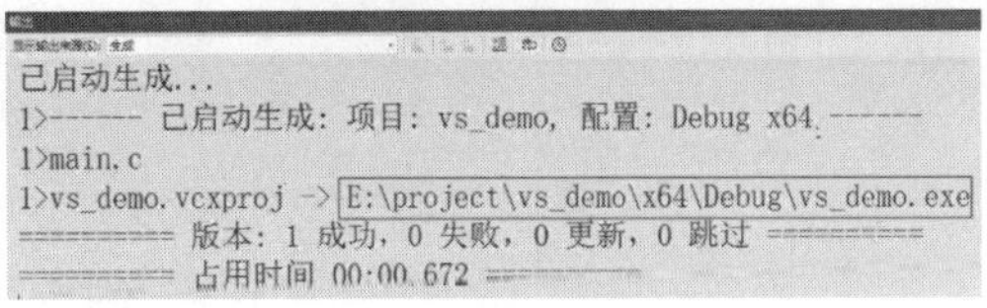

图 15.40　vs 输出　　　　　　　　　　　　图 15.41　vs_demo

命令提示符显示，vs_demo 不是内部或外部命令，也不是可运行的程序或批处理文件。这是因为，vs_demo.exe 不在系统的可执行文件搜索目录中。因此，我们应当使用完整的路径来执行这个可执行文件。

1. 绝对路径

可执行程序完整的路径为 E:/project/vs_demo/x64/Debug/vs_demo.exe。

这种完整的文件路径被称为文件的绝对路径。在命令提示符中输入可执行文件的绝对路径并按 Enter 键，即可运行这个可执行文件。

运行结果如图 15.42 所示，可以发现参数个数显示为 1。

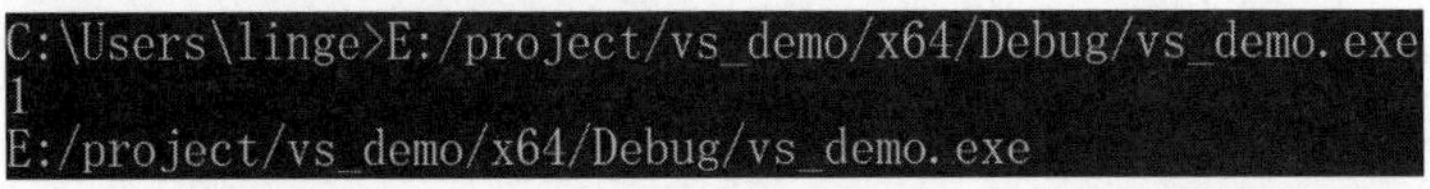

```
C:\Users\linge>E:/project/vs_demo/x64/Debug/vs_demo.exe
1
E:/project/vs_demo/x64/Debug/vs_demo.exe
```

图 15.42　绝对路径

我们再尝试添加几个字符串参数，在绝对路径之后加上 have a good time，例如：

```
E:/project/vs_demo/x64/Debug/vs_demo.exe have a good time
```

运行结果如图 15.43 所示，可以发现参数个数为 5，字符串参数如下。

① E:/project/vs_demo/x64/Debug/vs_demo.exe。

② have。

③ a。

④ good。

⑤ time。

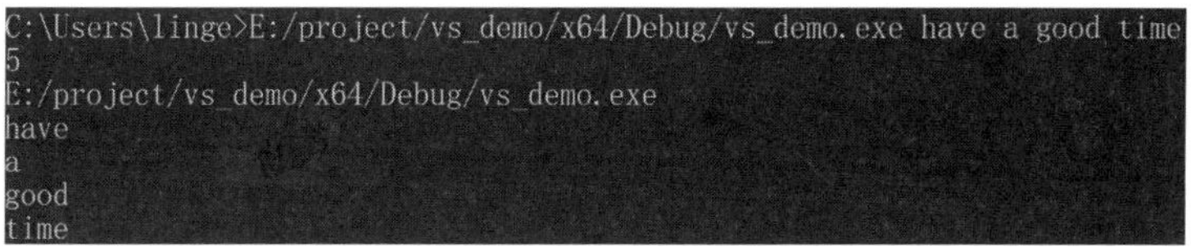

图 15.43 绝对路径加参数

2. 相对路径

除了使用绝对路径，我们还可以以命令提示符的当前路径作为基准，通过相对的方式找到文件的位置，这种路径被称为相对路径。

命令提示符的当前目录显示在每行前面的路径中，如 C:/Users/linge，如图 15.44 所示。

我们可以将当前路径切换到 E:/project/vs_demo/x64/Debug，然后通过相对路径执行 vs_demo.exe。我们可以通过直接输入 E:并按 Enter 键将盘符切换到 E 盘，如图 15.45 所示。

```
Microsoft Windows [版本 10.0.19044.2846]
(c) Microsoft Corporation。保留所有权利。

C:\Users\linge>
```

图 15.44 当前目录

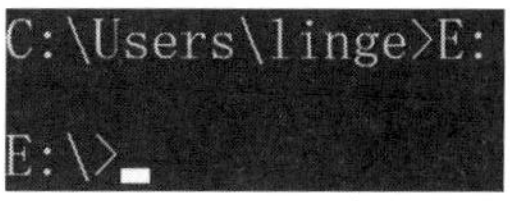

```
C:\Users\linge>E:

E:\>
```

图 15.45 切换到 E 盘

接下来我们使用 cd E:/project/vs_demo/x64/Debug 命令将当前目录切换到 E:/project/vs_demo/x64/Debug，如图 15.46 所示。

现在，可执行文件 vs_demo.exe 就位于当前目录下。因此，我们可以使用相对路径 vs_demo.exe 来执行它，如图 15.47 所示。

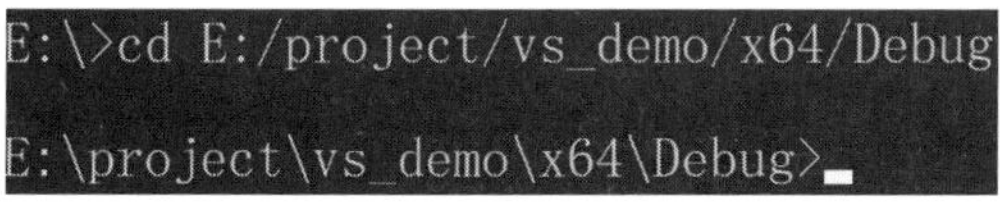

```
E:\>cd E:/project/vs_demo/x64/Debug

E:\project\vs_demo\x64\Debug>
```

图 15.46 切换当前目录

```
E:\project\vs_demo\x64\Debug>vs_demo.exe
1
vs_demo.exe
```

图 15.47 执行 vs_demo.exe

当然，我们还可以省略后缀名.exe，如图 15.48 所示。

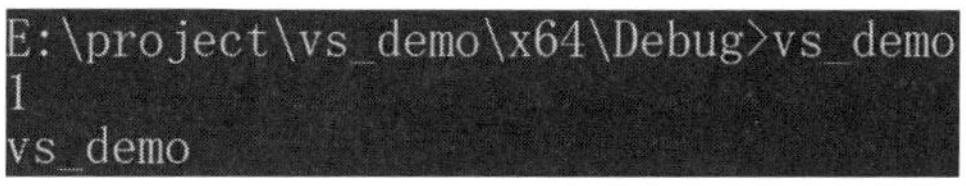

```
E:\project\vs_demo\x64\Debug>vs_demo
1
vs_demo
```

图 15.48 省略后缀执行 vs_demo.exe